政治文化与政治文明书系

主 编：高　建　马德普

行政文化与政府治理系列

执行主编：吴春华

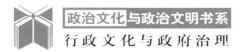

政治文化与政治文明书系

行政文化与政府治理

跨学科研究评价的
理论与实践

Theory and Practice
of Interdisciplinary Research Evaluation

魏 巍 ◎著

天津出版传媒集团

天津人民出版社

图书在版编目（ＣＩＰ）数据

跨学科研究评价的理论与实践 / 魏巍著. -- 天津 ：
天津人民出版社，2024.5
（政治文化与政治文明书系. 行政文化与政府治理）
ISBN 978-7-201-20473-4

Ⅰ．①跨… Ⅱ．①魏… Ⅲ．①跨学科学－研究 Ⅳ.
①G301

中国国家版本馆 CIP 数据核字(2024)第 093492 号

跨学科研究评价的理论与实践
KUA XUEKE YANJIU PINGJIA DE LILUN YU SHIJIAN

出　　版	天津人民出版社
出 版 人	刘锦泉
地　　址	天津市和平区西康路35号康岳大厦
邮政编码	300051
邮购电话	(022)23332469
电子信箱	reader@tjrmcbs.com
策划编辑	郑　玥
责任编辑	郭雨莹
封面设计	卢炀炀
印　　刷	天津新华印务有限公司
经　　销	新华书店
开　　本	710毫米×1000毫米　1/16
印　　张	19.25
插　　页	2
字　　数	23万字
版次印次	2024年5月第1版　2024年5月第1次印刷
定　　价	89.00元

政治文化与政治文明书系

天津师范大学政治文化与政治文明建设研究院·天津人民出版社

编 委 会

序　言

禅学有一个典故:禅师上堂讲法。一僧问:"如何是禅?"禅师答道:"入笼入槛。"僧拍手称赞,禅师又道:"跳得出是好手!"将这个典故与当代交叉科学发展联想,颇耐人寻味、发人深思。当学科专业边界僵化,原创思想沉寂时,何尝不是跳得出是好手!

当代学科成千上万,一旦跳出单学科视野,面对的是学科汪洋大海,如何把握正确方向,掌握跨学科研究和管理的规律和方法? 由此,一门"跨学科学(又称交叉科学学)"的新兴学科应运而生。"跨学科学",是以学科交叉现象的整体为研究对象,探讨其普遍原理和实践应用的一门新兴交叉学科,主要包括基本理论和实践应用研究两部分。其中,基本理论包括交叉学科的原理、规律、方法等研究,实践应用包括科研、教育、管理等方面的应用性研究。

"跨学科学"既跳出了传统单学科分类模式,本身又是一门交叉性新学科。从学科分类模式来说,"跨学科学"真可称得上"跳得出是好手"!

交叉科学管理学是"跨学科学"应用研究的重要组成部分。现在展现在读者面前的《跨学科研究评价的理论与实践》专著,作者为魏巍副教授。作者本科学物理学,后攻读"科技哲学"硕博研究生,现在从事公共管理研究,研

1

究方向为数字政府建设、跨学科政策。毕业多年来,魏巍继续潜心跨学科的理论与应用研究,在交叉科学研究领域取得出色成果,上述专著是其一部新作。

　　传统的科研管理机制和评价体系,基本是按单学科分科设置,交叉科学的出现,给科研管理体制带来了难题和挑战。《跨学科研究评价的理论与实践》是一部面向交叉科学发展大潮,聚焦跨学科研究管理评价研究的探索之作,该书有三个鲜明的特色:

一、聚焦跨学科管理"评价"难题

　　"评价"是跨学科研究管理建制化的关键一步。专著对"评价"问题从三个方面进行了深入研究:第一,质量保证。跨学科研究涉及到多个学科领域,评价需考量诸多领域因素,以确保评价的质量和可靠性。第二,资源分配。跨学科研究往往需多方面资源和资金支持,跨学科评价可以帮助决策者更有效地分配资源,优先支持具有潜力和价值的项目。第三,学术认可。跨学科研究评价结果可以帮助科研机构更好地认可支持跨学科研究,促进其可持续发展。

二、突出理论与实践密切结合特色

　　跨学科研究活动在诸多不同学科之间穿插跨越,是传统科研组织模式的一场革命。实践是跨学科研究的生命源泉,理论是健康发展的向导。该专著探讨跨学科研究评价问题,从理论层面,多视角探讨了单学科体制下跨学科研究评价问题产生的理论原因,并且结合实践上科研项目管理、评价管理、资源分配等问题,借鉴国内外多国跨学科研究评价管理成果,深入分析了跨学科研究评价困境的理论和实践原因。

三、对跨学科研究未来发展富有启发

该专著为跨学科研究未来发展提供以下几个方面启示：第一，方法论的创新。跨学科研究评价需要综合考量多个学科领域的方法和指标，因此需要不断创新评价方法和工具。第二，数据共享与互通。跨学科研究评价需要涉及多个学科领域的数据和信息，因此需要建立起更加开放、互通的数据共享机制。第三，跨学科合作与交流。跨学科研究评价不仅需要评价者的专业知识，更需要跨学科团队之间的合作和交流。第四，政策支持与机制建设。跨学科研究评价需要政策支持和机制建设，以确保评价工作的顺利进行和有效实施。

预祝《跨学科研究评价的理论与实践》，为中国"跨学科学"深化，特别是"跨学科管理学"成熟，带来新面貌、新气象！

刘仲林

2023 年 7 月 5 日

于中国科学技术大学

导　言

随着科技创新的深化发展,学科交叉现象越来越频繁,传统单学科的科研评审管理体制受到挑战。《科学时报》曾发表了一篇报道:《"交叉科学时代",交叉科学身安何处? 》,这一报道凸显了我国交叉科学发展面临的尴尬境地:跨学科研究日新月异,交叉学科大量涌现,我们已经进入了交叉科学时代。但是目前科研、教学体制都是按传统单学科设置,缺乏专门的跨学科研究评价理论和方法,大量跨学科研究像一个个"流浪儿",在单学科体制架构边缘流浪,以至于造成了我国交叉科学发展"雷声大,雨点小"的局面。

当前,我国科技发展正面临严峻的局势。一方面,中美间科技竞争日趋激烈,美国不断挥舞科技制裁大棒,在若干关键核心技术领域,对我国进行封锁和压制。如何突破美国的科技垄断,改变科技领域的"卡脖子"窘境是科技界面临的首要问题。另一方面,我国科技体制存在的若干陈年积弊正在浮现,原有的利益格局正在固化,如何让有创新锐气的青年科学家尽快"出圈",成了阻碍我国迈向科技强国的难题。因此,内外两股强大的需求形成了合力,让跨学科研究等原始创新的问题再次受到瞩目。

跨学科研究,又被称为交叉学科研究,是人类面对复杂自然、社会问题所采取的一种创新研究方法,他融合了两个或两个以上学科的思维、方法和资源,在原有学科知识体系的边界处,发现新的问题,探索新的角度,为知识的创新提供了全新的路径。跨学科研究是创新的同义词,许多知名的原创成果和重大工程都来自跨学科研究,比如雷达研制、DNA 双螺旋结构的发现等。虽然跨学科研究对于推动科技原始创新具有重要意义,但是他的生存却受到以学科为主要资源分布和评价方式的科研体制的挑战。

跨学科研究难以获得持续性发展所需要的资源。当前的科技和教育体制是以学科作为唯一的资源分配方式。科研经费、人才声誉、职称晋升、教育培训等都是围绕单一学科进行展开的。跨学科研究在探索知识时处于学科之间,在分配资源时也因无法归入某一学科而无法获得资源。课题制的科研资源竞争主要靠同行评议,跨学科研究因无法找到准确意义的同行而备受冷落。而且,学科形成的不仅仅是知识分类的体系,更重要的是发挥了类似行会的作用,保护本学科生存发展的领地,一定程度上排斥了其他学科。如果跨学科研究评价的问题不能妥善解决,跨学科研究始终摆脱不了边缘化、业余化的局面。

本书的特色之处在于采用了对照研究的方法。产生跨学科研究评价问题的根本,在于学术体制和高等教育体制是以学科进行分布的。发现并突破单学科体制下的评价障碍,是解决跨学科研究评价问题的关键。全书使用了"学科-跨学科"交互分析的方法,着重分析了学科中科研评价的排布规则、运行机制和深层文化,然后对应到跨学科研究中是如何产生不对称问题的。

书稿观点体现了三方面创新之处:第一,不同学科由于研究对象、学科性质以及学科研究范式存在不同,导致科研评价标准和科研评价方法存在明显差异。学科间科研评价的差异,是我们理解和分析跨学科研究评价的一个基础和起点。描述科研评价在不同学科间的异同,分析其产生的原因,可以进一步讨论进行跨学科研究评价时,如何关照各个学科的评价标准,如何协调各个学科的评价方法,最终形成科学准确的跨学科研究评价标准和评价方法。第二,形成了理论、方法、实践和文化四位一体的分析框架。其中着重突出了学科文化在跨学科评价中的影响,从单学科学科文化的形成,再到学科文化对评价标准的影响,再到跨学科评价中学科文化的作用。较为全面地分析了无形的学科文化的影响。第三,理论联系实际,分析了跨学科评价的实践工具。从跨学科研究项目的界定、跨学科研究项目申请书格式的规定、跨学科研究项目同行专家的选择、跨学科研究项目的会议评审方式四个方面给予了探讨和阐述。

本书分为八个章节:第一章至第五章主要论述跨学科研究评价的理论,第六章至第八章主要论述跨学科研究评价的实践探索。各章的主要内容如下:

第1章,学科、跨学科与跨学科研究。该章以学科的概念和内涵为逻辑起点,分析了跨学科和跨学科研究的概念演化过程。分析以学科为单元搭建的学术权力体系,同时也为后文深入分析跨学科研究资源获取障碍做了逻辑和内容上的铺垫。评价跨学科研究需要了解什么是跨学科研究,如何区分跨学科研究和传统单学科研究或团队研究。该章通过界定"多学科""跨学科"和"超学科"等相似概念,分析跨学科研究特点和类型,给出了跨学科概念的内涵解读。

第2章,科研评价的历史和现状。该章首先描述并定义了科研评价的基本概念,即对科学技术研究活动进行价值评定、估计和判断的简称。其次回顾了评价活动发展简史,分为自由评价时期、自发式管理评价时期、法制化规范化时期和变革时期。同时,简要介绍了科研评价依据的主要理论,市场失灵理论、绩效管理理论和综合评价理论,解释了为什么要进行科研评价和怎样进行科研评价。该章还详细介绍了同行评议方法和文献计量方法,两种主流、实用的科研评价方法的内容和使用流程。最后着重讲述了不同学科在科研评价标准和科研评价方法上的差异，导致这种差异存在的原因主要是由于研究对象、学科性质和学科研究范式存在不同。该章总体上勾勒出了以单一学科为框架的现行科研评价体系轮廓，为后续跨学科研究困境的产生做好了准备和铺垫。

第 3 章，跨学科研究评价的概念和范畴。该章对跨学科研究评价主要对象及其特征进行了界定和描述。跨学科研究评价的主要对象有：跨学科研究项目、跨学科研究人员、跨学科研究论文以及跨学科研究组织或团队。以跨学科研究项目为例，给出了界定跨学科研究评价对象的主要方法。跨学科研究项目的核心特征是存在互补关系、相容关系、队伍组成均衡、边界划分清楚、目标权责明确。其次该章分析了跨学科研究评价的过程——跨学科研究事前评价、事中评价和事后评价；最后分析了跨学科研究评价的目标。跨学科研究评价的目标主要包括学术目标和社会目标；学术目标是要推动和引导跨学科研究人员持续发现新问题、生产新知识，社会目标是解决人类社会面临的各种需求和复杂的社会问题。

第 4 章，跨学科研究评价的困境和障碍。该章从理论、方法、实践和文化四个角度，详细地分析和梳理了跨学科研究评价出现困境的表现和原因。从理论上看，跨学科研究评价难点在于跨学科研究集成了多个学科的知识，且处于学科知识领地的边缘地带，复杂性程度较高，不同学科知识需要融合和彼此学习的时间成本，造成了跨学科研究收获周期长。从方法上看，跨学科研究评价面对同行评议存在无法找到准确"同行"的尴尬，而科学计量的评价方法于新生的跨学科研究不利，他们缺少专门刊发跨学科研究的刊物。从实践上看，项目制等现行的科研管理体制对跨学科研究并不友好，常常以学科作为分配资源的渠道和手段，使跨学科研究常常无法获得常规资源。从文化上看,学科从最早的知识分类体系,逐渐演变成规训学者、形成评价标准、维护行业利益的类行会组织。单学科盛行的文化特质更倾向于对本学科内知识、规则等进行保护,对跨越学科边界的行为予以排斥。最后,以离子束生物工程学和航天医学工程学这两门新兴交叉学科在实际发展过程中所遇到的评价困难,来说明解决该问题的重要性和必要性。

第5章,跨学科研究评价的新理论。该章给出了评价跨学科研究需要遵循的基本原则,即有效性、相对性和整合性。有效性是指跨学科研究与多个先前单学科知识的一致性程度。相对性是评价者需要综合考虑跨学科研究的发展状况、评价所要达成的目标,以及评价机构的制度和文化乃至相关利益群体的价值取向,最终协调各种指标和方案,形成独特的评价体系。整合性是依靠充足的工具和方法将单独的子项目或者研究组结合起来,形成了超越个体简单叠加的整体。这是本书一大创新点。以构建跨学科研究评价的基本原则替代以指标体系和指标权重的评价研究范式,符合跨学科研究的语境多变性和复杂性。构建性和过程性的整体原则,与透明、长效、多回合的跨学科研究同行评议机制,与加大跨学科度测量的文献计量评价方法一起构成了跨学科研究评价体系的基本要素。

第6章,跨学科研究评价的新方法。该章具体探讨了跨学科研究中心"社会网络分析"的评价方法,"互动学习式"的项目评审流程以及"联合聘任制"的跨学科研究人员聘任评价方法。"社会网络分析"图的密度为评价跨学科研究成员之间整合的程度提供定量测量的可能,通过了解研究中心不同学科成员的跨学科整合方向与跨学科研究中心目标的比对,可以得出跨学科研究发展方向是否适宜的结论。"互动学习式"和"联合聘任制"都是具有可操作性的新跨学科研究评价方法。"互动学习式"评价方法与传统的会议评价存在不同之处,互动学习实际上是为专家评委与跨学科研究者搭建了更密切的沟通桥梁。该机制允许学者和专家之间进行多轮次的探讨,为不同学科之间交流跨学科知识提供了可能。

第7章,跨学科研究评价的新实践。该章着重介绍了国内外资助机构如何克服困难,有效推进跨学科研究。国外方面,主要介绍了美国国家科学基金会(NSF)、国立卫生研究院(NIH)以及澳大利亚研究理事会(ARC)等国外资助机构,资助跨学科研究的做法和经验。国内方面,主要介绍了国家自然科学基金委(NSFC)和教育部社科司的具体做法。通过国内外资助机构的对比,我们发现国外资助机构不仅在战略层面上非常重视对跨学科研究的支持,而且具体体现在各个层次上都具有相应的可操作性措施;我国资助机构对跨学科研究的支持多停留在国家任务、重大领域和计划层面上,一般面上项目的资助缺乏广度和跨度。

第8章,完善我国跨学科研究评价体系的建议。该章提出了设置独立的跨学科协调部门、建立跨学科研究档案库和完善跨学科科研评价支撑体系的对策。

目　录

第1章
学科、跨学科与跨学科研究

一、学 科

(一)学科的含义

想深入探讨如何评价跨学科研究,必先了解跨学科研究。而面对跨学科的概念时,总会遇到这样的问题,即"什么是学科?""学科与跨学科的关系是什么?"建立学科的概念图景,弄清学科形成和演化的历史,进而才能分析学科是以何种规律"跨"在一起的。因此,学科的概念,是研究跨学科以及评价跨学科研究的逻辑起点。

从语义学的角度考察,"学科"二字,有学问之分科的意思。中文里"学科"一词最早出现在宋代文献中,根据宋祁、欧阳修等人编纂的《新唐书》一百九十八卷《儒学传·序》中的记载,"学科"释义为学问的科目门类。现代意义上的学科概念(discipline),大约在 20 世纪上半叶,随着现代西方科学思想一起涌入中国,中国学术界用"学科"一词专门与 discipline 相对应。《辞海》中对"学科"有这样的解释,"学术的分类。指一定科学领域或一门科学的分支。如自然科学中的物理学、生物学"①。而《新华词典》与《现代汉语词典》也有类似的阐释,"按照学术的性质而分成的科学门类"②以及"按照学问的性质而划分的门类"③。这基本表达了"学科"的表面含义,即知识的一种分类和划分。虽然定义的表述上各有千秋,但内容上没有显著的差别。正如王续琨指出的那样,"学科是具有特定研究对象的科学知识分支体系"④。

"学科"作为一种划分知识的手段,必须具有可以区分其他不同学科的独立特征。⑤这种独立性首先表现在它的研究对象上。毫无疑问,研究对象的特殊性是学科的重要标志。王续琨认为学科区别于以往其他学科的最重要原因是,"这门学科具有特定的且与相关学科探查视角有所不同的研究对象"⑥。但是,单凭特定的研究对象也不足以创造和形成一门新的学科。一门科学知识的分支,要想获得学术上的合法地位,必须完成学术规范要求的社会过程,也就是接受学术界的授权和认可。英国学者赫斯特(Paul Hirst)认为,能称得上学科的必须具有如下标准:"①具有在性质上属于该学科特有的某些中心概念;②具有蕴含逻辑结构的有关概念关系网;③具有一些隶属于该学科的独特的表达方式;④具有用来探讨经验和考验其独特的表达方式的特殊技术和技巧。"⑦可见,知识体系还需要经过一定规则的划分,而这些规则还表现在语言系统的形成和研究规范的建立上。

---

① 辞海编辑委员会:《辞海》,上海辞书出版社,2000年,第1360页。

② 商务印书馆辞书研究中心编:《新华词典》,商务印书馆,2001年,第548页。

③ 中国社会科学院语言研究所词典编辑室:《现代汉语词典》,商务印书馆,2001年,第1429页。

④ 王续琨:《交叉科学结构论》,大连理工大学出版社,2003年,第5页。

⑤ 李光、任定成:《交叉科学导论》,湖北人民出版社,1989年,第43页。

⑥ 王续琨:《交叉科学结构论》,大连理工大学出版社,2003年,第6页。

⑦ 转引自万力维:《控制与分等:权利视角下的大学学科制度的理论研究》,南京师范大学博士论文,2005年,第14页。

第1章　学科、跨学科与跨学科研究

　　每门学科都有自己的独特语言。这种科学语言是科学共同体形成和发展过程中约定俗成的"行话"，是从事该学科的学者们使用和思考问题的行为方式。一系列的专业术语构成了本学科语言，也就是学科内容的"外壳"，她是伴随着学科的成长而逐渐形成的。学科语言的形成也标志着学科的相对独立。一个学科，是人们对某一对象集合的认识体系。该认识体系有自己特有的认识成果。其成果借助于特定的语言取得并表达出来。学科语言是一种任何打算从事某一学科研究的人，必须学会的社会"方言"，否则他只能算作一个门外汉。从事同一个学科研究的学者，会自发组成一种松散的社会团体。处于该团体的研究人员除了生活在一般人所生活的社会之中外，还有自己生活的另一个他们之间"进行联系不是通过接受命令，不是承担法律义务，也不是进行金钱交易。他们是通过交流信息和知识而联系在一起的世界"①。在学术交流活动中，从事同一学科研究的学者们使用学科内部通用的语言，才能使得自己和同行之间相互理解，才能使这一学科在前人认识的基础上不断向深度发展，同时也为批判性评价提供机会。

　　学科的形成也不单是知识丰富和理论体系的完善，还是一个研究规范主导的社会化过程。从词源学考察，英文单词 discipline，除了有"学科"的释义以外，还有名词词性的"训练""训导""纪律""行为准则"等释义，以及动词词性的"惩罚""处罚""管教""训导"的意思。当学科仅仅被当作一种知识体系的划分的时候，人们往往忽视了它的第二重含义以及两重含义之间的联系。但当著名知识社会学家卡尔·曼海姆（Karl Mannheim）陆续挖掘出科学知识的生产过程本质是一种社会践行，是可能建立在意识形态或者利益基础

---

① 约翰·奇曼：《知识的力量——科学的社会范畴》，转引自李光、任定成：《交叉科学导论》，湖北人民出版社，1989年，第46页。

上的社会过程,人们才慢慢了解到"学科"与"行为准则""纪律""惩罚"之间隐约可见的联系。人们发现知识并非都是智慧和好奇心自由探索的结晶,反而常常出自学科研究规范对知识生产者的训导或操作而产生出来的。米歇尔·福柯(Michel Foucault)从谱系学的角度发现了 discipline 的两层意思以及之间深层的联系。[①]"学科"不仅是权力干预、训练和监视肉体的技术,还是制造知识的手段。而华勒斯坦等人更进一步指出,"现代学术学科是一个更大的训导规范体系中制约和被制约的元素"[②]。无论是生产知识还是培养训练学生,都涉及控制和规训的过程。知识生产需要操控研究对象,以减少变量、排除干扰来发现学术界研究的前沿和热点所需要的"客观真理";学生的训练需要采取作业、考试、评分等操控形式,以期待学生获得普遍认可的"行为准则"。进而,这些拥有相同或相似训练经历的专业人士聚集起来,形成开展各项工作的组织。这可以称为从组织的维度对学科的另一种定义。这种组织类似行业协会,他们有自己的活动范围,他们保护自己的领地不受其他学科侵犯。比利时的阿玻斯特尔教授指出,一门科学是一群人的产物,只要这些人从事某些活动,导致某些相互作用,而这些相互作用又只有依靠交流(文章、口头交流、书籍)才能实现。这种活动组织才能称为学科。[③]

李光、任定成指出,这种学科规范由四个部分组成:①目的规则,他决定一个学科所追求的学术境界和推崇的价值体系;②目标规则,他决定研究者研究的问题性质;③研究规则,他决定研究者行事的程序或途径;④评价规

---

① 米歇尔·福柯:《规训与惩罚》,刘北成、杨远婴译,生活·读书·新知三联出版社,2003 年,第 32 页。

② 华勒斯坦等:《学科·知识·权力》,刘健芝等译,生活·读书·新知三联出版社,1999 年,第 26 页。

③ 刘仲林:《现代交叉科学》,浙江教育出版社,1998 年,第 24 页。

则,他决定接受或摒弃某个研究结果的标准。①学科规范有准则和禁律两个方面,准则告诉我们哪些事能做,禁律告诉我们哪些事不能做。学科规范好比是一种潜在的、只可意会不可言传的游戏规则,对遵守它的人,学科给予一定形式的奖励;对违反它的人,给予相应的警告或惩罚。这种学科规范具有相对的稳定性,它的改变是非渐进的,而是犹如库恩"范式"转换一样的跃进。

刘仲林总结中外"学科"的概念,形成了六个主要指标:"①有明确的研究对象和研究范围;②有一群人从事研究、传播或教育活动,有代表性的论著问世;③有相对独立的范畴、原理或定律,有正在形成或已经形成的学科体系结构;④发展中学科具有独创性、超前性,发达学科具有系统性、严密性;⑤不是单纯从高层学科或相邻学科推演而来,其地位无法用其他学科代替;⑥能经受时间或实验的检验和否证(证伪)。"②

综上所述,"学科"的概念主要包含两层含义。第一,"学科"是一种专门化的知识体系;第二,"学科"是一套生产知识和训练学生、组织学术活动的行为准则和规训制度。界定清楚学科的概念,可以明确和约定研究的范畴,并且有助于解释跨学科概念的产生机制和评价困难的形成原因。知识和制度是本书讨论学科的两个主要维度,既指专门化的知识,也指学术规范和社会建制。探讨知识层面的问题时,由"学科知识"指代;讨论制度层面的时候,由"学科制度"指代。

(二)学科的起源与分化

在出现现代意义上的科学知识和学科体系之前,各个学科之间并不彼

---

①　李光、任定成:《交叉科学导论》,湖北人民出版社,1989 年,第 49 页。

②　刘仲林:《现代交叉科学》,浙江教育出版社,1998 年,第 31 页。

此独立,而是共同包含在哲学学科的母体之中。当时的哲学并不能用现在的学科来衡量,而是作为人类知识总体的一种特殊形态而存在。学科的出现过程,整体映衬了人类认识世界从粗糙走向精细,从简单走向复杂的过程。人类认识世界是从总体和混沌时候开始的, 早期的中国哲学和西方哲学都一定程度上呈现出总体观的特征即是例证。随着人们对自然和社会的认识逐渐深刻,各个学科的知识越来越丰富,便渐渐脱离哲学这个母体而独立存在了。到了 17 世纪,首先从哲学母体分离出来的学科是面向自然现象的学科,包括天文学、物理学、力学、化学、生物学等。其分化的标志是这些学科形成了自己明确而又独立的学科研究对象、研究问题和研究目标,独立的学术行会的出现标志着学科分化的成功。到了 19 世纪前后,自然科学的基础知识大规模的转化成实践应用技术,迅速推高了社会生产效率,城市得到了空前的繁荣,人类之间的关系和社会的结构发生了深刻的变革,社会的矛盾冲突加剧, 加之自然科学的发展使得人类认识世界和自身的思维工具变得更加锐利。因此,新的社会矛盾加快了人文与社会学科的独立,诸如经济学、社会学等具有显著社会问题指向性的学科纷纷产生, 建立了自己独立的学科门类。随着各个学科分化和分离出去,哲学学科也就从代表着人类知识汇总的"母体学科"演变成一门独立研究思维过程的"专门学科"。恩格斯在《路德维希·费尔巴哈和德国古典哲学的终结》中评价哲学作为"母体学科"的分化过程,他认为:"对于已经从自然界和历史中被驱逐出去的哲学来说,要是还留下什么的话,那就只留下一个纯粹思想的领域:关于思维过程本身的规律的学说,即逻辑和辩证法。"①

准确地说, 现代学科分类体系下的哲学学科定义是以人类思维及其规

---

① 《马克思恩格斯选集》(第四卷),人民出版社,2012 年,第 264 页。

律为研究对象的世界观、方法论和价值论。哲学分化出其他学科之后并没有停止内部继续分化的节奏。哲学在独立成为一门现代意义的学科之后，其认识对象的范畴、研究的方式方法都发生了改变。哲学学科分化后的最大改变是本体论和认识论的价值凸显，成了主导近代哲学发展的主要力量。哲学学科进一步分化出的逻辑学、伦理学、美学、宗教学等分支学科都建立了自己的认识领地。上述这些分支学科的出现，既推动了哲学学科的发展，还进一步加深了哲学的认识深度。

从哲学这一知识汇总中分化出来的学科仍旧不断分化，形成若干新的子学科和学科分支。以政治学为例，现代政治学作为一个相对独立的学科，形成于 19 世纪末、20 世纪初的美国。现代政治科学的出现晚于经济学和社会学，在形成了相对独立的学科框架和学科方法之后，可以明显区分于以国家理论等传统政治哲学研究的范畴，而是以实证的经验主义方法论应用于政治领域。19 世纪末、20 世纪初，美国政治学精英普遍相信在自然科学领域大获成功的实证主义方法可以应用于政治学的研究，从而取代了以历史和比较作为主要方法的传统政治研究范式。另一个现代政治学分化和发展的标志是学科的建制更加健全和丰富。现代学科所包含的学术组织、专业期刊、书籍出版社、基金资助渠道、教育教学、专业图书馆等学科配套元素，都得到了比较好的建设和发展。比如，1920 年全美建立政治学系的大学将近 50 个；1906 年，著名的政治学刊物《美国政治科学评论》出版。20 世纪 20 年代之后，政治学经过三次重大变革，已经分化出八个子学科或者专业研究领域：第一次变革是强调经验主义研究纲领，主张定量化的方法；第二次变革是行为主义研究纲领；第三次是将演绎、经济模型等方法引入政治学。当代的政治学被划分为八个分支：政治学理论、本国政治学、比较政治学、公共政策学、公共行政学、国际关系学、政治经济学和政治学方法论。

跨学科研究评价的理论与实践

自然科学中的生命科学是近代以来最为活跃,也是发展最快的学科。生命科学学科发展所呈现的趋势也是高度的分化。生命科学的主要分支领域是三个,即生物科学、生物技术和生物信息学,每个领域又延伸出若干个子学科。生物科学探究的是生命活动的规律和基本原理,是其他学科的基础和理论源泉。生物科学涉及的内容非常丰富,包括植物学、动物学、微生物学、神经学、生理学、组织学等。生物技术是在生命科学理论的基础之上,利用生命活动、生物组织的规律和特性,创造工业产品和服务的技术性学科。生物技术包括基因工程学、酶工程学、细胞工程学等。生物信息学研究的是生命科学中研究生物信息存储和分析的学科,它包括基因组学、蛋白学和系统生物学等学科。

想充分理解科学知识体系的分化与发展,就需要考虑第一次工业革命之后市场的发展以及社会结构发生的深刻变化。总而言之,社会变得越来越精细化,具有更加细腻和精密的组织与分工。在此基础之上,学科的分化对于人类知识体系的发展与成熟具有重要的意义:

第一,学科分化是与劳动分工密切相关的,为分工提供更为高效和经济的保障。劳动的分工促进了生产效率的提高,学术知识体系的分化也有利于学人提高知识生产效率。劳动的分工所产生的更多的物质条件,允许更多的人可以从事专门的脑力劳动,用以实现人类对物质世界和精神世界的好奇心与求知欲。然而,因为个人精力体力存在极限,通过个人的努力探索并穷尽整个物质世界和人类社会的知识是不现实的。学科先产生再分化,以组织化的链接方式,解决个体无法应对的知识产出能力和效率问题。第二,学科分化为现代科学向深度发展提供了前提和保障。在近代知识门类未加细化之前,知识之间存在非常模糊的界限,好处是人们可以从整体的角度全面地认识自然和人类社会的基本问题。但是,这种知识发展的模式难免使得思考过于粗浅和简单化。学科分化之后，改变了知识过于粗糙的局面，人类沿着细化的知识门类缓慢而有序地向纵深推进知识的深度。正如斯诺(Charles Percy Snow)所说，"不必为专业化的进程而感到悲哀，因为他是知识进步的前提，而且经常是代表着概念和技巧的深度化和精致化"①。毫无疑问，能够按照实际需要围绕相对固定的研究方向进行探索，将会对学者积累知识、掌握专业化的研究方法有利，进而会帮助学者更加准确和细腻地分析研究对象。因此，细化知识是人类认识事物精细化的必经之路，只有先高度的专业化，才有后来将分离的知识串联起来，达到对事物精细而又全面的认识。第三，学科分化是知识管理的重要策略和方式。细化了的知识体系将庞杂而臃肿的知识划分为若干门类，帮助人类简便、快捷地管理知识，即使学科存在的形式容易引起自我封闭以及划分门户后的竞争。

学科的分化虽然给近代科学知识体系的发展带来了充足的动力，但是当学科分化成一种绝对的主义和范式时，知识的发展反而受其所累。

第一，学科细分导致门户之见盛行。学科的独立和逐步分化使得人类知识体系变得更加专业和复杂，学科之间的关系和新的学术组织不断被派生出来。学科的多样性无疑从制度层面保障了学术争鸣和学术独立，但也会从某种程度上产生学科的偏见和异化现象。学科是一种学术分工的形式，让不同学科的学者进入到某一专门的知识领域之内。学科以组织的形式控制了从事学术活动者的职业发展。每个学者从求学到工作都要有明确的、固定的学科，并且坚守着自己的门户。假如这种守护并不十分"牢固"，出现了进入其他学科领域的行为，就会出现学科认同的困难。不同学科之间的交流往往有限，他们在各自的学术领地上耕耘，但心照不宣地从不越界，固守着属于

---

① C.P.斯诺:《两种文化》，上海科学技术出版社，2003 年。

本学科的研究范式和运行章法。学科与学科制度之间构成互相强化的关系，学科独立的建制会严格区分其他学科，甚至不允许各个学科之间互通有无，以防止学科资源和学科范式受到侵扰，学科以独立的身份存在却逐渐丧失了对研究对象的整体性关照。学科之间的关系更加趋于彼此独立而非互补。在此基础之上，学科通过强调差异而非共识来划定彼此的界限，学科之内对自身的认同也进一步加剧。因此，学科之间的学术壁垒就会出现，影响了学科之间的交流合作，更加影响了学术产出的质量和创新。

第二，学科的分化造成整体性研究式微。学科的分化促进了知识的专业化和精细化，也符合社会上劳动分工和多元化发展的需求和期待，但是会影响人类从整体上认识事物规律。整体而论，学科分而治之的思想是符合还原论的哲学原理，即通过将整体分解为局部，加强对局部知识的了解。但是，还原论哲学思维也存在许多不足。分割之后，整体化的研究对象并没有在最后得以呈现，而是继续以碎片的样式存在。按学科划分的知识内容很可能陷入片面和狭隘，研究方法逐渐固化和程式化，失去了对社会问题的人文关怀和整体之美。"我们正在得到一幅并非完整的、紧密相连的画作，而是细节异常清晰，整体上支离破碎的画面。"[①]

第三，学科的分化造成了社会资源和学术权力的恶性竞争。学科分化的过程也是学科建制化的实现过程。学科成为一种制度化的存在，牵涉学术资源和权力的分配与竞争。科学社会学分析了学科分化与制度化是由于科学家群体在争夺利益和角逐权力。一门学科对应着一批学者的生存利益，一门学科所拥有的是学术职位和学术资源。学术是"象牙塔"，学术需要与社会资源发生链接，依赖诸如科研经费等外部资源才能发展。因此，学科成为利益

---

① E.拉兹洛:《用系统论的观点看世界》,中国社会科学出版社,1985年。

集团之间竞争社会资源的单位和赛道。学科为了保住并不断扩大既得利益，就需要加强其学术领地意识，学科成为争夺资源的阵地。学科之内通过强化研究范式的特异性，研究内容的有效性等措施，对人员进行知识规训，排斥外部非本学科人员进入。总而言之，为了谋求学科的专属地位，在有限的社会资源竞争中得以生存，学科之间开展激烈竞争是再正常不过了。

鉴于学科分化存在的弊端，学术界有必要建立跨学科等学科整合的制度性规则，以应对日益清晰的整体性学术观。跨学科等学科整合出现的原因主要有两个：

第一，知识整体化的发展趋势。学科整体性发展的根本动力是来自知识之间存在深刻的内在联系。人类知识是一个叙事体系，各种各样的观念和理论有着相同或相似的哲学基础和内在关联关系。纯粹的还原论哲学将整体分解成部分会使得知识沿着学科单向度发展，并且无法还原为具有整体意义的全部，从而丧失了整体叙事的意义。所以，知识的生产必然要求不断将知识重新聚集起来，学科交叉和融合是知识分化到达一定程度之后内容需求张力渗透出的外在表现。分化与聚合是辩证统一的逻辑整体：当学科分化带来的专业性无法带来更大的创新和更深的思考，人们就会从更高的维度进行整体化的分析，各个学科渐渐走向对话和融合。第二，总体上认识社会的需要。人类世界和自然界都是统一的整体。根据人类活动的分化以及认识的专门化需要，才出现人为划分的知识类别。分科之治根本上切割了自然界和人类社会，将其视作各个部分可以相互独立的存在：经济学家只负责关注市场如何运作，政治学家关注的范围只集中在政府上，其余社会上出现的问题由社会学家去分析。这样的话，人类透视研究问题的宏观视野就消失了，人类把握社会问题的角度变得偏狭，所谓"管中窥豹"而不得全貌。所以，越是学科细分的情况下，学科之间的交叉和整合越是必要，总体性的认识有益于补足我们各个学科单独认识事物的片面性，是调和人类整体性认知与还原性认知的重要手段。当前，学科之间的交叉、渗透，边缘学科日趋活跃，横断性学科涌现。人类社会之间的链接也随着全球化的不断深入而愈发紧密，促使着学术界加强学科之间的整合，用整体性、交叉性的学术观念去回应全球性的问题。

（三）学科的分类

学科分类是指要依据对学科系统基本特征的分析，确立正确的学科分类原则，并在此基础上对各门学科进行区分和排列，建立符合学科发展实际的分类体系。如果说学科是知识体系的一种划分，是对学科个体的研究，那么学科的分类则是对学科群体体系一种划分和归类。这两个角度对我们明确学科的两层含义以及学科的形成、性质和特点，都十分重要。

普朗克在《世界物理图景的一致》中曾指出，科学乃是统一的整体，它被分为不同的领域，与其说是由事物本身的性质决定的，还不如说是由于人类认识能力的局限性造成的。所以，在古代，人类认识水平比较低的时候，只有一门科学，即自然哲学。随着社会实践活动的发展和人类认识能力的不断提高，包含在自然哲学里的各种类型的知识越来越丰富，这些知识系统化、体系化之后，才逐渐从自然哲学中独立了出来。东西方许多古代先哲们，都曾论述过知识分类的思想。我国的学科分类思想最早出现在殷商时期，即"六艺"——礼、乐、射、御、书、数。六艺相当于现代六门学科，是古代教育的主要内容。汉代以后知识分类往往是和图书分类联系在一起的。如汉代刘向、刘歆提出的"七略分类法"，四库全书所用的"经""史""子""集"四分法。在西方，古希腊哲学家亚里士多德提出的分类体系影响甚大，如下表所示。他以人的活动为准则，把自己的哲学分成理论哲学、实践哲学和创作（poietike）哲学。

表 1.1　亚里士多德知识分类体系

知识	1.理论哲学	研究纯认识活动的学问,如数学、物理学形而上学
	2.实践哲学	研究人行为的学问,如政治、经济、伦理方面的内容
	3.创作哲学	研究如何进行艺术创作、讲演的学问,如诗歌、艺术、演讲术

度过漫长而黑暗的中世纪,人们的思想得到解放,生产力得到空前的提高。人类认识世界的角度进一步细化,产生了大量学科。刘仲林将当时的学科分类思想归纳为三个大类:第一类以人的主观认识能力作为学科体系分类的出发点,代表人物为培根和达朗贝尔(J.d'Alembert);第二类以客观认识对象为学科分类的出发点,代表人物为孔德和黑格尔;第三类以研究成果为学科分类的出发点,代表人物为哈里斯(B.T.Harris)和杜威(M.Dewey)。[1]

当下的科学继续朝着微观不断地深入发展,科学的分化愈来愈细,学科愈来愈多。不仅如此,由于人类日益深刻地认识到了物质世界和各门学科的相互联系和转化,随着边缘学科、横断学科等交叉学科不断涌现,科学在高度分化的基础上出现了新的综合。学科分类方法也随之产生了新的变化。我国当下使用的学科分类标准,是国家技术监督局(2018 改名为国家市场监督管理总局)1992 年颁布实施的《中华人民共和国学科分类与代码国家标准》(GB/T 13745-92),该标准共设 5 个学科门类、58 个一级学科、573 个二级学科、数千个三级学科。2009 年,国家质量监督检验检疫总局颁布了该标准的修订版,《中华人民共和国学科分类与代码国家标准》(GB/T 13745-2009)。修订版同样包括 5 个学科门类,但一级学科由 58 个增加到了 62 个,二级学科增加到了 676 个。[2]心理学从原来生物学二级学科的位置上,上调为一级

---

① 刘仲林:《现代交叉科学》,浙江教育出版社,1998 年,第 37 页。

② 中国标准化与信息分类编码研究所等:《中华人民共和国国家标准学科分类与代码》,GB/T 13745-92、GB/T 13745-2009,中国标准出版社。

跨学科研究评价的理论与实践

学科,并且增加了信息与系统科学相关工程与技术、自然科学相关工程与技术、产品应用相关工程与技术三个一级学科(见表1.2)。

表1.2 中华人民共和国学科分类与代码国家标准
（GB/T 13745–92)、(GB/T 13745–2009)

中华人民共和国学科分类与代码国家标准(GB/T 13745–2009)			
门类	学科	门类	学科
自然科学	110 数学	自然科学	110 数学
	120 信息科学与系统科学		120 信息科学与系统科学
	130 力学		130 力学
	140 物理学		140 物理学
	150 化学		150 化学
	160 天文学		160 天文学
	170 地球科学		170 地球科学
	180 生物学		180 生物学
农业科学	210 农学		190 心理学
	220 林学	农业科学	210 农学
	230 畜牧、兽医科学		220 林学
	240 水产学		230 畜牧、兽医科学
医药科学	310 基础医学		240 水产学
	320 临床医学	医药科学	310 基础医学
	330 预防医学与卫生学		320 临床医学
	340 军事医学与特种医学		330 预防医学与公共卫生学
	350 药学		340 军事医学与特种医学
	360 中医学与中药学		350 药学
工程与技术科学	410 工程与技术科学基础学科		360 中医学与中药学
	420 测绘科学技术	工程与技术科学	410 工程与技术科学基础学科
	430 材料科学		413 信息与系统科学相关工程与技术
	440 矿山工程技术		416 自然科学相关工程与技术
	450 冶金工程技术		420 测绘科学技术

14

门类	学科	门类	学科
	460 机械工程		430 材料科学
	470 动力与电气工程		440 矿山工程技术
	480 能源科学技术		450 冶金工程技术
	490 核科学技术		460 机械工程
	510 电子、通信与自动控制技术		470 动力与电气工程
	520 计算机科学技术		480 能源科学技术
	530 化学工程		490 核科学技术
	540 纺织科学技术		510 电子与通信技术
	550 食品科学技术		520 计算机科学技术
	560 土木建筑工程		530 化学工程
	570 水利工程		535 产品应用相关工程与技术
	580 交通运输工程		540 纺织科学技术
	590 航空、航天科学技术		550 食品科学技术
	610 环境科学技术		560 土木建筑工程
	620 安全科学技术		570 水利工程
	630 管理学		580 交通运输工程
人文与社会科学	710 马克思主义		590 航空、航天科学技术
	720 哲学		610 环境科学技术及资源科学技术
	730 宗教学		620 安全科学技术
	740 语言学		630 管理学
	750 文学	人文与社会科学	710 马克思主义
	760 艺术学		720 哲学
	770 历史学		730 宗教学
	780 考古学		740 语言学
	790 经济学		750 文学
	810 政治学		760 艺术学
	820 法学		770 历史学
	830 军事学		780 考古学

中华人民共和国学科分类与代码国家标准（GB/T 13745-2009）

续表

中华人民共和国学科分类与代码国家标准（GB/T 13745–2009）			
门类	学科	门类	学科
	840 社会学		790 经济学
	850 民族学		810 政治学
	860 新闻学与传播学		820 法学
	870 图书馆、情报与文献学		830 军事学
	880 教育学		840 社会学
	890 体育科学		850 民族学
	910 统计学		860 新闻学与传播学
			870 图书馆、情报与文献学
			880 教育学
			890 体育科学
			910 统计学

　　本标准划分学科的依据是研究对象，研究方法，研究特征，研究目的、目标，学科的派生来源五方面内容。所列学科应形成其理论体系和专门方法；出现有关科学家群体；需建立有关研究机构和教学单位以及学术团体并开展相应的科研教学活动；有关专著和出版物的问世等条件。学科具体的分类原则如下：第一，科学实用性的原则。本着直接服务于科技政策和科技发展的需要，从更加方便管理科研经费、科技人才、科研项目等科技活动的目的出发，按照学科研究对象的本质属性和总体特征，建立一个科学、有序，从属和并列关系明确的学科分类体系。第二，简明唯一性原则。在该标准体系内，一个学科只能有一个名称和代码，并且力求学科层次的划分简单明了。第三，动态兼容性原则。制定学科分类标准既要考虑到国内传统分类体系的继承性和实际使用的延续性，又要考虑到现代科学技术迅速发展的现实，为新兴学科的发展留下空间，以保证学科分类体系保持动态稳定性。

　　从上述该标准的内容和说明中，我们可以看到，在学科标准中获得一席之地成为一个学科获得相应政策、资源、人才等方面支持的重要基础。该标准虽然具有简洁明晰的优点，但缺点是未考虑交叉学科，并且在某些学科上混淆了学科与专业的概念。首先，该标准虽然纳入了一些相对成熟的交叉学科，但是萌芽中的交叉学科并未收入。此次 2009 年度对国家标准进行的修订，增加了一级学科 4 个、二级学科 103 个，一定程度上显示了学科分类进一步细化的倾向，给交叉学科留下的发展空间越来越小。这使得专业许多跨度大、交叉性强的新学科很难找到自己的位置。其次，虽然该标准中说明了学科分类不同于专业和行业，但王续琨认为，该标准仍旧混淆了学科与专业的概念。①专业指的是人们学习和工作的专门方向或业务领域。有些学科可以成为专业，但专业名称却不能用作学科名称。例如，机械工程指的是设计、制造机器和机构的过程，它可以成为一门学科的研究对象，但它本身并不是一门学科。以机械工程作为研究对象的这门学科，就是机械工程学。

专业的分类和设置更加倾向于适应社会职业分工的需要，是人才培养、科研后备力量建设不可缺少的重要一环。但是，国务院学位委员会颁布的《普通高等学科本科专业目录》(2022 版)②和《学位授予和人才培养学科目录》(2018 版)③同样没有为交叉学科预留位置(见表 1.3)。2000 年美国国家教育统计中心修订了美国的学科专业目录④(Classification of Instructional Programs，简称 CIP)，增设了"交叉学科"的学科大类。其特点是充分考虑了学科的发展性，为交叉学科、新兴学科留下了充足的发展空间。"交叉学科"大类与人文

---

① 王续琨：《交叉科学结构论》，大连理工大学出版社，2003 年，第 7 页。

② 教育部学位委员会：《普通高等学科本科专业目录》[EB/OL].[2010−11−25].http://www.moe.edu.cn/edoas/website18/84/info1212562471366584.htm.

③ 教育部学位委员会：《授予博士、硕士学位和培养研究生的学科、专业目录》[EB/OL].[2010−11−25].http://www.moe.edu.cn/edoas/website18/46/info12846.htm.

④ 美国国家教育部：《美国的学科专业目录》[EB/OL]，2002 年.[2010−11−25].http://www.nces.ed.gov.

科学、社会科学、理学、工学、医学、工商管理、教育学、农学、法学、建筑学、艺术学、公共管理、新闻学、图书馆学、神学以及职业技术并列,并且内含交叉学科和文理综合两大学科群,共22个学科。对比中美学科专业设置,中国的学科专业设置更加面向实际,但是缺少一些前瞻性和学科成长性的战略眼光。新兴的交叉学科不能在"正统"的目录中找到位置,就不能在项目申报、科研经费申请以及人才培养、职称和成果评价上获得相对应的政策与资源的支持,使得发展越来越慢,直到被边缘化。所以,改变现有学科分类和评价体制,增加交叉学科门类的任务已刻不容缓。

表 1.3 《普通高等学校本科专业目录》(2022 版)、
《学位授予和人才培养学科目录》(2018 版)*

(单位:个)

普通高等学校本科专业目录(2022 版)			授予博士、硕士学位和培养研究生的学科、专业目录(2018 版)		
学科门类	一级学科	二级学科	学科门类	一级学科	二级学科
哲学	1	4	哲学	1	8
经济学	4	25	经济学	2	16
法学	6	49	法学	6	47
教育学	2	27	教育学	3	17
文学	4	123	文学	3	21
历史学	1	9	历史学	3	21
理学	12	46	理学	14	49
工学	31	260	工学	39	119
农学	7	46	农学	9	27
医学	11	61	医学	10	54
管理学	9	56	军事学	8	19
艺术学	5	56	管理学	5	14
总计数	93	771	艺术学	5	
			总计数	108	412

* 资料来源:作者根据教育部网站信息自制

可喜的是,国家已经意识到设置交叉学科,对基础研究、人才培养和科研创新具有至关重要的作用。2021 年 1 月,国务院学位委员会和教育部联合发布《关于设置"交叉学科"门类、"集成电路科学与工程"和"国家安全学"一级学科的通知》;2021 年 12 月,国务院学位委员会发布《关于对〈博士、硕士学位授予和人才培养学科专业目录〉及其管理办法征求意见的函》,将交叉学科设为第 14 个学科门类。

二、跨学科

(一)跨学科概念的缘起与历史发展脉络

与"跨学科"一词相对应的英文是形容词"interdisciplinary"。它是在 discipline 的形容词性 disciplinary 的基础上加 inter-前缀构成的。跨学科 interdisciplinary 一词在《牛津高阶英汉双解词典》的解释是"融合不同领域知识的研究"①。上个世纪 20 年代,美国社会科学研究会提出它的主要职责是发展涉及两个或两个以上学科的综合研究,以打破针对知识专业化造成的学科割据现象。美国哥伦比亚大学心理学家伍德沃斯(R.S.Woodworth)1926 年在该学会上首先使用了"跨学科"这一专门术语。1930 年社会科学研究理事会在一份文件中正式使用"跨学科的活动"这一说法。在 1924 年至 1930 年出版的大量文献中,通常使用的说法是"合作研究",当时还未强调不同学科之间的"相互作用",强调探索"边缘地区"填补一切"未被占领的空间"。1937 年,《新韦氏大学词典》《牛津英语词典(增补本)》首次收录了"跨学科"一词。

---

① 霍比恩:《牛津高阶英汉双解词典第六版》,石孝殊等译,商务印书馆,2004 年,第 921 页。

跨学科研究评价的理论与实践

二战以及战后的高科技军备竞赛给社会带来了各种复杂问题，从政治、经济、文化、教育等各方面为跨学科研究的发展提供了前提。20 世纪 50、60 年代，"跨学科"的文字表述出现在欧美各国的学术著作中，到了 70 年代更加受到关注。1976 年，《跨学科科学评论》（又译为交叉科学评论）（*interdisciplinary science review*）在英国创刊，现在已经成为 SCI 和 SSCI 共同收录的著名刊物。1979 年，宾夕法尼亚大学出版科克尔曼等人编著的《高等教育中的跨学科》（*Interdisciplinary and Higher Education*），对跨学科教育以及基本理论等问题做了全面论述。跨学科研究体制国际化正式确立的标志是 20 世纪 80 年代相继成立跨学科学研究会（Interstudy）和整合研究协会（the Association for Integrative Studies）。在经历了七八十年代的蓬勃发展之后，跨学科研究的热情在 20 世纪 90 年代减退了下来，进入了相对平稳的发展阶段。上个世纪 90 年代美国学者克莱因出版了第一部完整的跨学科学专著《跨学科学——历史、理论和实践》。2004 年，美国国家科学院协会发表《促进跨学科研究》的报告。该报告全面深入地分析了跨学科研究的发展现状，对如何促进交叉学科研究提出了深刻而富有创建性的建议，标志着跨学科学进入了一个系统全面发展的新时期。

20 世纪 80 年代初期，在国际上交叉科学研究风起云涌的背景下，"跨学科"的概念首次传入我国。1985 年，首届交叉科学学术讨论会在北京召开，会议展示了我国交叉科学全面发展的形势和成果，并展望了今后的发展前景。会上，著名科学家"钱氏三杰"——钱学森、钱三强、钱伟长与众多学者就交叉科学的界定、产生缘由、发展途径、社会功能和发展前景等问题进行了广泛的讨论。同年，刘仲林发表《跨学科学》一文，是我国学者首次较为系统地阐释和探讨跨学科的概念和基本问题。20 世纪八九十年代，我国跨学科研究的理论探索进入一个快速发展的时期，先后出版了许多以跨学科或者交叉学科为论题的书籍。1989 年湖北人民出版社出版了李光、任定成主编的《交叉科学导论》。该书共就七个问题——交叉科学的历史、形态、作用、功能、机制、方法、趋势进行了探讨。1990 年浙江教育出版社出版了刘仲林主编的《跨学科学导论》，该书论述了跨学科的定义概念、结构分类、历史沿革、跨学科认识论、跨学科科研以及各种跨学科方法等。进入新世纪以后，跨学科研究的概念和理念在我国渐渐受到一些关注和了解，但是总体仍处于体制的边缘地带。

（二）跨学科概念的界定和理解

"多学科""超学科""交叉学科""交叉科学""跨学科学"，以及"transdisciplinary""crossdisciplinary""multidisciplinary""interdisciplinarity"都是中英文文献中出现频率较高的，与"跨学科"的概念相似或者相关的词汇。学术界对于这些概念的解释和界定，并没有形成绝对统一的认识。许多学者在各自的研究语境中，都对这些类似的概念做出了自己的解释。一方面，这种学术上的百家争鸣加深了我们对跨学科现象以及概念的理解，推进了跨学科研究的发展；另一方面，这种理论内涵的不确定为我们准确界定跨学科研究进而评价跨学科研究带来了混乱。所以，有必要在本书研究之初，澄清跨学科以及跨学科研究的准确内涵，并在本书的语境下保持一致性。

从西方学者使用"跨学科"概念的历史去勘察，普遍的认识是"跨学科"因学科之间融合共生的强度不同，而可以进行不同程度的划分。例如将最浅层次的学科互涉定义为"多学科"（multidisciplinary），将深入进行的知识合作生产定义为"跨学科"（interdisciplinary），而将学科知识面极为宽阔、所涉学科众多的"跨学科"定义为"超学科"（transdisciplinary）。譬如，奥地利学者埃里克·詹奇（Erich Jantsch）认为，学科与学科之间相互作用关系是具有差异性的,它们之间不仅有跨学科作用,也有多学科、群学科、横学科、超学科等多种形式的作用。[1]詹奇在《跨学科与超学科大学:一种系统的教育、创新方法》[2]一文中,对这些概念给予了解释:

表 1.4　詹奇关于多学科、群学科、横学科、跨学科、超学科的分析

多学科 (multidisciplinarity)	同时提供多种学科,但没有明确学科关系	同层次,多目标,没合作
群学科 (pluridisciplinarity)	为了增强学科间彼此的关系在同一学科位面上并列各种学科	同层次,多目标,合作
横学科 (crossdisciplinarity)	在同一层次上,一门学科的原理深刻影响其他学科,致使各学科围绕该学科发生了类似的极化(rigid polarization)	同一层次,同一目标,同一学科原理
跨学科 (interdisciplinarity)	相邻或相近的上下知识层中,一组相关学科的共同定理得到了定义,通过相互作用形成层次间的跨学科	两个层次,多目标,从更高层次上的协同
超学科 (transdisciplinarity)	在一般原理(由目的层次自上而下导出)和正在形成的认识论(协同认识)模式基础上,所有学科和跨学科进行协同	多层次,多目标,趋向于共同系统目的的协同

　　瑞士心理学家皮亚杰(Jean Piaget)从认识论和科学内在"结构"角度,用发生学观点分析了跨学科的含义。[3]他的主要观点是多学科往往是简单的学科信息交流,但是无法形成真正的知识意义上的化学反应。跨学科的层次更高,会在知识层面融合不同学科,形成对各个学科都有益处的相互作用。超学科不仅仅将产生相互作用,而是以一个特定的思维将所涉学科统摄、整合在一起,形成一个系统。学科之间的作用强度就成了划分三种"跨学科"的关

---

[1]　OECD,*Interdisciplinarity:Problems of teaching and Research in universities*,Paris:OECD Pubications,1972,25.

[2]　Erich Jantsch,Inter-and Transdisciplinary University:a Systems Approach to Education and Innovation,*Policy Sciences*,1997,403-428.

[3]　OECD,*Interdisciplinarity:Problems of teaching and Research in universities*,Paris:OECD Pubications,1972,136.

键。学科之间的知识在理念、理论和观念之上进行整体梳理和移植挪用，究竟能否产生新的科学道理是最值得关注的地方。多学科的相互作用更加务实，为的就是联合不同学科解决某一具体任务。交流方式更加简单，并且以具体任务的进度为限制条件。跨学科研究所投入的时间精力成本更高，因为要深入知识层面去学习其他学科的学术语言、学术规范，理解学科间的理念差异，借用其他学科的思想和方法。超学科研究体现的是利益一体化和思维系统化。尽管我们想去详细划分"跨学科"概念，但是仍旧难以简单度量三者之间的量化区别，所以即便是学术界三种概念之间也存在不同程度的混用甚至滥用，但是本书坚持区别几种说法。

在中文学术语境中常常出现"交叉学科"和"交叉科学"两个概念，但是细细探究才发现这两个概念仅仅在中文学术领域使用，算是我国学者单独创制的概念。此事是由于"跨学科"一词从英文传入我国后一直作此翻译，但是 1985 年我国举办了一届意义深远的交叉科学学术研讨会。交叉学科的叫法由此传开，也就是由此开始"跨学科"和"交叉学科"两个概念都流行于中文学术语境之中。钱学森认为："所谓交叉科学是指自然科学和社会科学相互交叉地带生长出来的一系列新生学科。"①总的来说，"交叉学科"是指两门或两门以上学科相互结合、彼此渗透交叉而形成的新学科群；"交叉科学"是所有"交叉学科"的集合体和统称。笔者认为，"交叉科学"在内涵的丰富性上与"跨学科"是同级的，只不过"跨学科"的说法更加符合国际学术界的惯例。

跨学科的发展有两个重要的驱动要素，即科学家探索学科交界之处秘密的好奇心以及政策制定者和立法者对科学发展规律的明晰，需要从科学

---

① 中国科学技术培训中心：《迎接交叉科学的时代》，光明日报出版社，1986 年，第 3 页。

发展的长远去考虑为其开创必要的空间。从 20 世纪 60 年代开始，一门以交叉学科群整体为研究对象，不探讨个别的跨学科研究现象或某一具体研究领域，而是探讨跨学科宏观运动和普遍规律的知识领域——"跨学科学"应运而生。"跨学科学"在英文中有两个表达，一个是"interdisciplinarity"，它是 interdisciplinary 一词的名词化。本意有"跨学科性"的含义，用来表征跨学科活动中，跨越不同学科之间差异性的跨度。另外一个是"interdisciplinology"，它是"interdisciplinary"一词后面加入了"logy"这一表示学科的后缀。它的构成比较符合英语学科术语构词规范，但是"interdisciplinarity"这种用法流传较广，所以通常被学术界使用。1990 年《交叉科学学科辞典》对"跨学科学"下的定义是："从总体上研究学科交叉的规律和方法的科学。又称科学交叉学……其研究对象是对各类交叉学科形成和发展一般规律和方法的探索。"[①]跨学科学的意义在于起到先导作用，带动跨学科思维，普及跨学科理念，为交叉学科的发展铺平道路。在我国现行的教育科研体制下，跨学科学并没有学科和专业设置，而是放在"科学技术哲学""高等教育学"以及"管理科学与工程"等专业下，作为一个研究方向进行科研和培养人才的工作。

总的来看，"跨学科"的内涵范畴始终围绕着在学科之间的界限中进行突破的行为。本书尝试着给跨学科下一个尽可能宽泛的定义，以明确本书的讨论范围和基本观点。"跨学科"实际上是打破学术围绕单一建制和单一知识视角展开的学术思考、学术活动，意图将来自不同学科之中的观点和方法进行彻底而有效的融合，建立更加整体性综合性的学术制度以适应当前和未来人类认识世界的复杂性需求，并在政策和其他科学研究保障上做出的系统性安排。

---

① 姜振寰：《交叉科学学科辞典》，人民出版社，1990 年，第 682 页。

三、跨学科研究

（一）跨学科研究概念的界定

"跨学科研究"又称交叉科研,国外简称 IDR,是英文 Interdisciplinary Research 的缩写。IDR 是跨学科在科研领域的称谓, 而在教育领域通称为IDS(Interdisciplinary Studies)。美国《促进跨学科研究》①对 IDR 有这样一个定义:"跨学科研究是由团队或个人进行研究的一种模式,他们把来自两个以上学科或者专业知识团体的信息、数据、方法、工具、观点、概念和理论统合起来,从根本上加深理解或解决那些超出单一学科范围或研究实践领域的问题"。

本书所指的"跨学科研究"基本涵盖了前文所指的"跨学科"的概念,但是之所以单独强调其为一个专有概念,是因为"跨学科研究"更多地指向了实践层面,尤其是指向作为一种科研组织方式的存在。国外有许多著名的跨学科研究机构像圣塔菲研究所(Santa fe Institute)和兰德公司,国内像南京大学在其网站上列出了 90 多个校级的跨学科研究中心②。跨学科研究中心只是跨学科研究的一种组织方式,当前跨学科科研组织方式包括跨学科项目组、跨学科研究所(中心)、跨学科重点实验室等。他们的组织形式有"虚体",有"实体",也有"虚实"结合。

乔希·泰特(Joyce Tait)对"跨学科研究"进行了进一步分类,把"跨学科

---

① Committee on Facilitating Interdisciplinary Research, National Academy of Sciences, National Academy of Engineering, Institute of Medicine, *Facilitating Interdisciplinary Research*, America: National Academies Press, 2004, 1.

② 南京大学跨学科中心一览, 2007. [EB/OL]. [2010-11-25]. http://www.nju.edu.cn/cps/site/newweb/foreground/show1.php?id=141&catid=75.

研究"分成两种模式:第一种模式以推动和提升学科内部的科研方法与水平为目的, 如通过方法论的发展促使新学术问题的解决或者新学科 (分支学科)的形成;第二种模式指向与社会、技术或政策相关问题的解决,主要以问题导向为主要目的,而相关的学科知识产出则是次要的。①

本书对"跨学科研究"的理解主要沿用了上述关于"跨学科"和"跨学科研究"的相关概念,但是由于本研究是以评价跨学科研究成果为目的,研究对象"跨学科研究"具有理论层面——"跨学科学"和实践层面——跨学科组织和科研两部分含义,而且本书更多地涉及实践层面的问题,即如何评价跨学科研究项目、跨学科研究人员和跨学科研究中心。因此,本研究中"跨学科研究"主要是指:团队或个人针对某一复杂性或交叉领域的难题,通过移植、辐射等跨学科研究方法, 整合来自两门或者两门以上不同学科的思想、概念、方法、术语以及数据等,通过促进不同专业背景的研究人员之间的相互交流而开展的一种研究。

(二)跨学科研究的特点

跨学科研究作为一个学科群体、一种组织模式以及一套研究方法,存在鲜明的自身特点。搞清楚跨学科研究的基本特征,是评价跨学科研究优劣的基础。IDR 评价方法的设计需要针对跨学科的特点。比如,可以利用跨学科研究偏序性的特点,将跨学科研究评审按照其主学科所在的资助部门进行受理;又如,朱莉克·莱因(Julie T.Klein)在《跨学科与超学科研究评价——文献综述》一文中,提出考察跨学科研究是否促进了不同学科理论之间的整合是

---

① 转引自周朝成:《当代大学中的跨学科研究》,华东师范大学博士论文,2008 年,第 28 页。

当下学者们评价跨学科研究的一个重要原则。[1]本书在解恩泽[2]对跨学科特性分析的基础上，总结出如下几点特性：

1.跨学科形成和理论的跨学科性

跨学科的形成方式不同于单一学科。跨学科是在学科的分化过程中，通过不同学科间的相互作用和相互结合而产生的。因此，任何一门跨学科都必然是以两门或两门以上学科为背景知识酝酿、孕育出来的，这就是交叉科学形成的跨学科性。

以量子化学为例说明。量子化学是在化学和物理学的相互作用中产生、发展起来的一门交叉学科。从历史上看，物理学理论的成熟远比化学要早。随着化学对分子层面化学反应理论的发展需要，化学家将量子力学的原理和方法应用到化学研究中，使得化学取得了前所未有的进步。它用量子力学原理研究原子、分子和晶体的电子层结构、化学键、分子间作用力、化学反应、各种光谱、波谱和电子能谱的原理，以及无机和有机化合物、生物大分子和各种功能材料的结构与性能关系。量子力学理论与化学理论的结合为氢分子共价键理论奠定了基础。近年来随着计算机技术的发展，量子化学从定性的说明进入了定量计算阶段，计算对象从小分子发展到较复杂的分子。量子化学理论的成功，激发了其他学者使用量子理论研究生物、化学大分子的热情。量子药理学、量子生物化学等分支学科也随之产生。

2.跨学科理论和方法的整合性

近代科学的巨大成功得益于广泛地使用数学工具。数学让自然科学的表述定量化、精确化。当代自然科学普遍使用计算机技术进行模拟实验，如

---

①　Julie T. Klein，Evaluation of Interdisciplinary and Transdisciplinary Research——A Literature Review，*American Journal of Preventive Medicine*，2008，35(2S)：S116–S123.

②　解恩泽等主编：《交叉科学概论》，山东教育出版社，1991 年，第 1 页。

火灾科学中利用计算机模拟火灾发生中的物理化学变化。甚至，人文社会学科也积极使用自然科学的成果，如社会学和经济学大量使用统计方法和统计软件，去处理海量的数据，从而支持自己的学术观点。在两门学科之间借用、移植这些方法和工具，并没有整合形成一个新的独立理论体系，不算真正意义上的跨学科研究，可以算是潜在的跨学科研究。

整合度高的另一个体现就是新理论和新学科的独立性强。一门新的跨学科其理论与方法虽然来自不同学科的概念、原理、方法和技术手段的相互融合、互相借用，即使这些概念、原理、方法和技术手段并不是"原始"创新，也绝不意味着跨学科的形成就是原有理论的简单搬用和机械堆积。"原始"学科理论本来是彼此互不相干，就像餐桌上的拼盘，而是要经过某种移创、改造和加工的"再创新"的过程，使得彼此之间能够有机地融合在一起，形成一个新的系统和理论体系。一门交叉学科形成之后，不仅可以由其自身不断地派生出新的分支学科，而且可以与其他学科进行二次交叉，形成新的交叉学科。

3.跨学科研究对象和过程的复杂性

随着当今人类社会所面临的问题日趋复杂化和全球经济一体化，全球变暖、饥饿问题、经济发展、人口问题、社会不公等社会问题，远远超出了单一学科所能解决的范围。跨学科研究所面对的历来是复杂的自然和社会问题。从历史上看，曼哈顿计划、人类基因组测序、雷达的研制、DNA 双螺旋结构的发现等很多为人类发展作出重要贡献的科研成果，都出自跨学科研究与合作的方式。而浏览一下当下的科研地图就能看出"热点问题"有多少是跨学科的，纳米技术、基因组学与蛋白质组学、生物信息学、神经系统科学、冲突与恐怖主义、粮食问题等比比皆是。

以分子生物学产生为例。生物遗传机制曾经一直是科学家们关注的生物学难题。从 1865 年孟德尔发现"遗传因子"并提出分离和自由组合定律，到摩尔根证明"遗传因子"即"基因"在染色体上，并发现遗传的连锁与互换定律，无数科学家前仆后继地试图解决这个问题。但是要想搞清基因分子是什么，它是怎么决定生物性状的等问题并不容易，需要大量的物理和化学方面的技术和方法。随着化学方法的使用，到 20 世纪 40 年代，科学家已经揭示出核酸分子的组成。之后，物理学方法的介入彻底使人们认清了遗传物质的结构和运行机理。同位素示踪技术帮助德尔布吕克噬菌体研究小组中的成员阿尔弗雷德·赫希（Alfred D.Hershey）和马萨察斯（Martha Chase）发现了 DNA 就是遗传物质。美国生物学家沃森和英国物理学家克里克，根据威尔金斯小组对 DNA 分子的 X 射线衍射照片的研究资料，提出了 DNA 分子的双螺旋结构理论。物理学家、化学家以及生物学家通力合作，遗传物质 DNA 及其双螺旋结构才得以被发现，并导致了分子生物学这门交叉学科的产生。

4.跨学科属性的偏序性

跨学科研究的兴起和发展改变了传统单一学科的设制，出现了单一学科和跨学科并存的双重设制。正是由于这种新型学科设制的出现，使过去那种非此即彼的学科分类已经不再普遍适用，许多新型的交叉学科由于其跨学科性，很难判断其学科属性。如航天医学工程学，有人说它是机械运载工程学的分支学科，也有人说他是医学的分支学科，两种观点各有道理不分高下。至于诸如城市科学、生态学、环境科学、人口学、全球学、创造学等一类交叉学科，就更难以认定它们的学科属性了。本小节暂不探讨现代科学的分类问题，只是强调指出，任何一门交叉学科，不管其产生过程和表现形式如何，它的学科属性不会完全保持"中性"，而是有所偏重。

交叉学科属性的偏序性，是由交叉学科内部矛盾各方力量的不均衡性决定的。我们知道，交叉学科内部矛盾运动的一个重要表现，是原有不同学科理论、方法和对象的相互作用、相互结合。然而,在相互作用、相互结合中的各学科不会是力量绝对均衡、对等的,而是要有所差异,有主、次之分。因此,当一门母体学科的理论、方法和对象居于主导地位时,其交叉而成的新学科就会表现出该母体学科的属性。例如,由物理学和化学相互作用而形成物理化学和化学物理学,就表现有不同的学科属性,前者偏重于化学,可划归化学类,后者偏重于物理学,可划归为物理学类。

即使是那些由自然科学与人文社会科学相互作用结合而成的交叉学科,按其所运用的自然科学理论和社会科学理论的轻重、多少不同,也会显示出不同的学科倾向,或者偏重于自然科学,或者偏重于人文社会科学。

以生态学为例。生态学的研究对象是生物个体、种群、群落和生态系统,主要研究生物的生存条件以及生物与其生存环境之间的相互关系。它的具体内容主要有:生态系统的结构、生态平衡的形成和保持、资源的开发和利用、人类与环境的相互关系、生态设计和优化,等等。生态学的研究对象和研究内容是带有综合性的,需要运用自然科学和社会科学的多门学科理论和方法,包括数学、物理学、化学、地学、生物学、医学、工程技术、运筹学、伦理学、法学、经济学、社会学、系统论、信息论、控制论等。从生态学的研究对象和所运用的理论与方法来看,它的自然科学属性显然要比社会科学属性强。

又如,人力资源管理学也是一门综合性较强的新兴交叉学科,它涉及哲学、伦理学、法学、心理学、社会学、教育学、生理学、地学等许多学科。人力资源管理主要研究人才的结构、发现、培养、使用和管理等问题,主要采用调查统计法、系统研究等方法。从人力资源管理学的研究内容和方法来看,它的社会科学属性要比自然科学属性强,正因为如此,从事这一研究工作的大多数是社会科学工作者。

研究跨学科属性的偏序性,不仅有助于我们进行学科分类,更重要的是能够为跨学科研究的管理、跨学科人才的培养,从知识素质结构方面提供科学的依据。比如,从事生态研究的人,应该在自然科学方面有较高素质;而从事人力资源管理学研究的人,应在社会科学方面有较深的造诣。对于人才群体也是如此,从事生态学研究的群体,自然科学工作者应占有较大的比例;从事人才学研究的群体,社会科学工作者的比例应大一些。

(三)跨学科研究的类型

国内学术界在对跨学科学科群进行系统性梳理时,普遍采取了以学科融合的深度与各学科间差异性作为主要标准的分类方法,以此来区分和归纳各种形式的跨学科研究。刘仲林[①]依据学科间的融合程度(亦即解恩泽[②]所谓的外在形态),他把交叉学科细分为比较学科、边缘学科、软学科(别名软科学)、综合学科、横断学科(别名横向科学)以及超学科(别名元学科)。在探索学科领域之间交叉融合的边界与内涵时,王续琨[③]依据学科自身的发展逻辑,识别并划分了两种不同层次的跨学科研究形式。他将那些发生在同一科学领域内,诸如哲学科学、社会科学、思维科学、数学科学、自然科学、系统科学等分支学科之间的交流与融合,定义为近缘跨学科研究。而当这些探讨扩展至不同知识体系,如将哲学科学与数学科学、自然科学、系统科学等分开讨论时,这种研究方式被称为远缘跨学科研究。解恩泽在分类上有着类似的看法,他认为根据不同学科间融合的广度,可以将交叉学科划分为几种类型。自然科学和社会科学各自一级学科之间的相互融合被定义为"学科内交叉学科"。而当涉及不同一级学科之间的结合时,这被称为"学科间交叉学

---

① 刘仲林:《现代交叉科学》,浙江教育出版社,1998 年,第 84 页。

② 解恩泽等主编:《交叉科学概论》,山东教育出版社,1991 年,第 11 页。

③ 王续琨、常东旭:《远缘跨学科研究与交叉科学的发展》,《浙江社会科学》,2009 年第 1 期。

科"。进一步地，当跨越整个自然科学和社会科学领域时，这种交叉则被称作"领域间交叉学科"。此外，系统论、控制论、信息论等跨越多个学科的横断学科，则被视为"超领域交叉学科"。

历史上的交叉学科分类融合方式研究（如表1.5所示）被国际学者如Katri Huutoniemi 与 Julie T.Klein 等人[1]概括，展示了从基本知识的嫁接与方法论的精炼融合到理论层面的深化、研究场域的聚集，以及大规模的知识迁移等多样化的分类理念。这样的演变最终促成了当前所谓的"横断学科"及"反学科"等新兴现象的出现。仔细梳理多学科领域的分门别类之沿革，诸多分类体系起初聚焦于 IDR 的变异层面，凭借相异的理论思维，孕育出诸多理念。内容由最初的简洁与抽象分类，演变成了对细微差异和高度复杂性的更为敏锐的分类方式。相应地，我们见证了从以理念为主导的研究方法向基于实践的解释模式的变迁，从关注制度划分的视角转向了叙述性的分类方式，并且从科学分类向知识的生成场所转移。在观念上，超越学科界限的分类体系未能建立在实践经验之上，并且不具有实用性。本书依托芬兰科学院资助的多达两百项以上的多学科研究申请，探讨了项目申请书中对跨学科实践的差异性分析，同时构建了一套分类体系（详见表1.6）。该论述隐含的一个关键设想是，研究项目的主题应与研究的知识内涵相吻合。换言之，尽管在语言表达上展现了各异的艺术手法和展现形式，本书依然认为通过分析申请书中所呈现的信息，可以推理出知识创造的思考过程，以及所采用的理论框架和实践策略。

---

[1] Huutoniemi K.,Klein J.T.,Bruun H,Hukkinen J,Analyzing interdisciplinarity:typology and indicators,*Research Policy*,2010,39（1）:79–88.

表 1.5　跨学科分类研究综述

兴趣焦点	学者	分类的依据	分类
学科间整合程度	OECD（1972）	科学知识的发展	多学科、群学科、跨学科、超学科
	黑克豪森 （Heckhausen, 1972）	学科融合的 完善水平	跨学科研究,包括伪跨学科、辅助性跨学科、综合性跨学科、增补性跨学科以及融合性跨学科等不同形式
	米勒 （Miller, 1982）	对概念排列顺序 的理解程度	聚焦议题,进行学术储备,结合实际生活观察,交流观点,采用截面结构法则,融合多元元素,实现全方位整合
	斯坦伯 （Stember, 1991）	对单一学科类别 的厌倦表现	医学领域内、综合学科、多元学科、跨界学科、超领域学科
	博登 （Boden, 1999）	跨学科的强度	多学科综合、情境关联的多学科研究、共治学科交融、协作性学科融合、概括性多学科整合、全面性多学科协同
	卡尔奎斯特 （Karlqvist, 1999）	不同领域的距离	知识的统一性、知识的累加、研究课题的差异、研究手段的差异、研究理念的差异
跨学科实践	罗西尼和波特 （Rossini and Porter, 1979）	融合的社会 认识架构	学科研究,模型研究,专家讨论,项目领导整合
	勒努瓦 （Lenoir, 2000）	综合学科的社群 展示	综合性理论、虚假的多学科性、主导性、整体性观念
	拉图卡 （Lattuca, 2001）	研究问题	广阔的单一学科范畴、综合性的多学科融合、超越学科界限、抽象的多学科概念。
	帕尔默 （Palmer, 2001）	跨领域的 思维技巧	群体的主导者、合作伙伴、多面手
	布鲁恩 （Bruun, 2005b）	知识网络化	协调、转移、开拓
	布鲁恩 （Bruun, 2006a）	领域间相互作用	多领域学科、情境相关多学科、综合多学科、实证跨学科、思辨跨学科、理论跨学科

续表

兴趣焦点	学者	分类的依据	分类
	莱格威乐（Lengwiler,2006）	组织方面的实践	方法论跨学科、领袖式跨学科、启发式跨学科、实用跨学科
	波尔（Pohl,2008）	协同模式与融合媒介	潜在融合平面的双维坐标系
跨学科的基本原理	OECD（1982）	对跨学科的要求	内源性跨学科技能、外部性跨学科技能
	克莱茵（Klein,1985）,赛特和赫尔（Salter and Hearn,1996）	跨学科的动机	将学科融合视作工具化的过程,将学科融合视为概念化的举措
	布鲁恩（Bruun,2005a）	研究目标的类型	思维领域的跨界融合、手段领域的学科间联合、目的导向的多元学科整合
	波伊克斯 曼斯利亚（Boix Mansilla,2006）	跨学科认知方法	思维互联、洞察、应用
	巴里（Barry,2008）	激发多学科交融的思维线索	阐述性、创造性、本体论的演变

表 1.6 基于经验分析的跨学科分类改进

跨学科的范围	"窄"跨学科	在狭窄的学科交叉领域内,涉及的学科概念在本质上相互贴近,大体上呈现等同广度的学术研究范畴
	"宽"跨学科	跨学科要素源自于在概念上有差异的多个领域,其活动范围超越了狭窄的知识边界
跨学科相互作用的类型	百科全书式多学科	探究活动围绕一个中心议题展开,构成要素包括若干彼此关联较为疏松的并行子课题。子项目之间未展现知识交互;各个单元独立解决难题,依托自身的理念、手段和工具包
	语境式多学科	跨学科的知识构建或深度融合于多元学术领域之中,然而,不同学科间的认识性互动通常仅局限于确立问题的范畴。在没有整体性框架的情况下,缺乏统一的方法论,并且没有实现结果的融合
	复合式多学科	旨在创新知识体系,通过模块化整合跨学科的专业智慧。由于各专业领域之间的互动仅限在"技术"层面,整个研究过程本质上呈现出一种序列化的指导方针。在 IDR 的

续表

跨学科相互作用的类型		各类分类之中,交叉学科的多元组合与其称之为从一门科学到另一门科学的概念"迁移"相似度最高
	经验式跨学科	跨界探究携手各类实证资料,旨在探查不同领域现象间的相互关系,或将各类证据汇合以衡量假设之真伪,亦或是处理涉及多个学科的难题
	方法论跨学科	采用创新且整合的策略,将多种方法论融合在一起。决不仅仅是简单地将方法进行并行或直接移用,而是必须演进成为适应跨学科环境的模式
	理论跨学科	探索多学科领域的结合点,对比分析不同学科的观念、理论框架或模型,以创造能够应用于跨学科研究的创新理论工具
跨学科的目标类型	认识论目标	深化了我们对研究主题的了解。渴望融合多学科视角,催生深邃的科学洞察,或是为当前研究现象提供更为宽广的诠释
	工具性目标	旨在达成附加的学术成就,例如解决社会难题或是推进商业产品的创新
	哲学探究中的工具性与混合性目标	此类研究基于这样一个前提,即对知识的深化与对附加科学难题的解答视为等同重要的使命

对表 1.6 的解析意在消除跨学科理念中制度层面的混淆,着重从知识实质和认识论的角度阐释跨学科研究的核心,即融合过程的问题。同时,根据跨学科项目的涵盖范围和目的, 对其进行了创新性的分类。了解前述分析后,我们明白除了学科内容的多样性,学科确立与演变还依赖于学术准则与体系的不同。将混合了这两种含义的表述转化为融合了这两层意义,并将学科概念替换为学术领域,我们可以重构这句话为:"尝试运用融合了这两层意义的'学术领域'概念,以明确表述建立在交叉学科研究之上的工作是相当困难的。"

第2章
科研评价的历史和现状

一、科研评价

(一)科研评价的基本概念

"科研评价"也称"科技评价"或"科技评估",是对科学技术研究活动进行价值评定、估计和判断的简称。科技评价是科技管理的重要环节和核心内容之一。科技评价可以作为政策制定的工具,它本身不是目的,但具有一定的目的性,科学、公正的评价有利于优化科研资源的配置,调整自主方向,提高产出效率。科研评价是一种特殊的认识活动,它不创造价值,而是对已经存在的价值做出判断。科研评价的概念可以分成科研评价的主体、客体、主客体之间价值关系以及主体对客体价值的判定。

科研评价的主体和客体,在中华人民共和国科学技术部2000年12月28日发布的《科技评估管理暂行办法》中有比较明确的表述,"科技评估是指由科技评估机构根据委托方明确的目的,遵循一定的原则、程序和标准,运用科学、可行的方法对科技政策、科技计划、科技项目、科技成果、科技发展领域、科技机构、科技人员以及与科技活动有关的行为所进行的专业化咨询和评判活动"①。

而价值关系作为主客体之间的一种基本关系,从哲学意义上看,是指客体的存在、作用以及它们的变化对于一定主体需要及其发展的某种适合、接近或一致②。简单地说,科研评价中的价值就是指评价主体对评价客体的认识和估计。价值是蕴含在主客体相互关系之中,具有一定相对性的概念。评价就是对主客体之间的价值关系进行测度、判断和认识的过程。因此,由于评价主体的立场、观点、目的和环境文化的差异,对价值判定也会不同。同样的主体对不同客体可以产生不同的价值认识,同样的客体也可以因为不同主体的需要而产生不同的价值。但是人类的社会属性又会使人们在价值观念的选取上,表现出某种程度的共同性和客观性。从而使研究这种价值判断过程的规律性成为可能。

(二)科研评价的发展简史

对科学研究的评价活动是与整个科学发展过程相伴相随的,其发展大致经过了四个时期③。

1.自由评价时期

中世纪之后,近代自然科学逐渐从经院哲学中脱离出来,形成以实验和数学为基础,科学研究机构为形式和载体的专业化领域之后,科技界就已经开始求助于科学评价以作为控制研究活动质量的手段。但是,由于当时的科

---

① 中华人民共和国科学技术部:《科技评估管理暂行办法》,2000[EB/OL].[2010-12-24].http://gongguan.jhgl.org/info/showinfo.asp?id=2149.

② 李德顺:《价值论》,中国人民大学出版社,1986 年,第 13 页。

③ 李晓轩、石兵:《中国科学院研究所评价浅议》,《中国科学院院刊》,2003 年第 2 期。

学研究活动尚处于个性化、随意化的"无政府主义"阶段,所以评价活动也是零星的、个人的和单纯的,可称为自由评价时期。

2.自发式管理评价时期

第二次世界大战以后,以美国为首的西方国家从战时集中式的科研中获取了巨大利益,从而向科研经费的分配、研究方向的遴选、研究机构的调整等方面加大了投入的力度。这些相关政策的实施,广泛借助了科研评价手段,科研评价获得了强有力的发展。另外,自 20 世纪 60 年代起,经济合作与发展组织(OECD)的一些国家就开始尝试对政府支持的科学研究活动的投入、产出、成果和影响力等方面进行评价。这些评价基本上是科技组织和科研管理部门自发进行的,可以称为自发式管理评价时期。

3.法制化、规范化时期

20 世纪 90 年代以来,各国政府为了提高国家经济竞争实力、占领赢得人才高地,高度重视科学技术的发展。科学研究活动早已经不再是科学家个人及其团体出于兴趣爱好做出的人类活动,而是已经成为直接受政府影响的一项社会事业和职业。科学研究活动的国家战略导向性从而越来越明显。各国政府高度重视评价科技活动,在科技活动的各个层次中广泛地、制度化地使用科技绩效评价方法。美国国会在 1993 年颁布了《政府绩效与结果法案》,将支持科学研究活动的政府机构也纳入了绩效评估的范畴,该法案的颁布标志着美国研究评价活动的开展已经进入更加广泛的阶段。

1997 年,我国国家级专业化科技评估机构——国家科技评估中心成立了(National Center for Science & Technology Evaluation,简称 NCSTE)。2000 年以来,我国先后颁布了《国家科研计划课题评估评审暂行办法》等一系列政策性、法规性文件;2003 年 5 月,科技部等五部委联合印发《关于改进科学技术评价工作的决定》,2003 年 8 月,科技部发布了《科学技术评价暂行办法》。

这些文件的陆续颁布,标志着我国的科研评价工作正在向规范化、法制化方向发展。

4.变革时期

党的十八大之后,国内外发展形势出现重要转变,国家对科技自立自强的希望更加迫切。以往以"量"取胜的评价指标体系,过于重视论文的数量和刊物的级别,忽视了科研成果本身的质量,导致高水平的科研创新难以出现。2016 年,在国家科技创新大会上,习近平总书记要求改革科技评价方法和科技评价体制,转变过去过分强调数量、绩效的评价方法。2018 年,教育部印发《关于开展清理"唯论文、唯帽子、唯职称、唯学历、唯奖项"专项行动的通知》,开展"破五唯"和"破除唯 SCI"行动,彻底改革以简单量化方式评价科研成果的狭隘评价理念,推动建立科学规范的科研评价体系和宽容平等的科研创新生态。

二、科研评价的主要理论

(一)市场失灵理论

进行科研评价的原始动力是什么? 评价科研成果、科研人员和科研课题有什么价值和意义? 如果科研成功能够顺利转化为社会价值,那么科研成果的创造者能否获得自然而然的奖励呢? 经济活动中存在的"看不见的手"能否一样在学术和科研领域发挥作用,从而为科学研究高效配置资源呢? 回答上述问题的答案是否定的。科研产出最大的特点是公共物品,尤其是基础研究为代表的科研成果,无法仅仅通过市场作用达到高效的资源配置,需要政府主动作为,主动对科研活动进行发现、确认和干预。

亚当·斯密的名著《国民财富的性质和原因的研究》第一次全面解释了，何为市场经济以及市场经济如何发挥灵活配置资源的能力。亚当·斯密的著作充分论证了政府不得干预市场的原理，但是其对市场机制的论述是基于三个隐含假设提出的。第一个隐含假设是市场存在完全的竞争，生产厂商足够多，且每个厂商占据的市场地位足够小；第二个隐含假设是完全竞争的市场企业产品之间可以相互替代；第三个隐含假设是企业可以自由进出市场，不会产生额外的特别成本，消费者也可以对企业做出容易的判断和选择。

但是，亚当·斯密的理论过于理想化。现实市场并不是完全竞争的，还存在垄断、信息不对称、公共物品和负外部性，市场不可避免的失灵，需要政府给予干预。

基础科学的产品是典型的公共物品。基础科学不具有竞争性，其科学成果是公开发布的，每个人都可以获得基础科学知识，而不影响其他人使用获取科学知识。基础科学没有排他性，人们一般不会对使用基础科学知识的人进行收费。既然基础科学是纯公共物品，那么基础研究作为提供基础科学的活动，主要应该由政府进行资助等相关干预活动。基础科学成果是一种典型的公共物品，它是一系列基本的科学知识和原理，这些研究成果大都是公开发表的，一个人的使用并不能排斥其他人对于同一科学原理的使用。基础研究成果的公共物品属性使得以盈利为目的的私营部门缺乏资助这类研究的积极性。因此，政府以资助的形式干预基础研究，需要识别高质量的研究方向和高水平的研究者，这就为科研评价提供了先导逻辑。

（二）绩效管理理论

针对绩效评价研究的不断深入和发展，美国管理学家奥布里·丹尼尔斯（Aubrey Daniels）在 20 世纪 70 年代提出了"绩效管理"（Performance Management)的概念。行为科学研究不断突破人们对个体行为的认知,而绩效作为一个基本的结果变量,人们对其体察也越来越多。奥布里·丹尼尔斯深刻分析了传统绩效评价研究的优与劣,随即创新地提出了"绩效管理"。20 世纪90 年代,组织行为学的研究影响日益扩大,人本主义的相关研究开始流行,人力资源管理逐渐成为显学,绩效管理的相关研究开始深入和系统化。

绩效管理理论中存在三个著名的模型:三步骤循环模型、三过程模型和绩效管理模型。随着绩效管理在实务界和理论界的探讨逐渐深入,人们普遍对绩效管理达到了一种共同的认识。绩效管理是在目标管理和共同战略的基础上,采取正反两方面激励措施,高层领导者与基层员工一起,以工作的激情、聪明的能力和勤奋的执行提升组织绩效的过程,从而实现组织的战略目标。总结起来,绩效管理是一个相对完善的科学体系,包括前后紧密相连、互相推动的五个步骤,将"计划、执行、评价、反馈和改进"五个流程紧密结合起来,形成一个循环前进的组织体系。

实施绩效管理的第一步是要建立组织所共同认可的目标或者愿景。组织目标包含达成的最终目标以及达成目标所需要的资源、路径和方案。组织各成员需要在绩效管理实施过程中不断沟通与协作,需要克服方案执行过程中可能遇到的种种阻力,不断评估进展、反馈信息、调整策略,通过一个个循环往复的过程,直至目标最终实现,达成组织愿景和战略。具体实施可以采取 PDCA 循环,即 Plan(计划)、Do(实施)、Check(检查)、Action(行动)。或者采取平衡记分卡的手段,建立"战略、重点工作、关键因素、战略地图、KPI指标"等绩效管理系统。

(三)综合评价理论

评价是评价主体对评价客体在多大程度上满足其价值效用而做出的数

值性、综合性的判断过程。综合评价是指通过指标体系的描述,从系统的、全局的角度,对评价对象做出整体性的认识。具体来说,就是根据所给定的条件,采取一定的方法,为每个评价客体、评价对象赋予一个评估值,以此作为排序的依据。综合评价的实质是按照一定的规则和目标,将待评价的对象进行分类和排序,其综合性体现在描述评价对象需设计一个指标体系,并将对象的种种特征、多个评价指标进行综合,形成一个综合性的、整体性的评价体系。综合评价系统的组成部分主要有评价主体、评价目标、评价标准、评价客体、评价指标、评价权重和评价模型。

建立评价指标体系是综合评价成功的关键。只有科学、严谨、系统的指标体系才能公正客观的对评价对象赋予价值,才能准确地对评价客体进行排序或者分类。评价指标体系的建立过程往往存在一些不合理的问题,例如指标结构全面性缺失、指标权重分配不合理等。综合评价理论以物、事和人三方面综合考察评价对象,形成全面系统的评价指标体系。首先考察评价对象的物理属性,全面理解评价对象的物理性能和评价目标,选择最能够准确表达评价对象物理属性的指标体系。其次权衡评价过程中的事和人,评价过程中的利益相关者诉求,评价事宜对各方面的影响等,尽可能全面地收集原始数据和信息。将人、事和物三者充分考虑、充分比较,最终得到最优评价指标体系。

三、科研评价的主要方法

当前,科研评估的方法有很多种,既包括同行评议法、案例分析法等定性的方法,也包括文献计量法、层次分析法、回顾分析法、数据包络分析法等定量、半定量的研究方法。即使拥有如此多的评价方法,甚至几百种的评价模型(仅 20 世纪 60 年代就产生了 150 多种项目评价的定量模型)[1],针对不同评价对象、根据不同立项部门的要求以及不同的评价阶段,选择适当的评价方法仍旧是一个实践难题。科研评估的理论模型名目繁多,但在科研评估的实践中使用最广泛的方法是同行评议法和文献计量学法两种。

(一)同行评议方法

1.同行评议法概述

同行评议是目前世界主要国家在科技评估中使用最广泛的方法,对科学事务具有举足轻重的调控能力。科学界最早出现使用同行评议的案例是,300 年前英国皇家学会的会员以同行评议作为一种参照系统评审可以公开发表的科学论文。17 世纪 60 年代英国的《哲学会刊》是世界上第一本科学期刊。该期刊只发表经过皇家学会审查过的论文,这也就是同行评议制度的雏形。[2]

美国国会技术评价办公室高级分析专家库宾(Chubin)以及英国苏塞克斯大学科技政策研究所所长吉布恩(Gibbons)和曼彻斯特大学工程、科学与技术政策研究所所长乔赫(Georghiou)都对同行评议方法有过经典的论述。库宾(Chubin)认为:"同行评议是用于评价科学工作的一种组织方法,这种方法常常被科学界用来判断工作程序的正确性、确认结果的可靠性以及对有限资源的分配。"而吉布恩(Gibbons)和乔赫(Georghiou)的论述更为具体:"同行评议是由该领域的科学家或邻近领域的科学家以提问的方式,评议本领域研究工作的科学价值的代名词,进行同行评议的前提,是在科学工作的某一方面体现专家决策能力,而参与决策的专家必须对该领域发展状况、研究

①　杨列勋:《R&D 项目评估研究综述》,《管理工程学报》,2002 年第 2 期。

②　孔红梅、刘天星、段靖:《同行评议初探》,《生态环境学报》,2010 年第 4 期。

评审程序与研究人员有足够的了解。"①

　　以更加宏观的眼光理解同行评议，其本质是科学共同体内部的民主机制，即充分依靠科学家群体进行自我管理、公平竞争、择优支持从而优化科研生产要素配置的一种方法。从微观上理解，同行评议是某一或若干领域的专家采用相同的评议标准，共同对涉及相同或相关领域的某一事项进行评论和估价的活动，并且将对事项评价单位及有关部门的决策产生重要影响。综合宏观和微观的理解，在科学研究领域同行评议法可以定义为由从事被评价领域或者相关领域的专家来判定和评估一项研究工作的学术水平、价值或重要性的一种方法。

　　同行评议方法广泛应用于科研活动的各个领域：科研人才的引进以及职位晋升决策；评审科学出版物（专著、期刊论文、会议论文）；科研项目的立项审批、中期检查和结题验收；科研机构的建立与运行；科技政策与计划的制定与评价。

　　同行评审制度在具体的评审方式上，有三种比较流行的方式。第一种是单盲评审制，即申请者姓名对评审专家公开，但评审专家姓名不对申请人公开。第二种是双盲评审即双向匿名制，即在评审时隐去被申请人的姓名，评审专家不知道审核的是哪些申请人，申请人也不清楚有哪些评审专家。第三种是公开评审，即作者姓名和审稿人姓名相互公开。在评审过程上，前两种方式一般采用通信评议，也就是将评审材料邮寄给评审专家，由专家就待评的项目给出书面意见和总体评分。后一种多采用会议评议来完成，由评审专家就申请者的研究能力、科研小组人员构成、实验室设备、单位的管理水平以及对科研工作的保证等方面进行实地考察，然后根据考察结果，对申请者

---

　　① 叶茂林：《科技评价理论与方法》，社会科学文献出版社，2007年，第115页。

的申请进行现场评议。

　　同行评议的一般流程可参见美国国家科学基金会同行评议项目中申请的流程图(图 2.1)。美国科学基金会收到项目申请书后,按照申请项目所属的科学领域(或工程领域)分送有关学部。各学部的项目评审官员收到项目申请书后,对申请书进行初步审查(资格审查,也叫形式审查),并确定同行评议人。

　　2.同行评议法的优缺点

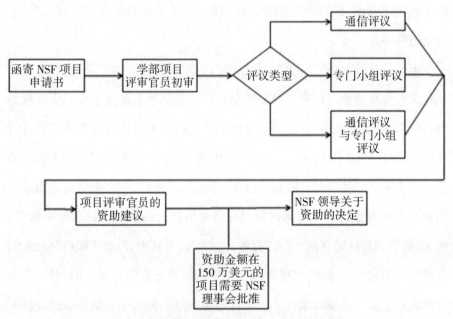

图 2.1　美国国家科学基金会项目评审基本程序①

　　同行评议作为一种科研评价方式,在一定程度上体现了科学共同体民主决策和行业自律的特点,具有适用范围广和实用的优点。郭碧坚在《科技管理中的同行评议:本质、作用、局限、替代》中指出同行评议的三方面积极

　　①　吴述尧:《同行评议方法论》,科学出版社,1996 年,第 6 页。

作用：同行评议有助于科学子系统的良性循环；同行评议有助于科学荣誉的正确授予；同行评议有助于对科学共同体进行社会控制。[①]吴述尧在《同行评议方法论》中指出同行评议具有相仿的三种社会功能：同行评议有利于科学资源的合理分配；同行评议可以保证科学荣誉的正确授予；同行评议可对科学共同体进行社会控制。[②]

由于同行评议不仅仅是对科研质量以及研究前景的学术讨论，还是一个众多参与者博弈的社会过程，同样也会在实践中产生很多问题。问题主要集中在三个方面：同行评议的公正性、同行评议专家的能力、同行评议对于创新的阻碍。

第一，同行评议的公正性。同行评议过程具有强烈的主观性，评审专家及相关人员在评审过程中，极易掺杂自己的感情和对某些学术观点的偏好（如评审者本人的观点），进而以自己的主观倾向来对稿件或申请项目进行评价。同行评议中的偏见多来自身份、性别、研究方式、学术观念等方面的差异。学者龚旭在其《同行评议公正性的影响因素分析》一文中引用美国学者所做的实证研究，在对美国国家癌症研究所进行的同行评议研究中指出，60.8%的受访者认同在同行评议过程存在偏见。[③]其中，对非传统研究及高风险研究的偏见最为显著，其他影响公正性的因素还有朋友关系网、对不知名大学或特定研究领域的偏见等。同行评议中另一种常见的偏见是因经济利益冲突而导致的评审过程中的不公正。这是指评审专家的个人经济利益不适当地影响了他们的判断。随着"产学研"一体化格局的逐渐形成，导致经济利益冲突的情况逐渐增多。

---

① 郭碧坚：《科技管理中的同行评议：本质、作用、局限、替代》，《科技管理研究》，1995年第4期。
② 吴述尧：《同行评议方法论》，科学出版社，1996年，第14~18页。
③ 龚旭：《同行评议公正性的影响因素分析》，《科学学研究》，2004年第6期。

另外,同行评议过程中的"马太效应"也阻碍了评审过程的公正性与可靠性。"马太效应"也可以称为"累积优势效应",指非常有名望的科学家更有可能被认定取得了特定的科学贡献,并且这种可能性会不断增加,而对于那些尚未成名的科学家,这种承认就会受到抑制。[①]处于上层科学研究机构或者更有声望的学者往往比别人更容易获得资助,如同《圣经·马太福音》中所说的"穷者更穷,富者更富"的现象,科学社会学家默顿将其定名为"马太效应"。在科研评价中是指申请人的学术地位越高,申请通过的可能性就越大。美国科学社会学家科尔(Stephen Cole)的一项研究显示,声望低的单位申请项目获资助率为 39%。过去五年中曾获得过美国国家科学基金会自主的项目申请者现在获得的资助率为 70%,而第一次申请的申请人获资助率为 40%。[②]

同行评议还容易形成一个"熟人关系网""老朋友网络"。在这种网络包围的评议体制下,那些要冒风险的创新性计划难以得到评议者的认同。因为他们担心如果富有创新性的计划获得成功,则评议者本人的科学活动可能无立足之地,从而影响了评议的公正性,也不利于创新成果的评价。

第二,同行评议专家的能力。目前,由于学科交叉性越来越强,学术研究中涉及的技术也来越来越多,同时很多机构和作者选择通过合作来发表文章,这些都增加了评审专家进行评审的难度。另外,在某些评审人中存在找学生或助手代替评审的情况,这种行为使评审质量大大下降。威廉姆·巴克希特(William G.Baxt)在其 1998 年发表的一篇文章中采用一个实验来考察评审专家的评审能力。[③]他将有 10 个大错误和 13 个小错误的文章分别给

---

① R.K.默顿著:《科学社会学》,鲁旭东、林聚任译,商务印书馆,2003 年,第 614 页。

② 转引自谢焕瑛:《国家重点实验室评估体系研究》,大连理工大学博士论文,2005 年,第 35 页。

③ Baxt W G,Waeckerle J F,Berlin J A,et al.,Who reviews the reviewers? Feasibility of using a fictitious manuscript to evaluate peer reviewer performance. *Annals of Emergency Medicine*,1998,32（3）:310-317.

262 位专家进行同行评审,返回有效评审 199 份。其中,有 15 位专家同意发表这篇文章;有 117 位专家拒绝发表;另外 67 位专家要求作者对文章进行修改。而在同意发表的专家中只有 17.3%的专家能识别出文章中的重大错误;在117 位拒绝该文章发表的专家中则有 39.1%的专家能识别出文章的重大错误。可见,在评审专家数据库中有相当多的评审专家的水平有待提高。

第三,同行评议对创新的阻碍。基础研究探索未知世界,其结果是不可预测的。一种新构思的提出,引起不同的看法是必然的。但在同行评议的决策中,不论是定量的打分,还是定性的表决,都是以多取胜,而新构思很难得到多数人的赞同。同行评议可以看作是一个科学共同体某一范式的具体应用。随着科学研究的向前发展,常规阶段的"解谜"过程慢慢完结,各种异常现象变得愈来愈多。某些现象用原有的范式不足以解释。于是科学革命产生了。旧的范式被摒弃,一种可以解释异常现象的新范式逐渐为科学共同体所接受。

从上面的分析中可以看出,在某一学术共同体内,同行评议的方法难以有效判定具有革命意义的科学创新内容。这是因为,在面对新旧范式转换的时刻,同行专家在两种范式中选择一种,其中多数趋于保守的专家在难以辨清新思想的准确性之前,为了稳妥起见选择旧范式,而另外的少数专家选择了新的范式,由于同行评议本质是少数服从多数的民主机制,少数支持创新思想的专家难以左右同行评议的结果,使得有创新思想的申请项目常处于被淘汰之列。

(二)文献计量方法

文献计量学是一种定量的分析方法,在图书馆学、情报学以及信息管理等领域有着广泛的应用。在科研评价领域中,人们不满足于同行评议法所固有的主观性、不确定性等缺陷,文献计量学在科研评价中的应用,在一定程度上满足了人们对客观、科学评价方法的诉求。

1.文献计量学概述

科学文献是人类知识的客观记录,是科学技术存在和表现的主要形式;也是获取科学情报的最基本的来源和情报工作的物质基础。[①]最早的文献计量研究起始于 20 世纪初,是以 1917 年由文献学家科尔(F.T.Cole)和伊尔斯(N.B.Eales)所进行的文献统计研究为起点的。1969 年英国情报学家阿兰·普里查德(Alan Pritchard)提出使用术语"Bibliometrics"取代最早的"统计目录学"(Statistical Bibliograghy)作为文献计量学的专用名词。这一术语的出现标志着文献计量学的正式诞生。文献计量学是以文献情报积累与利用之间存在的各种数量关系和规律为研究对象,采用数学、统计学等计量方法,探讨科学技术的某些结构、特征和规律的学科。当文献计量学被应用于考察科学活动的特征时,它一般被称为科学计量学(Scientmetrics)。

2.文献计量法用于科研评估的主要指标

使用文献计量方法评价科研质量,主要是依靠对科技出版物、科技专利、科技引文等绩效指标进行定量评价。科学引文索引(Science Citation Index,简称 SCI)的创始人加菲尔德在《科学引文索引》一书中提出了五种评价指标:影响因子、期刊的五年影响因子、期刊的自引、期刊的即时指标、期刊的引用半衰期。[②]期刊的影响因子是指某一特定的年度或期刊论文的平均被引频率。现在谈到某个期刊某年的影响因子,一般都是指该期刊前两年(不包括当年)所刊发的论文总数与所有论文被引数之和的比率。

---

① 邱均平:《文献计量学》,科学技术文献出版社,1988 年,第 185 页。
② 转引自吴彩丽:《中国自然科学研究水平的实证研究》,中国科技大学博士论文,2010 年,第 13 页。

跨学科研究评价的理论与实践

1993 年,在美国对科研人员认为重要的评价指标的一项相关调查①中显示,审议后在期刊上发表的论文、经同行专家评议之后出版的著作、在重要专业性会议上所做的发言、提交经评审的论文或学术报告、在期刊和杂志上发表的论文引文影响、经同行专家审议在书中以章节的形式发表的论著是科研人员最为看重的评价指标。

在具体实践中,论文数量、引文数量和影响因子由于其具有简洁、便于统计核实的特性,经常被研究者和科研管理部门作为计量指标而广泛使用。论文、引文和影响因子用于指标分析的常用数据库是由美国科学信息研究所(Institute of Science Information,简称 ISI)研制的科学引文索引、社会科学引文索引(Social Science Citation Index,简称 SSCI)和科学期刊引证报告(Journal Citation Reports,简称 JCR)和美国工程信息公司的工程引文索引(Engineering Index,简称 EI)数据库等。国内的科学计量学经常使用的统计源主要有南京大学编辑出版的中国社会科学引文索引(Chinese Social Sciences Citation Index,简称 CCSCI)、中国科学院文献信息中心编辑出版的中国科学引文索引(China Science Citation Database,简称 CSCD)以及中国科技信息研究所研制的中国科技论文统计与引文分析数据库(CSTPC)。

另一方面重要的文献计量指标是专利文献和专利引文。专利文献是技术和商业信息的重要载体,专利引文分析(Patent Citation Analysis)目前已经广泛应用于技术发展评价与预测、国家、地区和学科间的技术扩散分析等方面,专利也已经成为评价科学技术的重要指标组成要素。专利分析的主要数据源是美国的 CHI(Computer Horizontal Inc.)公司的惯例文献数据库。我国的"中国专利网"等网站也提供国内的专利检索服务。

---

① 转引自陈敬全:《科研评价方法与实证研究》,武汉大学博士论文,2004 年,第 50 页。

3.文献计量法的局限性

虽然美国的埃利泽·盖斯勒(Eliezer Geisler)教授认为可以把"通过同行评议过程批准的科研经费"作为重要的文献计量标准使用,而且文献计量具有广泛的适用性,可以应用从小到科学家个人、大到一个学科乃至一个国家科研状况的"所有层次"。[①]但是,文献计量指标也存在着局限性,例如对于各个学科之间的文献计量指标就具有明显的不可比性。鉴于不同学科的科研规律以及发表文章的习惯和文化的不同,各学科的研究人员在做研究时引用他人的科研成果的需要以及实际情况就不尽相同,从而导致各学科杂志之间平均引文影响因子不同。有学者对《数理统计与管理》《数学研究与评论》《数学年刊》《物理学报》等 20 余种各类杂志进行统计[②],表明每一篇平均万字左右的应用数学方面的论文需要引用 6.8 篇相关论文的数据和公式,纯数学方面的论文需要引用 6.8 篇,物理方面是 13.5 篇,化学方面是 18.2 篇。

一个国家由于历史的原因以及社会主要需求的差异,不同学科的建设规模和发展水平存在着极大的不均衡性。社会需求强烈或者发展基础好的学科,一般规模大、从业人员相对较多,而且政府和相关科研管理部门投资也大,相关的学科杂志也多,形成一种规模效应。相比而言,那些新兴学科或者规模较小的学科,由于从业人员远少于那些"成熟"学科,造成同一时间内一篇文章被本领域内引用的数量远小于从业人员多的学科领域的现象。

---

① 　埃利泽·盖斯勒:《科学技术测度体系》,周萍译,科学技术文献出版社,2004 年,第 158 页。

② 　叶茂林:《科技评价理论与方法》,社会科学文献出版社,2007 年,第 308~309 页。

四、科研评价的学科差异

不同学科边界的形成和塑造，一方面与学科形成和发展的特定历史事件、特殊历史人物有关,另一方面更源于研究对象、研究方法乃至研究范式间存在的差异。学科间的种种差异,经过复杂的堆叠加成和融合反应,最终影响了科研评价的过程和结果。学科文化沉淀下来的好恶标准,在科研评价过程中表现为科研评价的标准和科研评价的结果。而科研评价的标准和结果,作为一种学科规训方式,反过来又会引导学科发展方向,进一步明确学科研究范式,巩固学科已有的思维方式和行为方式。渐渐地,在学科研究范式与学科评价标准交互影响下,学科间科研评价标准的差异也如学科间研究范式的差异一样,变得愈加明晰了。

(一)学科范式对科研评价的影响

不同学科由于研究对象、学科性质以及学科研究范式存在不同,导致科研评价标准和科研评价方法存在明显差异。学科间科研评价的差异,是我们理解和分析跨学科研究评价的一个基础和起点。描述科研评价在不同学科间的异同,分析其产生的原因,可以进一步讨论进行跨学科研究评价时,如何关照各个学科的评价标准,如何协调各个学科的评价方法,最终形成科学准确的跨学科研究评价标准和评价方法。

学科范式是不同学科划定边界的重要分界线。学科范式包括学科研究对象、学科研究方法、学科术语体系、人才培养方式、学科文化等内容。学科中的科研评价标准和科研评价方法,既是学科范式影响下的文化产物,也可以说是学科范式、学科文化中的一部分。因为从本质上来讲,科研评价就是要识别高质量的研究,并给予相应的奖励,识别和评判的对象包括知识内容本身及其呈现的方式和载体。不同特点的研究对象会对知识内容的呈现方式有要求,比如艺术学需要通过视听等多种媒介传达。不同特点的研究对象对评判知识内容的方式也会不同,比如可重复性较高的自然科学可以通过重复实验的方式验证知识内容。

不同学科迥异的研究对象会限定学术知识生产的形态和呈现的形式,进而会影响科研评价的载体和方式。学科研究对象可能是自然现象中的某一个截面或某一个侧面,比如物理学关心物质运动变化的过程,化学关注物质之间相互作用产生新物质的过程;学科研究对象还可能是社会现象中的某一特定群体,比如政治学关心权力、政府和国家,社会学关注社会组织、青少年、老年人;还可能是社会现象中的某一阶段行为,比如新闻学关注社会行为产生期和爆发期,历史学关心经过充分沉淀的人类社会现象,考古学关注的时间尺度相较于历史学会更加久远。特殊的研究对象会让学科知识的呈现方式不同,也会让学科知识的媒介和载体有所不同。自然科学研究的规律性知识是一种强关联的因果规律,成立条件比较清晰,适用范围比较明确,其阐释的现象和规律不受时空影响或者受影响程度较小。所以,自然科学研究更倾向于使用期刊交流学术成果。因为结构性较强、篇幅较短的期刊,能够清晰、明确地阐述知识内容,并且保证了交流的速度。而社会科学研究的规律性知识属于一种弱关联的因果规律,成立条件比较苛刻,使用条件和适用范围比较局限,其阐释的现象和规律受到多种因素的影响,不同地域、不同文化、不同制度、不同时代可能都会有所变化,甚至有学者称社会科学研究更多为局部机制。因此,这就使得社会科学要想阐述清楚知识内容必须要更大的篇幅,发表知识内容时更倾向于著作。其他还有一些研究对象特殊,需要更加独特的呈现方式来展现知识内容,比如艺术学会通过创作的方式展现知识内容。

　　不同学科独有的研究方法和研究视角，会制约学者以不同的思维和表达方式来叙述研究内容，进而会影响到科研评价的标准和科研评价的方法。自然科学偏于定量研究，常用的研究方法包括数理统计、归纳推理、演绎推理、实验法、思想实验、试验法等。自然科学能够较好地在实验室环境中复现或模拟产生自然现象的场景，并且具有较强的控制能力，能够通过控制变量的方式，将复杂的干扰因素筛选掉。如医学研究中普遍采用随机双盲对照试验的方法，来避免研究者主观因素和受试者心理因素对研究结果的影响。医学在体、离体、细胞、组织、生命体等各个层次普遍采用对照试验的方法，因此医学评价更青睐运用随机、对照、大样本统计的方法呈现的科学内容。而中医学强调整体化治疗，将人体看作一个复杂系统，诊疗方案的确定要依据病人的症候特征辨证论治。在此基础上，中医更强调描述病人的病情的个性，中医医案等介绍中医临证经验的学术著作在中医学领域更受欢迎。社会科学偏向于定性或半定量研究，常用的研究方法包括规范研究法、田野调查法、质性研究法、问卷调查法、实验法等。社会科学研究比较偏重于对现象产生的情景进行细腻的描述，一方面在于社会科学无法像自然科学一样在实验室中模拟社会现象场景，另一方面在于社会科学无法简洁高效地调控更加复杂多变的控制变量。

　　不同学科根据自身学科特点设置的人才培养方式，进一步明确和强化了学科行为准则和价值标准。人才培养的过程，即是学科通过考试准入、授课讲解、论文模拟、授予学位等方式，考察、培养和规训下一代学者的过程。学科将空洞的科研评价标准和隐性的价值取向，在考试、授课等环节中不断具体化和显性化，转化为明确的行为准则和价值取向，供学生们学习和接纳。较为抽象的评价标准，例如偏好实证主义或定量研究的学科标准，先通过授课讲解将其融入各类习题和知识,后以考试印证效果。符合要求的学生顺利通过,无法达标的学生将受到惩罚。在此过程中,学生可以通过具体的问题和解题过程了解价值偏好的含义。再比如,中医学强调辨证论治的个性化诊疗,大量的隐性知识,临床医生培养更多地依靠"师带徒"面授机宜的方式进行。学生通过近距离观摩体会老师"望闻问切"的过程,将大量隐含在场景中的意会知识显性化。在此知识习得的过程中,学生也会提升对学习场景、培养方式的理解,强化学科价值导向。不同学科人才培养的方式不同,但始终为自身学科特点和价值服务。比如,自然科学学科偏好定量研究和实验方法,人才培养重视计算能力和实验动手能力,设置了大量的习题和实验课程需要学生进行练习和学习。而人文社会科学学科偏好思辨和批判,人才培养重视读书、表达和写作,设置了大量的写作课程和读书会、读书笔记等练习环节。

　　不同学科文化差异会进一步强化学科科研评价标准的不同,并通过学科独特的语言表达方式传递和凸显价值的差异,使得不同学科确认高质量学术研究的过程和结果变得更加不同。伯顿·克拉克定义了学科文化,他认为学科文化深植于学科之内,每个学科都包含一种知识传统和相应的行为准则。[1]学科文化可以显性化为该学科特定的理论、方法和技术技能,还可以为隐性化的符号、语言、价值观念、学术品味和学术品格。这些可见与不可见的内容共同构成学科文化[2],为学科内成员所共同接纳、共同守护,学科文化成了学科成员的学术生活方式。学科内的学术评价准则,是学科价值体系的一部分,属于典型的学科文化内容。不同学科的学术评价标准彰显了其学科

---

[1]　伯顿·克拉克:《高等教育系统——学术组织的跨国研究》,王承绪等译,杭州大学出版社,1994。

[2]　顾沈静、王占军:《跨学科研究中的学科文化融合:过程与途径》,《重庆高教研究》,2017年第7期。

文化特质,尤其是集中反映在学科术语和学科语言使用习惯上。贝克(Becher)更是明确指出:"学科文化差异反映在语言形式上,而语言形式的差异也可以预示学科文化的差异。"[1]不同学科话语分析可以发现背后的学科文化本质。汉兰德(Hyland)把自然科学、人文学科中经常使用的基础话语单元,例如词、短句、引用等语言现象组合起来,探讨其使用规律与学科文化之间的联系。[2]他们的研究指出,人文学科与自然科学不同,更加强调辩证性的学科思维,学科语言依赖修辞的构建,频繁使用术语进行阐释。

王冰昕选取物理学、计算机科学、历史学和教育学分别代表纯理型硬学科、应用型硬学科、纯理型软学科和应用型软学科,经过对学科论文评价语言特征的分析,得出不同学科用语特征存在差异,尤其是硬软学科间差异明显。[3]学科语言差异的形成进一步明确了学科间的边界,同时也成为承载学科科研评价标准的容器。学科术语以及语言习惯差异越明显,学科科研评价标准的差异也会随之增大。

(二)科研评价标准的学科差异

在科研评价实践中,不同学科评价标准的确存在不小差异,尤其是学科范式相差较大的学科。国内外已有的研究都关注到了上述现象。沈红、王建慧调查了美国一所公立研究型大学,发现其数学、历史、机械及会计四个专业,在评价教师教学、科研和服务社会的标准上呈现了学科特色及明显差异。[4]

---

① Becher,T,Disciplinary Discourse,*Studies in Higher Education*,1987(3):261–274.

② Hyland,K,Disciplines and Discourses:Social Interactions in the Construction of Knowledge[G]//D.Starke-Meyerring,A.Paré,N.Artemeva,M.Horne&L.Yousoubova.Writing in the Knowledge Society.West Lafayette,IN:Parlor Press and The WAC Clearinghouse,2011,193–214.

③ 王冰昕、卫乃兴:《认识论、学科文化与语言使用:以评价语言为例》,《外语教学》,2019年第2期。

④ 沈红、王建慧:《大学教师评价的学科差异——对美国一所公立研究型大学的质性研究》,《复旦教育论坛》,2017年第3期。

所选四个学科具有代表性,数学代表纯硬基础研究或称理学学科,历史代表纯软基础研究或称人文学科,机械代表硬应用学科或称工程科学学科,会计代表软应用学科或称社会科学学科。纯硬学科数学进行学术评价时,更加看重纯粹的数学研究,尤其是看重教师在顶级刊物上经过严格同行评议后发表的论文、美国国家科学基金会(NSF)批准的项目以及在国家数学家大会上作报告的情况。数学学科不看重 SCI 期刊列表、影响因子、论文引用率等,尤其不看重社会服务情况。机械工程学科的评价更加开放和多元化,评价标准更加青睐学术创新以及应用前景,除了传统的论文、基金项目以外,工程学科还看重专利授予以及社会服务情况。历史学作为纯软学科,评价标准很像纯理科,把学术专著和经过同行评议的论文作为主要评价标准,不看重论文的引用率。会计学科本身更被赋予了跨学科的特性,与数学、应用数学和经济学天然的关联性,会让会计系的研究本身具有跨学科性,但是它的学术评价更加重视本学科范畴内的学术期刊。国内也有相似研究①讨论过本土大学五类学科评价标准差异,但是从结果来看,几所案例学校不同类型学科科研标准比较一致,主要是围绕论文、项目和奖励,差别不明显。

鉴于学科特点的差异,科研评价实践在执行过程中,也注意了在评价指标内涵和指标权重上对不同学科进行区分,但总体上对不同学科特点的关照有限,并未根本体现出学科门类间的差异程度。国内外大学评估和学科评估,是能够比较准确反映不同学科科研评价指标差异的评价实践。国外主要的学科评估有英国教育组织发布的世界大学学科排名(简称 QS)、泰晤士高等教育世界大学排名(简称 THE)、美国 U.S.NEWS 学科排名体系,国内最重要的学科评估为教育部学位与研究生教育发展中心发布的全国学科评估体

---

① 蒋洪池、李文燕:《基于学科文化的大学教师学术评价制度构建策略探究》,《高教探索》,2015 年第 11 期。

系①。QS 学科排名一级指标有多类,学术声誉、雇主声誉、篇均论文引用次数和 H 指数。该指标根据不同学科特点,在指标权重设置上有所侧重:艺术与人文学科更看重定性的学术声誉、雇主声誉,两者相加指标权重为 65% 以上,而对篇均论文引用次数和 H 指数权重设置为 15% 以下;自然科学、工程与技术、生命科学与医学三个学科情况相反,篇均论文引用和 H 指数设置为 30%~60%;社会科学与管理学科的情况居于两者之间。THE 学科排名包含 13 个一级指标,其中涉及科研的指标主要有科研声誉、科研论文产出效率、篇均引用次数、师均横向来源研究收入等。THE 学科排名对不同学科评价指标的设置与 QS 类似,医学、生命科学、物理学等自然科学更注重可量化的指标,弱化教学、科研声誉指标,比如将论文引用设置为 35%,而艺术与人文学科论文引用设置为 15%。U.S.NEWS 排名指标对不同学科的区分也非常有限,共分为硬科学、软科学和艺术人文学科三类,其中农学等硬科学与艺术人文学科学术声誉、区域研究声誉权重分别为 25% 和 35%。

国内教育部组织的学科评估已经进行了五轮,已公布的五轮学科评估指标体系可以作为判断国内区分不同学科评价的权威参考。2016 年第四轮②和 2020 年第五轮③学科评估都包含四个一级指标,即教学、师资、科研和社会服务,四个指标先后顺序和名称有所调整,但我们所关注的科学研究水平始终在第三位。第五轮学科评估中科学研究水平的二级指标发生了较大变化,由于"破五唯"的影响,第四轮学科评估中学科论文质量、专著专利合并为科研成果质量,国家级教材列入教学一级指标了,增加了三个艺术实践的评

---

① 倪晓茹、郭笑笑:《"双一流"建设下学科评价指标体系研究》,《中国高校科技》,2021 年第 1 期。

② 段鑫星、赵智兴:《学科评估指标体系:从理论建构到实践审思》,《江苏高教》,2021 年第 4 期。

③ 《师范院校"音乐与舞蹈学"学科对标建设的路径与策略——基于第五轮学科评估的思考》,《中国音乐教育》,2021 年第 7 期。

价比重。第五轮学科评估吸收了第四轮学科评估对特殊学科,比如艺术学①
等学科的考察经验,增加了实践成果的比重。总体上形成了十三个不同学科
门类的评价体系,如文史哲学类包括哲学、经济学、法学、教育学、文学、历史
学门类及艺术学理论,体育学、心理学、科学技术史是单独一类,理学、工学
各单独一类,医学、军事学、管理学单独一类。但是各学科科学研究细目下的
差别不大,差别在于理、工、心理学类将扩展版 ESI 高被引论文列入标志性成
果,而人文社会学科(除心理学外)因最高科研奖励设置为教育部级别,因此
没有国家级奖项。

(三)科研评价方法的学科差异

由前文可知,人文学科、自然科学以及中间过渡的社会科学,诸如管理
学、心理学等,其间科研评价实践反映出不但评价指标存在差异,而且评价
方法更加不同。人文学科更多的使用学术声誉等定性指标,自然科学更多的
使用引文等量化指标。

自然科学经常使用 H 指数来评价一个科学家的科研水平。2005 年,美
国加州大学圣迭戈分校的物理学家乔治·赫什(Jorge E.Hirsh)首先提出以 H
指数评价一个科学家的科研水平。②赫什这样定义的 H 指数,即一个科学家
拥有 Np 篇发表的论文,其中有 h 篇论文至少被引用了 h 次。比如一个科研
人员发表了 100 篇论文,按照每篇论文的引用情况进行从高至低的排序,找
到序号大于其引用次数的数字,将其序号减 1 就是该科研人员的 H 指数。H
指数越高说明科研影响力越大。H 指数不同于以往论文数量、引用数量以及
影响因子等量化指标,将论文数量和质量联系了起来,一定程度上改进了单

---

① 杨扬:《学科评估指标误置下的艺术学科发展难题》,《探索与争鸣》,2019 年第 3 期。

② 刘辉锋:《h 指数与科研评价的新视野》,《中国科技论坛》,2008 年第 5 期。

纯依靠一篇论文的质量或者论文整体数量评价科研人员的缺陷。论文数量和引用数量片面强调一个方面,而影响因子属于期刊的评价指标,无法准确概括其中每一篇论文的质量,也就是说会有高质量期刊的低质量文章,以及低质量期刊发表高质量文章的可能。H指数将质量作为主要指标,辅以论文数量作参考,能够比较综合性地判断科研人员水平。H指数也存在一些缺陷,比如无法评价年轻科学家以及科研产量比较低的年老科学家。即使后面赫什为了降低时间效应对H指数的影响,将h值除以科学家发表论文的时间跨度,用以比较年轻和低产量科学家,但是H指数仍然不能解决一生只发表几篇论文但是影响力巨大科学家的评价问题。

评价人文社会学科研究成果的方法很多[①],主要方法包括层次分析法、数据包络分析、灰色关联分析、人工神经网络法、模糊综合评价法等。层次分析法和模糊综合评价法主要用于配合同行评议等定性评价。而数据包络分析和灰色关联分析主要用于定量分析。根据不同情况,还可以采用几种方法相互组合进行评价。组合评价的方法有助于消除单独一种评价方法的误差,能够提高综合评价结果的准确度。但是组合评价也要注意每一种评价法需要有比较强的有效性和弱共性,否则多种评价法组合之后引发的误差会更大。

定量和半定量的评价方法并非适用于每一个学科。艺术学学科的科研成果不宜适用量化评价的方法。艺术学科的特殊性质主要在于其成果多为创作类、实践类和应用类。而且这类作品都是通过艺术语言进行表达的,具有高度的抽象和创造特性,难于通过量化的指标进行同类比较,不容易区分成果水平高下。艺术学学科的成果评价仍旧比较依赖同行评议方法,评价成果的专家需要具有较强的审美能力和专业能力。艺术学科同行评议专家的

---

① 邱均平、王菲菲:《社会科学研究成果综合评价方法研究》,《重庆大学学报》(社会科学版),2010年第1期。

选取应该注意专家艺术背景的差异性和单位来源的差异性。同一单位及相似经历,很容易影响评审结果的准确性和公正性。减少具有行政领导背景的专家,扩大评审专家的选择范围,变化选择专家的方法,对入库专家进行定期评估和轮换,可以更好地维护艺术学科科研评价的公正性。

总体上讲,人文社会科学科研评价方法更依赖于同行评议等主观评价方法。通过学术共同体评判人文社会科学成果质量和价值,尽管具有较强的主观性,但仍然没有更好的方法取代,且有研究显示同行评议和量化评价方法在结果的效度方面存在较大趋同性①。

(四)学科文化与科研评价——基于三个学科的比较和考察

学科文化是学术共同体在相关学科之内经过长时间学术活动形成并积累下来的,以知识为基础和原点,包括研究方法、思维方式、语言表达习惯、价值取向和伦理规范及其学术产品在内的精神文化的总和。学科文化是学科内学者、知识以及所研究问题不断相互影响而产生的综合体。但是学科文化是一种隐性而复杂的存在,并不能够言简意赅且明确地总结出来。需要通过一些可以外化的学术活动和知识内容予以彰显。在学科体系之内,学术话语是关键,尤其是在人文社会学科。

话语就是人们说出来和写出来的内容。人们所说、所写、所想,都受到意识和思维的支配控制。然而意识是无法观察到的,只有通过语言表现出来才能够被人们所观察和认识。任何一个学术共同体,都需要通过学术化的语言表达思想、表现知识。也只有通过话语的表达,才能使得其他人了解、接受、学习讲者的意思,并产生具有价值指向和规范指向的影响。学科如果要独

---

① 马永霞、仇箭熙:《"不唯"≠"不评":论人文社会科学成果评价方式的改进》,《重庆大学学报》(社会科学版),2021 年第 3 期。

立,要区别于其他学科,除了有自己独特的研究领域、知识体系以外,还必须通过话语将知识体系表达出来。话语体系是一种显性的客观存在,是对学术主张的概括,也是一个学者、一个学科、一个学术共同体的特有符号和明确标识。

科研评价或者学术评价作为一种制度化的学术行为,由学术共同体对所倡导的学术研究予以奖励,其彰显的是学科对知识所蕴含价值的认可。学术评价的行为一定程度上将学科的文化特质、价值取向和评判方式等特点予以显性化。学科文化与学术共同体中学术评价制度存在内在的关联。学科文化为规制学术评价主体提供基础保障,为选择学术评价指标和方法提供导向,为规范和监督学术评价过程提供指引。研究不同学科学科文化的形成和演变的过程,将会加深对学科间文化差异以及科研评价差异的理解。下文将基于几种不同学科独特的话语体系,以显性化的方式分析学科文化的差异,并结合相应学科博士学位论文的学术评价标准,探究学科文化与科研评价之间的关联。

1.哲学学科

(1)话语体系

第一,哲学学科话语具有实践性。不同时代的哲学话语体系反映的是人类所在时代的实践活动特点。在古代,生产力落后,哲学的话语体系中往往充斥着朴素、直观甚至是简陋的话语,其话语特点是直观地表达对世界的认知。在中国古代和古代希腊都出现过"水""火"等原始概念。到了工业文明时代,哲学中认识论出现了复杂主体性哲学概念,例如"心灵""先验形式"等。到了现当代,以互联网技术为代表的高新技术快速发展,哲学中出现了"不确定性""主体间性"等话语,表征着现象学、后现代主义等哲学细分领域。同一个时代中,哲学学科的话语也存在差异。但是,不同话语之间的竞争往往是以哪些话语体系更符合实践需要,更能够反映时代要求,能够在众多话语中胜出。例如,在春秋战国时代,诸子百家的话语和观点各不相同,符合当时战乱的社会环境;但进入大一统时代之后,儒家的话语体系更加符合中国社会的实际或者更能彰显当时中国的时代氛围。所以,话语的产生和传播都是社会发展的结果。

第二,哲学学科话语具有民族性。哲学的概念传入我国是在近代,而哲学作为学科建设也是受到欧美学术习惯的影响,甚至"哲学"这个词汇都是先由日本人翻译西方学术概念"philosophy"之后再转译成汉语的。因此近代中国哲学的话语是在西方学术语言体系下塑造形成的。彼时的中国哲学学科中许多概念的产生,一方面是直接由西方哲学概念转化来的,另一方面是由中国传统哲学观念转为相近的西方哲学概念。这种现象产生的原因之一是当时中国哲学学科翻译了大量西方哲学经典著作。中国学术界开始用汉语讲述西方的哲学。当西方哲学进入汉语的语境之后,西方的思想也同时受到中国传统文化的影响,开始了结构化的过程。上述现象的另外一个原因是,从西方求学归来的胡适等中国学者,利用西方的学术体系重新构造了或者重新阐释了中国传统文化中的智慧,中国的哲学思想也被西方的逻辑和话语所框定了。所以说,中国哲学话语是中西融合的产物。马克思主义学说在中国的传播和发展也基本符合上述中西融合的过程。马克思主义哲学传到中国是与中国革命实践的需要紧密相连的。最初由李大钊等人系统介绍,到后来依托革命实践进一步阐释,再到最后马克思主义哲学进行了系统的中国化。1938 年 4 月,艾思奇首次提出了"哲学研究的中国化、现实化"问题,主张用百姓能理解的话阐述来自欧洲的马克思主义学说。[①] 1938 年 10 月,

---

① 《艾思奇文集》(第 1 卷),人民出版社,1981 年,第 387 页。

毛泽东在党的六届六中全会上首次提出"马克思主义中国化"的命题。他认为中国社会与马克思主义必须在根本上进行结合,不能空谈马克思主义,必须"使之(马克思主义)在其每一表现中带着必须有的中国的特性"①。毛泽东的要求成为马克思主义运用中国话语的开始。

第三,哲学学科话语以马克思主义理论为框架。解放后,马克思主义哲学作为中国社会发展的基础理论指导极大地影响了中国哲学学科的话语生成方式。首先,哲学学科的所有二级学科原来所秉持的话语体系全部迅速地马克思主义化。例如,"存在决定意识""辩证统一"等观点开始在各个二级学科出现。1949年之后的中国哲学学科受到苏联哲学教科书的影响较大,但是仍旧保有一些中国的话语特色。其所反映的问题也是中国社会实践之中所提出的,反映了当时的时代特色。比如,用"实事求是""知行合一"等话语方式表达实践观点,用"两点论""一分为二"说明与辩证法类似的思想。其次,马克思主义哲学研究发展更加成熟和制度化,马克思主义中国化进入了更加深入的发展阶段,中国哲学学科的话语体系更加突出中国特色。马克思主义哲学长期作为哲学学科中排首位的二级学科存在。这些学科中体制化的存在强化了中国特色的话语方式。

总而言之,中国哲学的话语变化始终与中国社会发展相互嵌入。1949年以后,中国社会经历了站起来、富起来到强起来三个发展阶段。同样,中国哲学学科的话语体系发展也经历了类似的阶段。中国社会的发展与中国哲学学科的发展相互映衬,反映了哲学作为意识形态和上层建筑与社会基础存在密不可分的联系。第一个阶段是1949年到1978年。1949年新中国成立,中国共产党仍旧面临国内外敌对势力的威胁,保卫新政权以及革命年代保

---

① 《毛泽东选集》(第二卷),人民出版社,1991年,第534页。

留下来的革命传统使得哲学话语更多出现"专政""以阶级斗争为纲""反地、反修、反对一切反动派"等。谈到工作领域的情况时较多使用"工业战线""农业战线""思想战线"。又比如农村夏收经常说"集中优势兵力，打好夏收'战役'"等。这个阶段的哲学话语普遍更加青睐斗争性和对抗性，在研究辩证唯物主义时更加强调矛盾的斗争。比如，在讨论"一分为二"和"合二为一"的时候，前者是主要方面，后者被看作是补充，并且很快就被矛盾和斗争占据了绝大多数声音。第二个阶段是 1978 年到 2012 年。改革开放之后，社会发展的注意力转移到经济建设方面。经济建设作为社会发展的主要目标引领了当时的社会话语趋势。"发展是硬道理""小康社会""摸着石头过河"等话语成为社会主流。同时，随着国门的打开，许多国外的思想和话语逐步传入中国。例如"看不见的手""文化差异"等也出现在了中国的话语体系之中。新的思潮涌入激活了当时中国哲学界的视野。哲学学者开始大量翻译和研究欧美哲学。这个阶段，中国哲学界的话语体系是掺杂了大量西方思想的混合状态。大量学者使用西方的话语解释中国问题，甚至马克思主义哲学也开始从西方哲学中挖掘更加多元的解释。在当时社会发展学习西方的背景下，中国哲学的话语体系呈现了三个方面的特点：西方哲学的话语大量进入中国哲学学科话语体系中，"价值分析""语言分析"等术语逐渐流行；哲学学科话语的样式逐渐增多，语言哲学、文化哲学等新领域出现，"认同感""生存价值"等新概念出现；具有改革开放时代特色的话语在哲学学科中占据了一席之地，比如"价值""发展"等。第三个阶段是 2012 年至今。中国特色社会主义进入了新时代。经过四十多年改革开放，中国社会的面貌得到根本改善，社会发展的模式也从高速度转向高质量。新的发展理念催生了许多新的哲学话语，比如生态文明的新阐释。该阶段社会文化呈现两种趋势：一是视野开阔，中国逐渐走出近代落后所形成的自卑心理，更加自信地参与国际和地区事务,向国外输出中国文化;二是中国继续深度发展社会主义需要付出巨大而艰辛的努力。

(2)科研评价标准——以博士学位论文为例

博士学位论文作为授予最高学术学位的主要依据是衡量学者学术能力、科研创新水平的重要标志。为了尽可能统一不同培养单位和不同学科可能存在的争议与分歧,保证我国学位授予质量,国务院学位委员会第 28 次会议组织专家研究制定了《一级学科博士、硕士学位基本要求》(以下简称《要求》)①。《要求》对一级学科授予学位提出了明确的要求,包括基本知识及结构、基本素质、基本学术能力和学位论文基本要求四项。学位论文基本要求中更是将成果创新性的要求,完全参考基本学术能力中学术创新能力。所以,四项要求中最重要的是基本学术能力。

基本学术能力包括四个方面:获取知识能力、学术鉴别能力、科学研究能力和学术创新能力。对于学者而言,科学研究能力和学术创新能力是更为重要的。《要求》中对哲学学科的科学研究能力有明确阐述,概括为问题意识和创新意识:"问题意识表现在从翔实的文献资料和新近的研究成果中,提炼出具有理论意义和现实的哲学问题;创新意识表现在解决问题的路径、方法、论证核心观点的新颖与独特,以及表明属于可继续讨论和深入研究的开放性问题或方向。"学术创新能力体现在:"依据学科发展的内在需求和实践检验,对哲学理论的某个关键概念或命题做出合理的质疑、澄清和修正;围绕当前或历史上哲学争论的一个重要问题,运用新的材料、论证和方法,提出新的解决方案;在哲学与其他学科的某个交叉点上,用跨学科的方法,研究新问题,提出新观点,体现和其他学科相互渗透和影像的特点;用实证材

① 国务院学位委员会第六届学科评议组:《一级学科博士、硕士学位基本要求》,高等教育出版社,2014 年。

料和文本资料,论证和具体说明哲学理论联系实际的新途径;应用特定的哲学理论观点和相关学科的研究成果,对新的社会现象做出具体、全面、合理的解释;根据现有的和新发现的文本资料,对某个哲学家的思想作出新的梳理和诠释,作出新的评价;对重要的或新发现的哲学文本,作出新的翻译、勘校、考证和注释。"

2.社会学学科

(1)话语体系

社会学学科的学者也普遍认为话语体系是表达思想和知识的形式,有什么样的思想体系和知识体系,就会有什么样的话语体系。蔡禾认同张国祚的观点,认为所谓话语体系是思想理论体系和知识体系的外在表达,具体表现为"字词、句式、信息载体或符号"。[1]思想体系是内在的、本质的,话语体系是外在的、形式的,但二者能够相互影响。形式制约着内容,内容体现于形式。

中国社会学学科的本地化建设被历代社会学人所看重和坚持。20 世纪30 年代,社会学引入中国之时,早期的社会学学者通过提出符合中国本土意义的社会学概念,力图理解、解释和帮助中国走出当时的社会危机。譬如,潘光旦解释"中和位育",费孝通提出的"差序格局"概念,等等。19 世纪 50 年代之后,西方社会和文化强势发展,以西方作为学习对象和认识参照,成为中国学术界的主流。当时的社会学界都在积极与西方学术思想、学术体系进行对话,透过对话的途径建立解释和指导中国社会转型的话语体系。20 世纪90 年代,中国社会学学科更多的是将中国的社会实践,看作是丰富或者修正西方理论的资料。虽然注重中国的现实和传统,强调从中国本土出发,但是并未脱离西方的理论框架,更多的是反思西方理论并观察差异,没有真正提

---

① 蔡禾:《社会学学科的话语体系与话语权》,《社会学评论》,2017 年第 3 期。

出自己的理论体系。西方在研究中国的社会时,往往是基于西方社会变迁的历史规律所形成的概念和体系,然后照搬到中国来。之所以存在西方理论与中国社会之间的嫁接问题,根本原因还在于西方理论在话语上强势,在学科发展上有主导权。例如,西方市场转型理论进入中国社会学学界之后,中国学者渐渐意识到其中的问题。国家机制不能单纯以市场作为解释变量,而且这种解释也无法圆满地回答中国社会转型为什么成功。此时,社会学的学者们开始寻找摆脱西方学术话语体系的路径和方法,并尝试着建立基于中国国情特点和内在规律的概念和理论。有学者提出了"渐进市场转型""权力维续论"等分析视角。孙立平等人开展口述史的研究,希望以彻底的中国乡土社会视角分析中国社会问题,提出了"过程–事件"分析视角[1],为中国社会学方法的本土化提供了重要探索。

21世纪以来,伴随着东欧剧变后的欧洲社会转型,布达佩斯学派的学术话语体系进入了中国学术界并引起学者们的广泛关注。中国社会学学科之所以关注该学派,是由于中国社会也处在极具转型的状态上,但是其对苏东转型研究所作出的理论解释并没有与中国的实践形成良好的融合。中国学者相继提出了自己的关于社会主义市场转型的社会学概念。谢立中创建了区别于"过程–事件"分析范式的更加多样的分析方式,尤其是在总结改革开放几十年社会变化经验过程时进行了若干创新。[2]李友梅等人更是在反思"国家与社会"关系中,开始了对支配中国社会学研究的新范式的思考。他们将改革开放之后的社会变迁看作一个自主性成长的实践过程,不仅创造了"制度与生活"理论框架,还以此视角解释了中国共产党与中国社会的关系

---

① 孙立平:《社会转型:发展社会学的新议题》,《社会学研究》,2005年第1期。

② 谢立中:《结构–制度分析,还是过程–事件分析?——从多元话语分析的视角看》,《中国农业大学学报》(社会科学版),2007年第4期。

及互动过程。①李培林以"中国经验"的概念,首次明确了新中国尤其是改革
开放之后的经济社会发展所呈现的状态,既表现出中国现代化进程的复杂性,
也表现出了对"市场经济""民主政治"和"公正社会"三种现代性价值的深入
分析和思考。②郑杭生进一步发展了"中国经验",在"实践结构论"的框架下
分析中国社会,将其看作是政民结合、共同探索、协同创新的过程和结果。③

近年来,中国社会学学科对研究方法越来越重视。从西方学术界流出的
"国家与社会"分析范式在用于分析本土实践中二元性、片面性等问题时,有
新的方法论意义上的创新。李培林强调社会结构转型是资源配置关系中的
另外一个重要因素,他将非正式制度、关系型社会结构等问题凝聚为"社会
结构转型论",并进行了大量的经验性研究和理论探索。中国社会学学科中
还有学者提出,应该从现代性的发展角度,以更加宏伟的视角审视中国社会
的经济转型,国内学者越来越认识到西方的发展无法成为非西方现代化的
固定模板,呈现出"多元现代性"的格局。

中国社会学学科在建设过程中始终重视反思学术话语体系和话语权问
题。通过反思和批判来建设和创新社会学学科,但是社会学的学术话语还是
高度碎片化,没有形成完整的体系。反观同样是 20 世纪才传入本土的美国
社会学,却独立发展出了风格鲜明的芝加哥学派。中国社会学学科话语体系
建设不完整的原因,主要中间出现过长达 20 年的学术断层和人才断层;中
国传统的文化与现代性的文化难以充分融合;学界各自为战的情况比较普
遍,缺少有意识的共享研究,难以充分积累已有成果。近期还有一批学者提
出社会学学科的话语体系建设要实现"历史转向"和"文化转向",以发展我

---

① 李友梅等:《中国社会生活的变迁》,中国大百科全书出版社,2008 年。

② 李培林:《另一只看不见的手:社会结构转型》,《中国社会科学》,1992 年第 5 期。

③ 郑杭生:《学术话语权与中国社会学发展》,《中国社会科学》,2011 年第 2 期。

国社会学在世界社会学界的独立性地位。历史转向是建立在中国历史悠长且有连续性的基础上,从思想史和社会史的角度,探寻中国社会在大历史尺度下变迁的内在逻辑和一致性,并且发现与现实的关联。而文化转向是历史转向中的民族感情和精神的反映。"中国"这两个简单的字其文化象征意义大过社会意义,必须从中国文化的意义上去理解中国,理解中国的演化以及民众精神气质在其中的作用机制,并且在近代中西文化对冲的基础上去研究,强化其本体性和主体性的地位。总而言之,近期的历史和文化转向还是进一步从认识论和方法论上强化中国本土特色,从而超越整个社会学学科西化或者"去中国化"的不良趋势。

(2)学术评价标准——以博士学位论文为例

《要求》中明确列出了社会学学科对博士学位获得者应具备的学术能力。其中科学研究能力为:"首先,提出研究问题的能力。社会学博士生应具有较强的问题意识,善于从纷繁复杂的社会现象中发现和提出具有重要理论意义和现实价值的研究问题。研究问题的提出既可以来自前人既有的研究,从中发现他们的研究局限、不足甚至错误,从而提出自己的研究问题;也可以来自于社会现实,凭着自己对社会的观察、体验或感悟,从而提出自己的研究问题。其次,开展学术研究的能力,主要包括文献梳理、社会调查、资料分析、论文撰写等方面能力,具体包括:能够通过文献的梳理,正确把握本学科发展的历史、现状、前沿以及发展趋势;能够设计规范可行的研究方案,并开展研究;能对研究数据和资料进行正确处理和分析;研究结果和研究论文能在学科相关的刊物上发表,并有一定的社会反响。最后,社会学博士生还应具备良好的解决社会问题能力。社会学研究的一个重要任务就是分析社会现象和社会问题中的规律和原因,并为社会问题的解决提供重要理论基础和现实依据。所以,社会学博士生应该能够针对所研究的社会问题,提出具有可行性的解决方案和对策。"

学术创新能力的要求为："本学科博士生应具备良好的学术创新能力，能在社会学研究领域尤其是自己主攻的研究方向进行创新性思考、开展创新性研究和取得创新性成果。创新应贯穿在社会学研究的始终。在社会学研究中，无论是问题的提出、研究的过程，还是最终形成的研究成果，都与创新无法分开。所以，社会学博士生应善于在错综复杂的社会现象中发现新的社会问题，善于运用新的社会研究方法和数据资料进行学术研究，善于建立和运用新的研究理论和研究模型，敢于质疑已有研究成果，得出新的研究结论和研究成果。"

成果创新性要求为："博士学位论文成果创新性可以体现在多个方面，可以是选题的创新、资料的创新、方法的创新、结论的创新等。选题的创新，是指在社会学的基础理论和前沿成果基础上，或从我国社会发展中的重要社会现象和社会问题中，提出新颖选题。资料的创新，是指运用新的社会调查数据和研究资料作为论据进行研究和分析，用以支撑论文的研究结论。方法的创新，是指运用新的社会研究方法或同级分析方法，对所研究的社会现象和社会现象进行分析和论证。结论的创新是指博士学位论文有明显的知识创新或重要的实践价值。"

3.物理学学科

（1）话语体系

物理学是阐述自然现象规律的学科。物理学虽然高度依赖数学，但作为实证科学，它也依赖于对自然现象的深入观察。物理学要求研究者尊重事实，并以事实为基础探寻现象背后的机制。物理学语言大致可以分为几种类型：概念、单位、公式和图表。概念语言是物理学学科的基石。物理概念语言的特征具有简洁、严密和抽象的特征。首先，物理概念语言的简洁性是指物理学的学术语言与日常用语的松散具有明显的不同，也不同于人文社科学术语言中存在较多的价值判断，物理学的语言更多是指向事实。例如"速度是表示物体运动快慢的物理量"。其次，物理学语言具有严密的逻辑性，通过语言结构反映规律和物质结构。因此，不能够随意改变语言的用词、语序以及表达的方式。例如，阐述光的反射定律必须说反射角等于入射角，即使两个角是相等的，也不能表述为入射角等于反射角，因为相反的表述代表了因果关系的错位。最后，物理学语言具有抽象性，所表述的内容包含却又超越了一般的经验事实。例如"力是物体对物体的作用"。力无法被直接观察到，但是又可以通过感性和理性进行理解。这就是概念语言所表现的实质。

物理的单位是物理学科的基础，是为了让物理量之间可以进行大小比较而人为设定的。物理单位成为物理学交流所必备的语言和工具。不同时期、不同国家定义物理单位的方法或者规定物理单位语言的方法有所不同。1960年国际物理学界为了减少不同国家定义带来交流的不便，统一定义了一套国际物理通行单位，例如"安培""米"等。物理单位除了作为基本的物质衡量，还可以导出新的物理量。例如密度就是一个由质量和体积组合而出的物理量。新的物理量帮助我们认识新的事物。物理单位除了描述物理量本身，也是物理量的属性。没有物理单位的物理量是没有确定意义的。每一个物理量都必须能够有单位可以衡量它。物理学还包括公式语言和图表（图像）语言。物理学公式是浓缩和简化了的物理规律，是物理定理和定律抽象的表达。物理图表和图像能够将物理事实和物理过程简练、直观地表达出来，将原本抽象难以理解的物理现象转化为可以交流和理解的图像语言。

（2）学术评价标准——以博士学位论文为例

《要求》中列出了物理学学科博士学位学术能力和学位论文的要求，阐述了物理学学科基本学术评价标准。物理学学科要求博士生的科学研究能力：“能够发现并提出有价值的科学问题；针对问题独立设计合理的研究方案；对研究所取得的数据进行恰当的处理和分析并形成结论；将所取得的研究成果发表。具备一定的组织协调能力。”其应该具备的学术创新能力：“具备在所从事的研究领域内开展创新性思考、创新性研究和取得创新性学术成果的能力。学术创新可以出现在提出问题、研究过程和最终研究成果的任何环节。”学位论文对成果创新性的要求：“博士生应在本学科领域做出创新性的研究成果，并发表与论文相关的学术论文。学术创新可以出现在提出问题、研究过程和最终研究成果的任何环节。”

4.学科文化与学术评价标准的关系

哲学、社会学和物理学分别是人文学科群、社会科学学科群、理学学科群的代表，三个学科文化差异较大，考察其学科文化差异与学术评价标准的差异更为便捷。首先，不同学科文化之中博士学位论文体现的评价标准存在显著差异。在哲学和社会学为代表的人文社会科学之中，博士学位论文的评价带有学术训练的倾向，而以物理学为代表的自然科学，更加倾向于将博士论文视作学术评价，非常强调成果的创新性。人文社会学科的博士生培养更加强调学术涵养的累积，对阅读书籍的深度和广泛性更加关注，倡导学术对话和交流，给予博士生更多的自由度且周期相对于理工科更长。物理学的评价标准更加明确，更容易形成共识，个人价值倾向和情感因素不能左右物理学科。这应和了前文所述的托尼比彻（T.Becher）等的研究：以物理学为代表的知识门类具有更强的累积性和客观性，不受到文化价值甚至个人因素的影响，而人文学科为代表的软学科知识强调主观色彩而且受到价值观的影响比较显著。物理学研究领域和范围比较狭窄且确定，容易形成共识；人文社会科学知识研究领域和范围比较宽泛且不确定性强，不容易形成共识。其次，不同学科博士论文评价标准与学科文化存在密切的关联性。根据实证研究，同一个学科之内评审专家评价结果的一致性,物理学的学位论文评价标准一致性程度更高,而哲学和社会学专家之间评价存在明显观点差异较大。①从三个学科多位评审专家的标准和掌握尺度来看,物理学评审专家对论文创新性把握更加严格,哲学和社会学对论文创新性评价尺度较为宽松。学科文化中的目标、行为模式、出版规则、核心价值观念让外化的评价标准产生了显著的差异性。哲学和社会学等软学科容易受到个人价值观的影响,知识的累积性容易受到文化、制度和社会环境的影响。而物理学等硬学科研究范围清晰,知识累积性强,且不受环境、文化乃至个人价值倾向的影响。最后,尽管学科文化有所不同,但是博士学位评价对底线质量的要求仍存在比较相似的地方。例如,问题意识是选题的核心,各个学科对研究的问题以及核心概念都要求做出清晰界定,对数据在内的各种资料出处可以经得住考据,并且具有代表性和说服力,研究方法得当,工作量饱满,文字表达符合学术用语的习惯和要求,结论和观点明确等。

---

① 高耀:《学科文化与博士学位论文的创新标准基于——哲学、社会学和物理学的考察》,《北京大学教育评论》,2018 年第 1 期。

第3章
跨学科研究评价的概念和范畴

一、跨学科研究评价的对象

(一)跨学科研究项目

跨学科研究是一种创新的研究方法和科研组织模式。准确说,跨学科研究评价的对象并不仅仅是对这种创新的研究方法进行评价,更是针对参与跨学科研究和运用跨学科研究方法的个人、项目、机构和国家层面的跨学科研究投入产出以及支持跨学科研究的政策所进行的评价[①]。对照科研评价的对象,跨学科研究评价的对象从宏观到微观可以分为如下类型:跨学科研究政策评价,主要是对政策的科学性、可行性和效果的评价;跨学科研究项目评价,主要是对跨学科研究项目的前期立项、中期实施、后期成果的评价;对刊发跨学科研究论文的科技期刊,进行学术影响、办刊水平等方面的评价,如

---

① 国家科技评估中心:《科技评估规范》(第一版),中国物价出版社,2001年,第10页。

跨学科研究评价的理论与实践

权威期刊和核心期刊的区分、高影响期刊的认定等；跨学科研究成果评价，如对科研成果的学术水平、经济效益和社会影响的评价；跨学科研究领域发展评价，如对特定学科领域的研究进展的评价；跨学科科研机构评价，如对科研机构的整体实力、绩效水平、发展潜力、科研效率等进行的评价；跨学科科研人员评价，具体指科研人员的学术水平评价、项目研究资格评价以及职称评定等。

上述不同类型的跨学科研究评价对象，作为评价的客体具有不同的自身属性。根据相应的自身属性，又有不同的评价方法与之相对应。例如国家层面跨学科研究政策是一个国家为实现一定历史时期的跨学科研究任务而规定的基本行动准则，是确定跨学科研究事业发展方向，指导整个跨学科研究事业的战略和策略原则。国家跨学科研究政策与跨学科研究项目相比，除了在时间和空间的尺度更大以外，政策属性的着重点是跨学科政策的效果。针对政策的评价可以有"执行'前-后'对比法""政策'有-无'对比法""统计抽样法"等方法来检测政策执行的效果，从而对政策本身的设计和执行进行评价。所以，明确跨学科研究评价对象及其特征是跨学科研究评价的第一步。

下面以跨学科研究项目为例，说明如何分析跨学科研究评价对象及其特征。第一步需要了解项目的主要跨学科设计理念和研究内容，以确定一个项目是跨学科研究还是学科研究。现在的科学基金等资助机构主要是以学科为单元来组织评审并资助科学研究项目的。当科研人员需要通过项目的方式申请科研经费时，会按照各个国家资助机构规定的学科划分准则或者资助领域划分标准将申请书递交到相应的学科科研资助部门。按此方式递交申请书便于项目管理人员选择同学科领域或相近学科的同行专家进行评议。根据本书的定义，跨学科研究项目的研究内容都会融汇包含两个或者两个以上学科领域的知识，但是需要仔细辨别项目是不是跨学科研究，并不是每一个内容中出现了两个或两个以上学科知识的项目就属于跨学科研究项目。由于跨学科研究项目的高风险性和评价过程的高成本特点,在跨学科研究项目申请中控制质量,比传统学科研究领域更加必要。澳大利亚研究理事会①(ARC)对什么是跨学科研究的项目申请给出了明确的界定:只有当一个项目申请的研究内容超过了资助机构规定的一个学科评审单元所覆盖的领域,并具有很强的"革新性",ARC 才将之界定为跨学科研究项目的申请。上面提到的"革新性"主要指项目的研究工作对现有的一个或者多个学科知识体系和内容有了新的贡献,即产生了新的知识。例如,某个项目申请的主要内容隶属于生物学领域,但是其中使用到了标准的数学分析方法所以提出想作为跨学科研究项目申请,但是 ARC 并不认为这是跨学科研究项目,因为它仅是运用了数学的一种方法,对于数学学科领域和生物学领域的知识体系并没有起到什么新的贡献。当今自然科学研究领域的各个学科普遍使用数学工具和计算机工具,其中90%的生物学领域的研究项目都会有数理统计方面的内容,而90%的物理学领域的研究项目都会通过计算机实现物理过程的自动化控制。显然这里面的绝大多数并不是真正的跨学科研究项目,但并不意味着这些项目的工作没有意义,需要解决的问题不重要,而是不能将其列为跨学科研究,进入相应的属于跨学科研究的评审流程而获得资助,这些项目中出色的申请还是可以在生物学或者物理学等原有学科资助框架下进行申请的。

　　针对什么项目是跨学科研究项目,国内学者杨永福等给出了全面的阐释。他们认为在一个跨学科研究项目上集结了多个学科的研究者或研究群体,

---

①　Australian Research Council,Cross-Disciplinary Research:A discussion paper,1999[EB/OL].[2010-12-31].http://www.arc.gov.au/general/arc_publications.htm.

其目的是为了解决问题、完成项目。[①]要解决任务,这些研究者或研究群体之间应该是互利互惠,而不能相互损耗。跨学科研究项目应该具有以下五个特征:

第一,存在互补关系,多个参加学科的研究者或研究群体互相在知识、方法和设备上能够互补。用经济学术语来说,"互补"就是存在供求关系。所以,是否存在互补关系,能否互补,互补程度如何,便成了我们判定跨学科项目的主要指标。第二,存在相容关系,互补是客观性指标,而相容则是主观性指标。它指项目申请者在项目申请书中是否建立了相同的语境平台(context platform)。如果没有这个共同的语境平台,研究者们在以后的研究工作中和交流中,势必要产生许多的不一致,如在语词上、计算标准上、成果表达上等。第三,队伍组成均衡,各个学科的参加者的状况要同其在整个项目中所担负的任务相匹配,不存在畸重畸轻的情况,即从项目整体来看,研究队伍的组成是均衡的。第四,边界划分清楚,即各学科的任务划分简单、明了,并且有相应的管理措施。第五,规范明确、协议清楚,各个学科的目标、目的明确,责、权、利清楚,对于可能出现的困难或可能产生的争议,有相应的可行的处理原则与程序。

除了跨学科研究项目内容本身的特征以外,申请人的特质也可以作为区分跨学科研究项目的特征。例如美国国家科学基金会(NSF)对申请跨学科研究项目的研究人员资历提出了具体的要求。跨学科研究项目申请者需要在其申请书中对下面两个内容做出阐述:第一,项目主持人需要尽量完整地描述和预测本次研究经历会对其随后的研究和教育活动有何影响;第二,如何利用新取得的专业技术来拓宽研究和教育经历以及培养学生。另外,跨学

---

① 杨永福、朱桂龙、海峰:《关于交叉项目的界定-评审-管理的政策性建议》,《科学学研究》,1998 年第 2 期。

科研究作为一项解决自然和社会固有复杂性的研究方法,其解决复杂问题的能力也是跨学科研究项目的重要特征,项目申请人需要在申请书中说明该问题是否必须应用跨学科研究的方法来解决,也就是该问题与相应的跨学科研究计划之间的契合程度。经合组织(OECD)认为成功的跨学科研究项目主持人必须是"一个某学科领域优秀的专家,具有本学科极高的专业技能"[①],而 NSF 提出合格的跨学科研究项目的主持人应该是在大学等科研机构中拥有终身职位的学者,并且在本学科分支的某个学科领域做出了卓越的工作[②]。NSF 数学科学领域中跨学科研究项目对项目主持人的要求则更为细致。第一,为了保证主持人所属单位对跨学科研究活动的支持,在其所属机构中,如大学或研究所中应该配备一个合作的项目主持人;第二,主持人单位的领导人员需要简要描述该跨学科研究项目对于本单位的价值;第三,项目申请中必须包含一份来自本单位的有关项目主持人能够获得怎样支持的证明,该证明必须明确本单位至少有一名高级职称的工作人员为跨学科研究的项目主持人协调各种问题而服务。

由上可知,国外科研资助机构采取更加谨慎和严格的态度对待跨学科研究项目的申请。相比单学科评审,跨学科研究评审无论是认定还是评价过程,其设置标准更为苛刻,研究质量要求更高,做到严格把关,宁缺毋滥。既要在研究内容方面保证对所涉及的多个学科研究领域具有创新性,同时强调项目研究需要为增强与其他学科之间的学术联系做出桥梁的作用。1997年,ARC 在总共 428 个大额资助项目申请中,仅有 32 个被判定为跨学科研究项目申请,占总数的 7.5%。

---

① OECD, Interdisciplinarity: Problems of Teaching and Research in Universities, 1972 [EB/OL]. [2010–12–31]. http://www.oecd.org/publications/.

② NSF, Interdisciplinary Grants in the Mathematical Sciences(IGMS), 2004 [EB/OL]. [2010–12–31]. http://www.nsf.gov/pubs/2004/nsf04518/nsf04518.htm.

(二)跨学科研究人员

普罗泰格拉提出"人是万物的尺度"。跨学科研究的主体是人,评价从事跨学科研究的人也就是跨学科研究评价面临的主要问题之一。评价跨学科研究人员虽然不同于一般的科技人员评价或者高校教师评价,但是也存在相通之处。科研人员评价或教授评价主要是根据科研机构和大学的发展目标,依照评价主体对员工所承担科研任务设定的目标,按照科学的流程和步骤,运用定量或定性的方法,借助现代化手段收集被评价人员的科研信息,对科研人员或教师的科研工作进行质量和价值的判断。然后以评价结果激励和引导科研人员,实现对科研组织目标调整和战略执行的推动。跨学科研究人员的评价大体上也要遵循上述定义,但是针对跨学科人员的岗位特点、学术特点和发展特点,其评价从几个方面强调了对跨学科性的关照。

跨学科研究人员的评价目标更加多元。第一,评价跨学科研究人员有利于促进跨学科团队、跨学科科研机构目标的达成。跨学科研究人员的来源主要有两个途径,一是传统学科之中的跨学科研究者,另一个是专门跨学科研究平台或研究机构中的研究者。专门的跨学科研究平台需要将平台的发展目标与人员的个人目标进行关联和绑定,以保障跨学科研究平台能顺利融合不同学科要素,产出可以代表平台跨学科特色的成果。第二,评价跨学科研究人员有利于激发科研人员产出更具创新价值的跨学科研究成果。身处传统院系的跨学科研究人员,其跨越学科边界的行为尽管会带来评价制度、聘任制度等方面的困难,但知识疆域的拓展、其他学科方法理念的引入,给传统学科所带来的创新性价值是有目共睹的。评价跨学科研究人员的工作价值,有利于激励其创新成果。第三,评价跨学科研究人员有利于促进学科间的融合和合作。跨学科研究人员发表的成果多来源于学科间的合作。作者间身份归属不同尽管会带来评价的困难,但是描述并认定不同学科的贡献,探明并商讨清楚不同学科成果的利益归属,能够有效促进学科融合。

跨学科人员评价的内容指标,既要考虑其知识贡献和社会贡献等显性内容,还要考虑跨学科人员的隐性贡献。与传统学科一样,跨学科研究也产生知识,运用论文、专著、专利等显性要素来评价跨学科研究人员是有效的。然而,跨学科研究人员的贡献更多是隐性的。比如跨学科研究促进科研组织形态的创新;跨学科研究尝试解决那些原始单学科无法解决的难题,从而加深了对问题本身的认识。上述问题并不是天然显性的存在,而需要评价人员深入地学习和发现才能够体会。因此,评价跨学科研究人员常常因为科研成果的归属,以及成果的隐性价值而遭到怀疑。

(三)跨学科研究论文

论文是学术知识的载体,是学界交流最新成果的渠道,同时也是衡量学者研究水平的重要标准。论文在发表和引用过程中,存在着诸多的跨学科现象,是跨学科研究评价经常遇到的对象,并且基于论文的评价,可以衍生出项目、人员、团队和组织等一系列评价问题。因此,评价跨学科论文成为跨学科研究评价的初始问题和元问题。

论文中的跨学科现象可以主要概括为跨学科发文和跨学科引用。在阐明上述两种现象之前,需要简单说明期刊和论文发表中的学科分布状况。毕竟没有传统学科阵地的划分,跨越学科边界的行为就无从谈起。需要指出的是,大部分期刊有着明确的办刊定位和论文方向,但是各个期刊并不会自己限定学科,或以学科身份限制论文作者。期刊的学科分类往往是期刊出版、期刊评价和期刊收录等管理单位所提出的。如《中文社会科学引文索引(CSSCI)》是由南京大学中国社会科学研究评价中心设计的分类方法,用以评价期刊及所刊发论文的水平;《中国图书馆分类法》是新中国成立后编制的一套图书分类标准,国内图书馆普遍使用此分类体系对期刊进行分类,中国科学引文数据库(CSCD)据此来划分学科。而且期刊的分类标准迥异,不同的分类标准,可能会将同一个期刊划分到不同学科当中。例如,南京大学编制的《中文社会科学引文索引》将《中国行政管理》划入管理学期刊类别,而北京大学编制的《中文核心期刊要目总览》将《中国行政管理》归入中国政治类别。

国内外主流的期刊分类体系①有很多,主要包括《中文核心期刊要目总览》《中文社会科学引文索引(CSSCI)》、JCR(SCI&SSCI)和 ESI②(Essential Science Indicators)等几类学科分类指标。其中 2008 年版的《中文核心期刊要目总览》包含社科 25 大类、56 小类,自科 48 大类,77 小类;2009 年版的《中文社会科学引文索引》(CSSCI)包含社科 25 类,自科为 0;JCR(SCI&SSCI)包含 220 多个学科门类。不仅期刊间学科分类标准存在普遍差异,且期刊与教育科研单位的学科分类也存在不同。我国科研机构和大学多半采用教育部指定的学科分类标准,一级学科共 108 个,显然与 ESI、JRC 无法形成标准化匹配。期刊学科分类标准的混乱,也为跨学科论文的定义带来了困难。

跨学科发文主要是根据某一期刊学科分类标准,发表论文的内容所属学科与发表期刊所属的学科并不相同,或者论文著作权属单位与发表期刊所属学科不同③。判断论文学科内容属于哪个学科并不是一件容易的事情,甚至根本就是徒劳的。因为研究对象或者研究问题是一个整体,他可以从不同的角度、不同学科去分析和理解。例如很多社会科学的学科都会探讨共同

---

① 顾东蕾、张静、刘旭明:《基于 JCR 和 InciteTM 中国大陆期刊的学科影响力研究》,《情报杂志》,2016 年第 8 期。

② 邱均平、舒非、卢坚、周子番:《面向评价需求的 ESI 学科分类与我国一流学科类目的匹配研究》,《重庆大学学报》(社会科学版),2021 年第 7 期。

③ 李江:《"跨学科性"的概念框架与测度》,《图书情报知识》,2014 年第 3 期。

的问题,"共同富裕""元宇宙""平台经济""数字政府"等,众多的学科都可以从中挖掘更为细腻的角度和问题进行分析。那么,跨学科论文还可以通过作者身份进行识别。论文作者所属的机构往往对应固定的学科领域和研究领域。一种简单的情况是,问题与期刊学科相符,而作者来自不同学科背景。来自不同机构的作者组成的作者团队,往往较为容易辨别其学科所属不同,例如人文学系、物理学系和计算机系的跨学科团队。而另外一种跨学科发文是论文作者机构所属学科,明显不同于期刊所属学科。如计算机学系的作者在政治学刊物上发文。

但是,仅仅根据作者信息判断论文是否为跨学科,除了识别的作用,并无其他深刻的含义。评价跨学科论文,目的是衡量其对学术的贡献、社会的价值。所以,有学者从论文内容的角度分析跨学科,即论文的引文存在跨学科性。跨学科性或者跨学科度,英文为"interdisciplinarity"和前文跨学科学是一个词,但在这里指学科知识交叉的强度。最早提出跨学科性测度方法的是波特①(Alan Porter),波特用在不同学科期刊发表论文的数量和发文总量之间的比值衡量学者发文的跨学科性。在不同学科期刊发文越多,跨学科性越高,比值越接近零。以学术论文引用为对象,研究学科跨学科度和交叉程度的越来越多②。而且部分研究已经关注到了跨学科程度与知识之间的内在联系,但研究并没有形成统一认识,有学者③认为跨学科性越高,越有利于提高论文被引,而有学者④认为跨学科性越高,越不利于知识输出。

---

①　Porter A L,Cohen A S,Roessner J D,et al.,Measuring researcher interdisciplinarity,*Scientometrics*,2007,72(1):117–147.

②　王璐、马峥、潘云涛:《基于论文产出的学科交叉测度方法》,《情报科学》,2019 年第 4 期。

③　张培、阮选敏、吕冬晴、成颖、柯青:《人文社会科学学者的跨学科性对被引的影响研究》,《情报学报》,2019 年第 7 期。

④　徐璐、李长玲、荣国阳:《期刊的跨学科引用对跨学科知识输出的影响研究——以图书情报领域为例》,《情报杂志》,2021 年第 7 期。

(四)跨学科研究组织或团队

虽然跨学科研究存在个人探索知识边界、拓展知识疆域的方式,但是跨学科更普遍的是以研究组织和团队的形式存在的。评价跨学科研究经常会面对跨学科组织和跨学科团队。跨学科组织和团队本质上说,都是一种多人联合研究,以某种组织方式联系起来,所以他们有着共同的评价特点。

跨学科研究组织或者团队可以划分为实体和虚拟两种。实体的跨学科研究组织指的是,组织内部有明确的制度安排、聘任关系和固定的经费保障,组织或团队成员可以经常性、长时间地开展科研实验、科研讨论,通常是大学、研究院所内部设置的二级研究机构,如北京大学前沿交叉科学研究院,下设生物医学跨学科研究中心等 10 余个研究中心,还包括完善的管理服务团队。虚拟的跨学科研究组织指的是,组织将散在不同物理空间的科研人员、实验设备、数据信息等资源进行充分的链接,充分联合不同学科的方法、思维和范式,共同解决一个科研问题或从事一个方向的研究。虚拟跨学科研究组织属于无疆界组织①的一种,打破了传统纵向分层、横向分科的科层制结构束缚,将有利于学科融合的各种要素融入组织,采取更为灵活、多样的组织形式,给组织带来了实体组织不具备的活力。但是虚拟跨学科组织也面临着人员不稳定、交流不充分、资金保障不足等问题。

近年来,随着网络技术的不断进步,以及组织结构的创新发展,实体跨学科组织和虚拟跨学科组织之间的界限变得更加模糊,实体跨学科组织也拥有更加灵活多样的组织机制,而虚拟跨学科组织也可以形成长期、稳定的交流方式。实体的跨学科研究组织也可以有灵活的组织方式,比如美国圣塔

---

① 刘志忠:《我国大学跨学科组织的结构模式及其无边界对策》,《高教探索》,2020 年第 9 期。

费(Santa Fe Institute)研究所。圣塔费研究所是美国私有的、独立的跨学科研究机构,其管理体制也非常特别,一半的研究人员是全职,另一半的研究人员是兼职或访问学者。这样的制度安排充分考虑了跨学科研究组织的需要,即一方面需要研究队伍、研究方向具有一定的稳定性,另一方面重点兼顾了跨学科的开放性,时刻保有对新兴学科知识的包容和接纳。移动互联网的出现,伴随着网络速度提升、稳定性加强,虚拟跨学科组织[①]不必对物理距离的阻隔给予过度的担心,常态化的网络交流也能满足一般的跨学科科研活动,但是仍不能忽视传统的交流方式对思想碰撞效果的影响,并且自然科学类的跨学科研究仍然依赖实验场所,网络间交流并不能完全取代。

评价跨学科研究组织的科研质量,人员作为基础要素是不可忽视的影响因素,但考虑到前文已经充分讨论了跨学科研究人员的评价问题,此处不再赘述。跨学科研究组织评价的另一关键在于制度安排、组织结构和沟通方式。有研究显示跨学科研究组织创新能力与组织因素和互动过程相关。[②]学科作为一种规训手段,本身就是一种学术制度安排,跨学科研究成功的关键在于,组织内部结构的凝聚力是否足以抵消学科之间因方法、文化等不同形成的排斥力,并且能否超越单学科体系资源配置格局对跨学科组织的不利条件,形成内部良好的学科互动机制,以争取外部充足的学术资源,实现内外双轮推动,使得组织高质量向前发展。良好的交流机制可以保障学科之间充分的相互学习、破解学科文化隔阂,产生出不同于以往各自学科的新文化,碰撞出思维的火花和科研的创意。交流机制包括交流的形式、交流的时机、会议的议事规则等。交流机制是微观保障,组织结构和制度安排是中宏

---

① 丁大尉、胡志强:《网络环境下的当代虚拟科研组织:内涵、特征与问题》,《科学学研究》,2017 年第 9 期。

② 杨连生、钱甜甜、吴卓平:《跨学科研究组织协同创新的影响因素及运行机制的探析》,《北京教育(高教版)》,2014 年第 3 期。

观的保障。凡是有利于跨学科研究的组织结构和制度安排,也都应该在科研评价中给予肯定,并在评价指标中予以显示。组织结构的安排反映对跨学科知识创造过程的理解,项目制、扁平化、矩阵式的组织结构①,体现了一切以学科的交叉和信息的共享为优先的原则。压缩信息传递的层级和距离,减少学科因素的影响,将科研人员按照任务或一定规则混编,而非单纯的依照学科背景进行划分。制度安排中的人事制度、奖惩制度、资源分配制度,科研用品、实验场地的配置都要充分考虑到,有利于学科文化融合、学科间的交流。

二、跨学科研究评价的过程

(一)跨学科研究事前评价

跨学科研究事前评价是指在跨学科研究的主体研究发生之前,就跨学科研究可能达成的目标进行评价,衡量其学术价值和意义,评判其具备的条件、基础和可行性。跨学科研究事前评价主要作用是合理配置有限的学术资源,规避跨学科研究的学术风险,引导和规范跨学科研究。

跨学科研究事前评价多见于科研项目评价和评估。科研项目或课题的评价,本质上是将有限的学术资源,即科研经费、人才头衔、培训机会等,通过自由申请、公平竞争的方式,分配给从事跨学科研究的目标群体。以科研项目立项评审为例,跨学科研究项目立项评审的主要内容是根据设计理念、已有成果和相关条件判定哪些研究申请可行并且更值得给予直接或间接的资金支持,因此项目立项评估主要包括:

---

① 罗英姿、伍红军:《跨学科研究新型组织模式探析》,《学位与研究生教育》,2008 年第 7 期。

1.跨学科研究的必要性分析

跨学科研究的必要性需要从价值客体角度出发判断,跨学科研究方法对于所研究的问题是否不可或缺,是否包含了重要的学术价值、社会价值等;从价值主体的角度出发,分析项目成果满足价值主体需要的程度,例如跨学科研究增加了不同学科之间的新联系等。

2.跨学科研究的可行性分析

分析跨学科研究内容上是否合理包括逻辑自洽性,研究方案设计和阶段目标分解的合理性,运行的准备条件包括所需人员、工作环境、实验条件等是否能保证跨学科研究运行需要,跨学科研究人员的自身能力是否满足完成该项目的需要。除此以外,还要着力分析现有的条件是否能够保障跨学科研究的交流和整合的需要。

3.跨学科研究可能产生的成果和影响分析

立项单位可以依据跨学科研究的预计成果大小以及投入产出比,优化跨学科研究整体资助的投资组合方案。事前评价是一种配置稀缺学术资源的方式,同时也是一种有效规避风险的预警方式。跨学科研究存在较高的风险性,需要通过事前评价加以甄别和规避。首先,跨学科研究没有传统的学科建制作为阵地,不容易聚拢资源,形成长期稳定的研究团队和研究方向。跨学科研究因"项目批准而聚,因项目终结而散"的现象比较普遍。跨学科研究不同于传统的单学科,有院系、科研单位的建制作为依托,有相对稳定的资源作为保障,难以长久保持稳定的研究方向。其次,跨学科研究难度较大,属于高风险的创新研究。跨学科研究在突破传统知识疆界的过程中,不仅要打破学术建制的约束,还要打破学术思维的固化和限制,做知识的链接和方法的组合。基于跨学科研究高风险的特点,事前识别研究风险是否可控需考察几个方面:重点关注项目负责人和骨干成员,是否有从事跨学科研究的经验和相关经历,是否具备管理多个学科的开放格局和沟通能力,是否具有比较强大的资源调配能力,等等。

事前评价作为一种配置资源的方式,还可以有效引导和规范跨学科研究。跨学科研究很少会形成物理化学、化学物理等常规的跨学科研究方向。因此,跨学科研究普遍规模较小、研究较新,缺少足够的同行形成稳固的学术共同体,缺少一个稳定提供范式标准和规训手段的渠道。事前评估区别于事中和事后评估。事前评估主要是在分配资源,而事中评估侧重执行性评估,保障项目按照既定方案和路线顺利进行。事后评估是验证性评估,对项目负责人承诺的项目成果是否符合预期,是否超出预期进行回应性评价。当前,我国"重立项、轻结项"的风气仍然比较盛行,科研项目能否立项关系到科研人员的生存和发展,事前评估相比于事中、事后评估,更具有"指挥棒"的作用。因此,事前评估以指挥棒的形式,去引导和规范跨学科研究,明确什么是好的跨学科研究,什么是风险可控的跨学科研究,并对符合规范的予以奖励,不符合规范的额予以惩戒,从而达到引导和规训的目的。

(二)跨学科研究事中评价

跨学科研究事中评价或跨学科研究运行评价,是为了保障跨学科研究在运行过程中可以朝着既定目标有序展开,并且根据研究情况及时有效作出调整而设置的监督评价制度。跨学科研究事中评价与其他项目事中评价类似,评价的时机一般选择在项目周期的中点,但考虑到跨学科研究更加复杂,学科之间建立沟通机制、相互学习等需要更多的时间,评价时机可以置于周期中点之后。

在跨学科研究项目进入到实际研究的程序时,资助方应根据研究开展的情况及内外部研究条件和环境的变化,对研究是否按照计划路径进行,或者能否按计划完成预期目标进行实时的跟踪分析，并以调查访问为依据做出决策，采用调整跨学科研究整合方式、改进研究路径和项目方案或者追加资助等措施以提高跨学科项目研究的成功率。跨学科研究中期运行评估的目标是需要分析项目按期完成既定目标的可能程度，及时了解不利于跨学科研究项目完成的因素，分析内容的细节如下：

1.跨学科研究进程分析

通过详细的调研走访等方式，了解跨学科研究是否依照立项之初所设立的工作方式进行研究，验证实际研究方案是否真正具有可行性和可操作性，配合研究的各方面条件是否支持研究的开展，跨学科研究是否正朝着预定的目标有组织地进行，是否发生了影响项目目标完成的情况及其对项目目标完成的影响。

2.跨学科研究成果分析

对跨学科研究已经确定取得的科研成果进行评价，并对照立项评估时阶段成果目标的分解步骤，修正项目立项时对项目效益的评估结论。进入项目研究的实施阶段，跨学科研究项目从计划的预计效益成了已经实现的现实效益，由此可以进一步增强立项时研究计划的合理性，对于已经取得突出成果的研究给予及时追加资助以帮助其在国际科研竞争中脱颖而出。同时也包括及时终止与国外已经取得突破研究成果相同的跨学科研究。

3.跨学科研究条件变化情况的分析

跨学科研究运行评价需要分析研究环境和条件的变化因素是否朝着继续有利于或者至少能够维持现有跨学科研究整合和交流的方向变化，对于相关变化产生的不利于项目按时按量完成的影响给予及时的评价。

除了监督项目执行之外，跨学科研究事中评价还是一个理解跨学科研究的窗口。资助机构常常对跨学科研究不够了解，进而影响了对跨学科研究的评价和资助。跨学科研究事中评价可以成为一个契机，帮助评价主体进一步增进对跨学科研究的理解，为今后在不同阶段评价跨学科研究积累经验。跨学科研究在推进之中是最佳的了解时机。因为跨学科研究能否取得良好效果，其学科间知识、方法和文化的融合至关重要。而在研究开始之前，很多组织机制和沟通机制都停留在设想里，只有实质开展研究之后，学科之间的融合效果方得以显现。考虑到效率，资助机构可以采取抽样实地考察和书面考察相结合的方法对跨学科研究进行事中评价。跨学科研究的组织沟通是重要的评价内容。仅仅通过书面陈述，资助方难以准确了解其中的组织方式和沟通效果，更无法准确判断学科之间的文化融合、方法互学互认达到了何种程度。上述内容嵌入在大量的隐性知识之中，需要资助机构通过实地考察、亲身体会来判断和评价其水准。

　　跨学科研究事中评价还可以为跨学科研究团队开展研究提供必要的助力。跨学科研究在执行过程中需要做若干突破：学科间知识差异、方法差异、文化差异，运用组织机制、协调机制、沟通机制和分配机制，将上述差异进行弥合，然后方能开展问题的研究，并且这一过程将伴随项目进行的始终，项目团队可能随着研究深入，根据需要解决的问题部门对上述机制进行调整。跨学科研究团队并不一定能够完成所有的突破，也可以借助于外界的力量。随着跨学科研究事中评价的进行，随着资助机构评议团队进入项目实地考察的深入，由多学科不同专家组成的评议团队，可以为跨学科研究提供实质性的帮助和指导：跨学科研究评价专家对跨学科研究内容也许不熟悉，但实地考察了解相关信息之后，可以提供研究线索和资源线索，比如可能突破该瓶颈的研究方法、实验资源、相关问题研究的学者信息等。如果单独为解决问题而来，对资助机构而言并不划算，也不完全符合资助机构的职责功能，但是如果以评议为目的，顺便解决了跨学科研究团队的难题，总体上提高了所资助跨学科研究的成功率,对资助机构来说是一件投入产出比很高的事情。

(三)跨学科研究事后评价

跨学科研究事后评估指的是跨学科研究完成之后，对跨学科研究的成果进行确定性的评价。由于跨学科研究成果价值显现的滞后性和不确定性，跨学科研究事后评估往往可以分为两种——为项目结题而做的验收评估和追踪项目长期影响的绩效评估。在研究结束时立刻进行的是验收评估。跨学科研究验收评估是为了判断该项研究是否按时按量完成了立项之初所预设的研究目标，对项目完成的整体情况作出及时的评价。而绩效评估要在研究完成一段时间以后，为了追踪跨学科研究长期成果以及为了评价跨学科研究投入产出效益而进行的。由于跨学科研究成果价值显现出明显的滞后性，因此不容易能够准确判断跨学科研究项目成果的深远影响，从而设置相应的绩效评估。事后评估中所分析的项目成果价值和影响包括：

1.跨学科研究成果的学术价值分析

跨学科研究的间接学术价值主要体现在解决复杂问题和拓展传统学科之间的新联系，而直接的学术价值以该项跨学科研究所发表学术论文的数量、期刊等级和引用情况,或者产生的实际效果等作为客观分析标准的参考。

2.跨学科研究成果的经济效益和社会影响分析

创新性强的跨学科研究一时难以全面、准确地评价其学术影响,但可以通过更长时间的实践检验，分析跨学科研究学术成果转化为现实生产力的情况及其产生的影响而评价其跨学科研究的影响。具体可以依据财务评价方法、国民经济评价方法、实物期权方法等方法评估已经转化的成果,而对于还未能转化的成果,则应分析其转化的障碍和未转化的原因。

跨学科研究的事后评估可以作为跨学科研究评审过程以及评审专家的

再评估。跨学科研究评审困难,资助机构难以准确找到适合该项目的评审专家,资助机构需要通过事后评估了解评审专家的评审效果,以积累选择跨学科研究评审专家的经验,以及资助跨学科研究的经验。在跨学科研究事后评估过程中,资助机构可以将事前、事中评估的记录,与跨学科研究实际发生的结果进行纵向的比对。同一个跨学科研究,是否存在前后评估不一致的情况;同一个跨学科研究,不同学科专家的看法是否存在不一致的情况,差异在哪里,能否形成共识和规律。对于跨学科研究事后评估,资助机构还可以将跨学科研究评审的结果进行横向比较,研究评审专家评价的准确性概率,探索遴选适合跨学科研究评审专家的规律和机制。

三、跨学科研究评价的目标

跨学科研究目标系统是指跨学科研究评估所需要达到的目的的总称。项目评估目标系统的确定是跨学科研究评价方法设计的关键内容,由跨学科研究目标确立评估问题,并进而设置跨学科研究的指标体系是跨学科研究的基础工作。在跨学科研究评价中,评估指标体系因对象类别不同和跨学科研究特点不同有所区别,但评价目标系统基本相同。

(一)跨学科研究评价的学术目标

跨学科研究评价需要达成的首要学术目标,是要推动和引导跨学科研究人员持续发现新问题、生产新知识。科学研究始于问题。一个好的科学问题胜过千百条科学知识。跨学科研究的基本面向是学科界面和学科边界。跨学科研究评价应该建立一种目标,即推动跨学科研究者在学科界面进行探索,发现传统学科未能发现的视角和问题。在学科界面和组织架构图的空白处,常能发现一些有趣的科学问题。探究这些界面和缝隙将引领研究人员走出自己的学科,去邀请临近领域或互补领域的研究人员参加,甚至会促进一个新的交叉学科的形成。比如,认知科学是在应对那些单一学科不能回答的问题的过程中发展起来的。当今,认知科学会包括人类学、人工智能、神经科学、教育学、语言学、心理学及哲学。再比如,最杰出的科学工作可能大多发生在学科之间的空白处,由具有交叉学科背景的人才完成。正如有学者统计的那样,近百年的诺贝尔奖获得者有三分之一的人有从事过交叉学科工作的经验。跨学科研究评价应当将发现学科边界问题作为评价跨学科学术水准的重要标准。

跨学科研究评价需要建立的次要学术目标,是要推动和形成跨学科研究的学术共同体、学术建制和学术生态。跨学科研究缺少明确的研究"阵地",不像传统学科那样,有固定的组织机构、人员队伍、经费资助、后备人才培养体系等学术建制,也缺乏更加广泛但是明确的学术共同体,没有建立跨学科研究可以自由"繁衍生息"的生态环境。许多跨学科研究只能靠临时搭建的团队争取临时的资源。跨学科研究评价的主体,首先以手中的学术资源为依托,逐步建立稳定和明确的资助渠道;其次通过逐步摸索出的评价标准,引导和建立明确的研究导向和研究范式,建立初步的学术认同;再次,在评价的过程中,培养一批评审专家队伍和研究队伍,以形成学术共同体。最后,通过跨学科研究资助机构的指挥,学术共同体和学术范式的共同努力,形成稳定的学术生态,鼓励不同类型的学术机构发展跨学科研究事业,培养跨学科研究人才。

(二)跨学科研究评价的社会目标

真正推动跨学科研究的动力,除了好奇心和求知欲以外,就是人类社会

跨学科研究评价的理论与实践

面临的各种需求和复杂的社会问题。一种迫切的社会需求会导致跨学科研究的发展。第二次世界大战期间,各国军备竞赛,科学和技术都投身到加强军事力量的研究中。开发原子弹的曼哈顿计划以及麻省理工学院辐射实验室开发雷达的成功,都要归功于跨学科的努力。这种强烈的社会诉求需要诸多科学和工程学领域以及子领域的研究人员参与完成,从化学和物理学到工程控制学以及放射生物学等不一而足。

身处自然界的人类要与非常复杂的系统作斗争,这些复杂系统会受到各种力量的影响从而变得难以捉摸。例如,研究地球气候,必须考虑海洋、河流、冰川、大气组成、太阳辐射、运输过程、土地使用、土地覆盖、其他人类活动以及在空间和实践尺度上把"各个子系统组成的系统"联系起来的反馈机制。即使是描述一下这个系统也要求应用很多学科。

和平发展是当今国际社会的一个主题,然而由于现代工业社会过多地燃烧煤炭、石油和天然气,大量排放二氧化碳进入大气,造成了温室效应,使得全球气温上升。全球变暖成为一个复杂性、世界性的难题。该问题的解决涉及物理学、化学、气象学、经济学、政治学、社会学等多门学科。物理学和化学可以分析产生各种温室气体燃烧源的物理、化学过程,气象学可以分析这些温室气体产生温室效应的过程,经济学可以分析不同减排手段的成本和收益,政治学可以分析各国、各利益集团间的政治博弈,社会学可以解释公众对政府政策的感受和反应。总之,解决这一问题必须仰赖跨学科研究。

跨学科研究在满足人类各种需求时,会为技术和工业发展提供附加价值。多种新兴技术会在解决各类复杂问题时应运而生。同时,新技术的产生会促使学科理论加快向其他学科和领域移植,从而转变现有学科的研究状况,甚至产生新的学科。美国阿贡国家实验室(Argonne National Laboratory)的先进光子源是一个国家同步辐射光子源研究设施。先进光子源得到了美国能源部、科学办公室、基本能源科学办公室的资助,1995 年投入使用。国际研究界的成员利用先进光子源产生的高亮度 X 射线束来进行以下学科的基础和应用研究:材料科学、生物学、物理学、化学、环境、地球物理和行星科学以及创新型的 X 射线仪器。

另一个新技术促进跨学科研究的例子是核磁共振成像。2003 年诺贝尔医学和生理学奖授予了化学家保罗·劳特布尔(Paul Lauterbur)和彼得·曼斯菲尔德(Peter Mansfield),以表彰他们导致核磁共振成像方法出现的工作。他们的研究出自他们对利用核磁共振效应在含质子的物质中成像的浓烈兴趣。磁共振成像和正电子发射断层成像以及断层成像分析中的辅助数学的进步,已经使医学诊断在很多方面发生了革命,并为在认知科学中对人类进行安全试验提供了机会。

跨学科研究评价需要关注跨学科研究可能达成的社会价值,并且将其可能产生的新技术或者技术的新应用等价值进行评估。跨学科研究价值的衡量和评估,一定是在传统单学科评估经验的基础上,融合了跨学科研究的独特价值。传统单学科评价研究的社会意义,往往关注的重点会是社会问题的解决以及之后的经济价值。而评价跨学科研究需要关注问题的审视角度和问题的提出。跨学科研究从多个不同的学科视角研究传统问题,会给传统问题和研究方法注入新活力,可能会带来新的理解。而更重要的是跨学科研究常常会在学科界面发现新的问题。发现新问题以及复杂的问题都是跨学科研究本身的价值所在。跨学科研究的资助机构不宜将问题复杂、目标不清晰等传统学科认为是负面的评价标准直接移植到跨学科研究评价中。

(三)跨学科研究评价的其他目标

跨学科研究评价还有其他的辅助性目标。跨学科研究是培养跨学科人才最直接的手段。在传统的学科制、科层制大学组织体制下,存在通识教育、学院制等①多种培养跨学科人才的手段。但是培养跨学科人才不单单是知识的储备,培养流行的所谓"T 型"人才,既具有专业知识的深度和专业学科范围的广度。而跨学科人才的内涵本质,是具有发现并解决复杂实际问题的能力,具有不被传统学科范式束缚的创新意识,具有打破一切旧有秩序的魄力的综合性人才。如此意义的跨学科人才,只有在跨学科研究的前沿才能淬炼成钢。有鉴于此,跨学科研究承载了特殊的人才培养使命,而跨学科研究评价应该对此给予关注,关注跨学科人才团队,尤其是后备跨学科人才团队的组成和积累。

跨学科研究评价可以作为探索创新程度高以及非共识类项目评审的试点。跨学科研究缺少准确意义的同行专家,其原因一方面来自学科体制的单一和线性化,而另一方面重要原因就是跨学科研究创新程度高。创新的研究不仅走在学科的边界,更是走在科学的前沿。引领性、前沿性的研究者少,小同行专家人数缺乏甚至没有。限于经验和相关知识有限,为数不多的同行也未必能准确判断跨学科研究的价值。资助机构也时常面对创新性较强的单学科研究,当评审专家意见相左的时候,非共识项目就会产生。资助机构会使用小额短期资助的方式支持非共识性项目,但是关于如何资助和支持非共识性、创新性项目的方法还在探索中。跨学科研究作为一类特点鲜明的非共识类项目,可以在多个方面提供参考。比如,研究非共识项目内部的分类管理,划分为跨学科类、高风险类、高投入类等。

---

① 郑石明:《世界一流大学跨学科人才培养模式比较及其启示》,《教育研究》,2019 年第 5 期。

四、跨学科研究评价对象举例

跨学科研究以团体、个人、成果等形式出现在科学研究的不同层次上。评价跨学科研究组织、跨学科项目和跨学科人才，需要对其运行和产生的过程给予更加详细的考察，以探寻其创新成就与组织方式、运行特点以及成长规律之间的联系。下文就三个不同层次的跨学科研究样态进行案例分析，以期体现上述联系。

(一)跨学科组织

麻省理工学院(Massachusetts Institute of Technology，简称 MIT)是世界一流的研究型大学，旗下的计算机系统生物学工程(Computational and Systems Biology Inistiative，简称 CSBi)是一个成功的跨学科研究组织。MIT 长期看好系统生物学的发展方向，积极探索系统生物学的前沿，在 2003 年成立了 CSBi。成立 CSBi 还有一个重要的原因就是 MIT 一直秉持多学科合作的理念，他们认为任何重要的研究和发明创造都离不开不同学科的知识和技能。CSBi 的创办宗旨是围绕计算机系统生物学，组织大约十个相近学科开展跨学科合作。将生物学、工程学和计算机科学进行高水平的相互交叉，利用科研平台开展各类跨学科项目，创建可以分析生物变化过程的试验方法和数据模型，期间培养大量出色的跨学科科学家和工程师。CSBi 已经成为 MIT 最大的跨学科组织之一，其科研成果也处于全美领先地位。CSBi 的组织方式主要体现在"虚拟"。CSBi 不仅没有专门的研究队伍、专门的实验室和工作研发场所等"实体资源"，而且其内部的各个核心研发团队是依靠信息共享实现跨学科的链接的。CSBi 还基于成员的共同兴趣爱好建立组织边界模糊的小团体,以实现特定的研究目标和工作任务。CSBi 专注于做自己擅长的核心科研任务,对于难于控制和把握的任务交给外包团队来做。

1.人员组织建设

CSBi 的全体成员大约三百人,但是参与日常事务的人员只有二十一人。所有成员的组织关系仍旧在原有学院和机构之中,通过特定的活动和安排来开展高效的科研。其人员组织中核心管理团队是执行委员会,包括行政委员会主席、博士生委员会主席和行政主管三个核心领导职务,共计九人。上述三个职务由 MIT 主管科研的副校长直接任命并负责管理和监督,其余六个委员会成员由生物系、计算机系和生物工程系的系主任和教授代表担任。执行委员会全面负责 CSBi 的管理,包括建立组织目标、执行计划、分配利益、科研考核、激励和协调等等。CSBi 日常工作由核心三人团来处置,并接受理学院等几个学院院长的监督。

CSBi 采取多种形式的人员交流,以克服不同学科文化带来的障碍,凝聚并维持不同背景人员的合作关系。CSBi 的交流方式包括七种会议:每年 1 月召开的专题研讨会,会议主题包括系统生物学最新研究成果介绍以及未来研究展望;每年 9 月召开的联谊会,提供给全体成员用以互相交流学习;不定期举行的成果展示会,领先的研究者向全体展示最新的研究成果;半年一次的专题讨论会,主要由校内外教授共同探讨学科交叉的机制;每半个月召开的新闻组会,向各个成员共享资源并组织人员培训;频繁召开的工作坊,对博士生进行科研训练和学术交流训练;每年 2 月举办的独立活动日,教师和研究生可以自由参加或者组织一些活动。

2.团队目标

CSBi 的目标导向性非常明确,通过建立目标为团队成员设立方向,共同的目标可以成为团队成员的纽带。CSBi 的组织目标包括教育、研究和社会效益。首先，CSBi 的教育目标包括开发课程和博士生培养。博士生委员会主持开发跨学科的相关课程，为的是所培养的人才能够迅速进入系统生物学领域，成为能够独立开展科研工作的跨学科伙伴，而不仅仅是执行研究的项目工作者。CSBi 的教育模块主要有四方面内容：课程包括三门核心课、四门高级选修课和三次学术轮转计划，核心课程掌握计算系统生物学核心基础知识，高级选修课由导师根据研究方向指导博士生选课并进行充分的学术训练，学术轮转计划要求博士生在三个不同学院进行跨学科的学习和训练，以接受不同学科的方法和知识；主题研究是博士生的自主研究，导师指导和博士生兴趣相结合后，选择研究主题，博士生独立开展研究并提交论文和答辩；教学实习和社会实践，不同院系给博士生提供助教机会，训练和培养他们跨学科交流沟通的能力，为计算系统生物学储备知识面宽阔的未来教师。同时，CSBi 还向博士生提供与企业合作以及为社区服务的机会，以补充学校无法接触到的知识；科研伦理培训包括本领域科研理念和方法的培训，该项目使得博士生能够与一些科学家合作，找到科研兴趣点、形成科研基本素质。

其次，CSBi 的研究主要是大型的跨学科项目和平台类技术开发。CSBi 所选择的研究问题和方向必须遵循四个原则：该项目的实施必须保障足够的教辅人员和相关工作人员；新项目必须保障教师足够的休息和精力，不能以损害现有科研教学质量为代价；科研项目必须为人才培养服务，为项目相关工作人员提供必要的费用、设施及场地；科研项目必须考虑学校整体情况，不能超出学校行政、科研和教学的整体负载。

最后，CSBi 所追求的目标还包括学术之外的综合社会效益。社会经济增长、自然生态平衡、社会和人有序全面发展都是 CSBi 综合社会效益的内涵。CSBi 拓展发展目标为的是给予整个学术平台更加宽广的发展空间。CSBi 接受少数族裔、经济贫困以及女学生参与教育与科研，向全世界计算系统生物学领域的科学家共享数据，并通过学术报告和研讨会等交流形式向他们传递最新的研究信息。CSBi 通过和企业合作，努力让 CSBi 的科研成果向产业转化。CSBi 落实综合社会效益目标的活动有：10 周的暑期实习期间资助 6 位贫困生和少数族裔生；半年的教师学术休假，让其他研究机构的学者能够进入 CSBi 短期工作，产生跨学科的工作环境；培养更多的女性科学家和女博士生。

3.科研平台建设

CSBi 作为虚拟科研组织，其成功的关键在于有效地解决了来自不同学科、不同背景的研究人员学术交流难题，使得文化差异造成的知识转移障碍不复存在，实现了组织内部知识的自由共享。MIT 投入了相当的人力、物力和精力建立一个技术化平台，为 CSBi 开展大尺度跨学科科研和教学提供了交流信息、资源和各种要素的渠道。交流平台为跨学科研究提供的是包括服务、研究、教育和社会服务等功能在内的多元化科研平台。该平台由 CSBi 的 6 名科学家开发和管理，每个人独立负责一个技术模块，然后经过复杂的整合交叉之后，形成一个高效能的科研服务平台。CSBi 的科研服务平台具有四个功能：服务功能可以帮助研究人员找到相应的科研资源；研究功能可以帮助科学家建模和开发新设备、新工具；教育功能可以帮助研究生提供实验课程数据记录、运算等基本服务；社会服务功能帮助 CSBi 实现学生入学接待和外部人员短期访问等服务。通过该科研平台，CSBi 内部的科学家和博士生乃至非正式成员都可以无阻碍地交换信息，不受任何学科、时间和地域的限制。

CSBi 为了顺利实施科研信息的有效流通，让每位正式成员、博士生和非正式成员签订契约，即每位科研人员必须将自己获取的第一手数据，在第一时间内上传到科研服务平台之中，并且科研人员必须在规定的时间间隔内发布他们的研究资料和研究结果。CSBi 的这种规定使得科研人员在毫无保留奉献自己科研数据的同时,能够充分掌握他人的科研资源。依托科研服务平台的科研资源共享制度彻底打破了学科之间、人与人之间的壁垒,真正实现了知识的交流与共享。CSBi 管理体制松散但是知识信息交流制度并不松散,科研数据共享的实现远胜于同在一个场所工作但是不共享数据的传统科研体制。

4.科研资金

CSBi 从事的是前沿交叉研究,需要众多精密仪器的支持和众多科学家、研究人员的参与,而所有这些都需要大量资金予以资助。所以,多渠道的获取资金是 CSBi 获得成功必不可少的。CSBi 筹措资金主要依靠两个策略,一是多方引进资金,从外部实现资金进入;二是寻求企业合作,通过转让技术实现资金自给自足。CSBi 的资金获取途径是多元的,包括校友捐赠、私人捐款、NIH 以及 NCI 等公立机构的资助、IBM 等工业界资助、MIT 各个参与学院共同筹措,以及其他院校之间长期合作共同支持的资金。并且,因为 CSBi 的资金来源渠道多元,他在资金使用上更加灵活,可以运用成本控制等企业化管理。借助雄厚的资金支持和灵活的管理策略,CSBi 可以为最优秀的学生提供全额奖学金,为教授提供理想的薪水和启动资金,为科研服务平台提供软硬件支撑。总的来看,CSBi 为科研和教学的诸多活动提供了强有力的资金支持,保障其能够长时间活跃于跨学科研究的前沿。

5.CSBi 的运行模式

CSBi 的运行机制是以产生跨学科前沿科研成果为目标导向,以充足资金作为保障,通过建立彼此的信任和共同的目标为链接,借助高水平科研服务平台的知识和信息共享能力,开展科研、教学和社会服务的虚拟研究联盟。MIT 有几十个跨学科科研组织,但其中绝大部分是类似 CSBi 的虚拟科研组织。建立虚拟科研组织,信息通信技术实现数据和知识流动,将不同背景和学科文化的研究组织连接起来,打破原有学科制度和地理空间的限制,创造出更加灵活和无边界的科研组织,实现了多种教育、科研资源的有效整合,提升了科研组织管理的效能。

(1)CSBi 的管理原则

资金充裕是保障跨学科研究组织成功的基础。除了雄厚的财力支持,CSBi 的管理原则还包括目标黏结、信息技术保障和核心能力建设。第一,目标黏结。跨学科研究作为一个目标导向的科研合作组织,尽可能多地联系和链接成员,进行科研协作是整个跨学科研究的关键。因此,跨学科研究组织必须确定一个明确的目标群,并沿着该目标具有持续执行和前进的能力。所以,CSBi 在建立的时候就让每个成员了解其组织目标,并结合成员的自身特点和研究方向订立任务,让整体的目标不断和个体的目标相融合,将组织发展与个人内在需求相结合,并以此训练成员从组织整体和全局的跨学科视角考虑自身发展,形成组织的内部向心力。第二,以信息技术为链接工具。CSBi 依托互联网信息技术实现跨学科的资源共享,显示出整合性的多学科优势。第三,重视核心能力建设。跨学科组织中的成员来自不同学科,研究方向和研究兴趣各不相同。CSBi 撮合成员相互交流,根据兴趣共同开发合作项目,达到取长补短的效果。但是,CSBi 强调各个成员必须在核心能力上下功夫,而其他不重要的工作可以转包给外部更专业化组织。第四,学科间合作为依托。跨学科组织的优势在学科之间的合作,跨学科组织的难点也在学科之间的合作。维系和协调不同背景之间合作伙伴的关系,成了虚拟跨学科组织中的一个重要而复杂的问题。CSBi 的管理重点放在了协调不同学科文化差异,增进彼此信任,形成跨学科的文化融合方面上。CSBi 注重营造成员间信任,打造良好的社区型组织氛围,创造出包容性强、相互尊重的组织文化,促进了成员间的协同和互信。

（2）CSBi 的管理特征

CSBi 作为虚拟跨学科组织，其成功的管理特征包括包容性管理、数据化交流、目标多元和成员流动。第一，CSBi 采取了包容性管理措施。虚拟跨学科组织缺少共同的办公和实验场所，转而将有限的面对面交流转为动态的线上交流，以多目标牵引各个团队开展交叉协作。在核心团队带动的主要任务周围，配置多个其他学科组成核心跨学科研究能力。通过建立多元化的业绩指标，对不同文化、目标和背景的科研团队进行考核，以宽松的氛围和包容的态度激励和约束不同学科成员。第二，CSBi 的管理更加扁平化，其依靠的是将成员的交流和知识的碰撞化作数据的便捷流动。通过科研服务平台，身处不同地域的成员可以进行无障碍的交流；通过数据共享协议，成员可以毫无保留的彼此信任、共享资源。依靠数据化的交流方式，虚拟跨学科组织管理的效能大幅提高。第三，CSBi 设置了多元化的组织目标。作为科研组织，CSBi 的目标并不仅仅是科学研究，而是将教育、社会服务等多元化的目标融合，并于组织运营方式相融合，促进了组织发展。CSBi 加强与工业界合作，快速转化自己的科研成果，获得丰厚资金回报的同时，创造了更多学生服务社会的机会。通过丰厚的奖学金收拢全球人才资源，并通过各种教育活动充分回馈社会，争取组织获得社会的更大认可。第四，CSBi 的人员流动性很大。跨学科是一种打破学科边界和思维固化的创新活动，人员的必要流动增加了新鲜思维的注入。CSBi 吸收来自全球分散在不同学科不同地域的专家，使得学科之间、思维之间长期有新的碰撞产生，有利于创新成果的涌现。

（3）CSBi 的管理优势

虚拟跨学科科研组织的优势在于技术人才、知识汇聚、成本低廉、产学研一体化。第一，跨学科组织的人才和技术优势来自学科多样、机制灵活，可以连接更多的知识节点,吸引更多的主体、人才加入。核心技术和能力保障开发周期短,科研成果竞争力强。第二,跨学科组织将不同学科的知识汇聚到一起,产生了部分之和大于整体的效果。跨学科组织的知识交融依靠显性和隐性两种渠道。可以编码、可以显性化的科研数据、科研资源将会通过技术平台和共享协议供所有成员使用,不可以编码的隐性知识通过多种渠道、多种样式的活动在不同科学家之间进行传递。第三,跨学科科研组织管理扁平化,管理的经济成本和时间成本更加低廉。第四,跨学科组织不断与工业界合作,创造了更高水平的经济效益和社会效益。

(二)跨学科项目

斯坦福大学 Bio-X 研究计划获得了包括诺贝尔奖在内的若干丰硕科研成果,是跨学科研究项目的标杆和典范。研究 Bio-X 项目的诞生与发展历程有助于了解跨学科项目的规律,对于选取恰当的评价策略有所裨益。

1.Bio-X 项目的诞生与成果

20 世纪末期,生物学科和材料科学迅猛发展,生物大分子和纳米尺度的研究成果频出,使得微观层次的生命科学研究逐渐受到具有跨学科视野的科学家关注。斯坦福大学生物化学的著名专家詹姆斯·斯普迪奇(James Spudich)和物理学著名教授、诺贝尔奖获得者朱棣文(Steven Chu)在经过多次个人的联合跨学科研究,获得了非常显著的科研成果之后,发起了开展 Bio-X 项目的倡议:汇聚来自生物学、物理学、计算机学科、数学、化学以及工程学的科学家,以生命科学为基础开展生物学与工程学、物理学、计算机科学等学科的交叉合作研究,并将该项目命名为 Bio-X 计划。之所以将该项目命名为 Bio-X,创始人之一的詹姆斯·斯普迪奇解释为"Bio-"是生物学(Biology)的缩写,"X"是化学、物理学、计算机科学和医学等其他学科。Bio-X 代表着生物学和其他学科的交叉，标志着以解决生命科学领域问题为目标导向的跨学科合作。

Bio-X 的研究设想吸引了斯坦福大学校内以及全球各地的科学家关注。多年卓有成效的跨学科合作使得 Bio-X 产生了若干极具影响力的学术成果。比如，达费恩·科勒（Daphne Koller）教授将计算机显像技术应用于分析癌症；布莱恩·科比卡（Brain Kobilka）教授因 G 蛋白的研究荣获诺贝尔化学奖；罗纳德·戴维斯（Ronald Davis）教授发明了基因测序技术，成为生命科学的重要方法，为后来的基因组学发展以及人类基因组计划提供了方法学基础。2014 年，美国国家学院评选 Bio-X 项目为生物研究典范。

2.Bio-X 项目的管理模式

斯坦福大学对于传统的学科采取科层制的管理模式，即学校、学院和学科；而对于 Bio-X 的管理，斯坦福大学采用的是扁平化的管理模式，即尽量减少横向分部门和分学科、纵向分层的设置，减少行政的干预，弱化学科色彩，保障 Bio-X 跨学科交流和共享更加顺畅。Bio-X 整体上由主管科研的副教务长管理，教务长之下设置 Bio-X 项目主任，向副教务长汇报工作。项目主任下设负责日常管理的执行主任，对项目主任负责。执行主任下设五个部门，即行政委员会、基金委员会、科学委员会、克拉克中心团队和克拉克中心工作组。五个工作组的职能涵盖了 Bio-X 的全部工作，包括确定研究方向、科研资助基金的审批、拓展科研合作、人员培训等基本任务。简单而富有效率的行政管理减少了上下级和左右部门间的消耗，决策和执行之间更加紧密，突出了以科研人员为主导的特点。

Bio-X 的管理团队成员吸纳了不同学科的前沿科学家。行政委员会包括7 人，他们的身份是具有宽阔科研视野的科学家而不是只懂得管理的行政领导。科学委员会包括 33 名来自斯坦福 20 个不同部门的成员，其学科背景也是包含计算机、生物、化学、物理学等各不相同。所以，无论是行政决策还是学术决策，Bio-X 都可以充分协调不同学科、不同领域的想法和需要，围绕生命科学的前沿开展跨学科的研究设计。总结起来，Bio-X 的管理模式是以简单高效的结构，依托不同学科的专家和资源，为实现跨学科交流提供各种服务。Bio-X 的管理有效促进和帮助了跨学科研究活动的开展。

3.跨学科团队建设

Bio-X 依托不同学科组建跨学科团队。Bio-X 根据科研任务的需要，从不同学院、不同学科抽调不同研究背景的科研人员组成项目组。邀请不同学科的科学家并不一定能够形成有效的跨学科交流，也许仅仅是多学科的堆砌和组合。Bio-X 为了能够将多学科的团队转变为跨学科团队，采取了项目激励的模式，即通过科研项目促进不同学科产生微妙的化学反应，促进学科之间的交流互动，让团队建设朝着跨学科的方向前进。

Bio-X 有三种不同的促进跨学科合作的方式。第一，项目公开论证中的自由组合。在进行项目论证和申请启动资金时，Bio-X 要求每个课题必须公开举行预备会和研讨会，广泛召集相关领域的研究人员联合参与课题申请和讨论，为后续开展的工作进行规划。公开且自由的信息交流，增加了科学家之间的交流频度和深度。第二，Bio-X 定向指派相关学科的科研人员加入。项目在论证和研究的过程中，Bio-X 会通过科学委员会或者克拉克中心教师团队，直接指派相应的学科人员进入科研项目之中。通过有意识地引入相关但不同的学科，激发项目产生跨学科的力量。第三，以跨学科研讨会和交流会促进交流。

良好的跨学科交流氛围促进了学科知识的融合。譬如，2011 年，计算机科学教授达费恩·科勒（Daphne Koller）与其他学科共同组成的跨学科小组开展研究。同年，布莱恩·科比卡（Brain Kobilka）教授准确捕捉到激素激发传导

到细胞内形成的 β 肾上腺素受体图像。布莱恩·科比卡为了找到产生该现象的原因,与其他学科的同事一起完成了分析工作,并获得了 2012 年的诺贝尔化学奖。

4.公共科研设施平台建设

为了加强学科之间的融合,减少各自为战的情况出现,Bio-X 建设了高水平的公共科研设施平台,投以重金购置先进实验仪器,并且建立了仪器设备的共享机制。重金购入的实验设备部分放在了克拉克中心,还有部分放在了其他院系之中,但 Bio-X 的研究人员通过特殊的共享机制可以使用其他院系的设备。Bio-X 设立了核心共享设备部(Core Shared Facilities),专门管理和协调与其他院系共同使用设备的事宜,同时维护和运营内部仪器设备。

Bio-X 依托斯坦福大学优良的设备管理制度,建立了独立的设备资源共享机制,提供给科研人员可以自主使用的大型公共科研设施平台。斯坦福大学主管设备的部门会在购置设备或者更新维护设备之前对设备的功能和参数以及必要性进行论证和评估。学校官方网站会及时公布可以共享使用的仪器设备信息。实验室有专人负责每一台重要设备,负责日常维护和管理,并及时与相应管理部门进行对接。实验人员进入实验室之前会参加安全培训。同时,为了高效利用公共资源,学校针对校内、校外使用人员会设置不同的收费标准,收费的标准会随着每年仪器设备申请和使用的总体情况动态调整,以保证收费合理。Bio-X 闲置的设备会在相应的评估之后,确保仍有使用价值的情况下,提供给需要的部门进行使用。如果校外科研合作人员确有借用的必要,可以通过租借的形式供给校外使用,并向学校管理部门进行备案。

5.产学研合作机制

Bio-X 注重和企业界合作,开展面向社会需求和科技前沿的研究。克拉克中心规划了若干与包括企业在内的其他社会组织进行合作的计划。与工业界的合作，加快了 Bio-X 科技成果的转化速度，拓展了 Bio-X 的发展渠道。为了能够更加便捷的与企业进行合作，Bio-X 开放了各种各样的资源：参与合作的企业可以了解并参加 Bio-X 所筹划的内部项目；Bio-X 为合作企业定期举办技术展示会和交流会；合作企业可以通过访问学者的方式派出研究人员进入 Bio-X 工作；合作企业能够免费获得斯坦福大学提供相应的课程培训，还可以定制化地为企业提供需要的培训服务；斯坦福大学的技术许可办公室向合作企业开放了若干政策，促进技术成果转移、转化。Bio-X 提供给企业诸多便利，加强了与企业的联系，使得 Bio-X 的成果能够快速转化为应用。Bio-X 在生命科学领域已经成功与 Amgen、Sanofi 等世界医药类顶尖企业形成了稳定的合作关系。

6.资助体系

Bio-X 对项目的筛选是通过资助体系和资助制度达成的。Bio-X 的自主体系包含跨学科项目、科研差旅津贴、本科生暑期研究计划以及博士生/博士后计划四个类别。其中最为重要的资助是围绕生命科学相关内容开展的跨学科研究项目。Bio-X 对跨学科研究的资助实行逐级加深的投资模式。由于跨学科研究周期较长、风险较高，尤其是 Bio-X 处在科学研究的前沿，未来研究进展和研究结果无法在早期予以判断。因此，Bio-X 研究确定了跨学科研究资助的通行办法，即采用逐级追加投资的办法，在适当的时候，在跨学科研究的进程之中给予适当的资助。具体做法是，Bio-X 会首先提供给跨学科科研项目一笔小额的启动资金。跨学科研究团队在产生了创新想法后向 Bio-X 提出申请，由 Bio-X 组织专家论证初步想法。如果该项目是高风险且高回报的突破性创新，Bio-X 会提高资助额度，以风险基金的形式向其提供更大体量的资助。项目论证完成之后，跨学科项目就可以启动，Bio-X 会随着科研项目的进展为其追加更多的研究资助。科研项目小组也可以根据项目需要随时向 Bio-X 提供资金资助申请。

7.评价和利益分享机制

Bio-X 下属的科研人员来自各个院系,其人事关系隶属原单位,涉及职称评审、绩效考核等人事变动需要在所在院系进行。斯坦福大学开展了多元化的教师评价,评价指标从教学、科研、社会服务等方向上选择,从学生评价、同行评价、同事评价等方面采集数据,以评价教师培养学生的能力、学术影响力等。斯坦福大学设立专门部门,每年向青年教师反馈评价的表现,以帮助年轻教师快速提高教学能力。多元化的评价指标体系弱化了论文、项目等量化指标。

Bio-X 还关注到跨学科研究的成果归属和利益分配问题。斯坦福大学针对 Bio-X 多学科交叉的研究特点,制定了一系列关于知识产权、论文成果归属分配的政策,明确了跨学科研究中不同学科、不同学者的贡献。斯坦福大学的政策是,如果科研人员学术成果突出,对不止一个院系或研究机构产生了较大贡献时,可以由所涉及的若干院系共同聘任为教授。其中一个院系作为主要聘任单位,联合聘用的单位之间可以通过协商共同约定教师的工作量,并联合支付薪水,联合向其提供其他科研资源和帮助。上述政策保障了从事跨学科研究的教师可以获得多方支持和认可,同时获得较为合理的薪酬和工作量规定。斯坦福的政策还规定了科研效益的分成比例。科研中产生的转让费用、版税等收入,由科研人员、所在学院和所在学系平均分配,三方各占三分之一。涉及 Bio-X 产生的收益,可以根据各个学院以及 Bio-X 之间的出资比例,将学院收入三分之一的一部分转移到 Bio-X 之中。针对多个作者联合署名的论文,Bio-X 要求署名人员在发表前要确认成稿,并且签名同意方可发表。凡是文章中署名了的作者都要了解论文的论证过程以及内容,并对论文最终稿负责。

(三)跨学科人才

1.科学巨擘钱学森

钱学森是闻名中外的著名科学家。钱学森是一位空气动力学专家,为中国的导弹事业和航空航天事业做出了突出贡献,被誉为"中国导弹之父"。但人们并不熟悉,钱学森并非只是专精于空气动力学,他对许多科学研究领域有着浓厚的兴趣,并在相当多的领域之中取得了重要成就。譬如,钱学森1954年创立了工程控制论这一全新学科。之后他在管理学、计算机科学、物理学、工程学、思维科学等领域提出过许多创新而深刻的见解。由此可见,钱学森是一位实实在在的跨学科专家。

钱学森涉猎多个学科知识,从事跨学科的钻研,主要的动机来自个人兴趣和工作需要。钱学森对空气动力学和航空航天的知识是兴趣驱动的,而从事其他学科的动力往往来自工作的需要。在几十年的科学探索工作中,钱学森始终保持着求知欲,大量吸取各学科最新的前沿知识。在美国留学和工作的时候,钱学森不仅学习与航空航天相关的知识,还学习了量子力学、广义相对论、统计力学等学科知识,经常参加物理学系和化学系的学术研讨会。出于兴趣,他还结合中国古代哲学,对现代西方科技思想进行了比较和思考。之后,他在系统科学、思维科学、人体科学等领域进行大量跨学科的研究和思考,引发了学术界的普遍关注。

钱学森认为自然是一个整体,人为地划分为不同学科去认识自然,具有一定的片面性。跨学科掌握更多知识,不仅仅是开阔思路与眼界,更可以汇集其他学科的智慧,进行大尺度、全方位的观察思考,有利于把握各个部分之间的关系,探查事物整体的问题和规律,抓住事物的本质,寻找创新和解决问题之道。钱学森曾经就跨学科学习的体验谈过:"跨度越大,创新程度也越大。"①人们之所以对事物把握不准,其中一个重要的障碍就是学科分割,知识被有意识或者无意识的划分开。所以,能够突破人为的限制,主动涉猎其他学科,做大尺度的跨学科学习,触类旁通可以减少分隔的知识结构。钱学森宽阔的知识面对他取得创造性成果是大有裨益的。

2.诺贝尔奖得主昂萨格

科学家拉斯·昂萨格(Lars Onsager),是出生在挪威的美国化学家。昂萨格于1968年获得诺贝尔化学奖,但他的科学成就横跨物理学、化学、生物学和数学,是一位典型的跨学科科学家。不同于许多科学家的主要成就来自一个领域且来自年轻时的工作,昂萨格一生在多个学术领域进行了开创性的工作,其创造力一生未减。

1920至1925年,昂萨格在挪威技术学院学习化学工程学,并在毕业之后的三年前往德国担任德拜(P Debye)的研究助手。1926年,昂萨格在《物理学期刊》上发表了第一篇论文,其在文中提出的公式被人称为昂萨格极限公式。作为工科出身的学生,昂萨格善于从实验中找寻理论的不足。1923年,他曾注意到德拜(P Debye)的电解质电导率公式与实验存在较大偏差。昂萨格认为偏差产生的原因主要是科学理论中假定中心离子做的是直线运动,但实际上中心离子也应该可以做布朗运动。1925年,昂萨格见到了德拜并介绍了其想法,德拜出于对他的欣赏,在转年给他提供了助研的机会。在德拜身边,昂萨格完成了第一篇论文,并得到了同行科学家的验证及肯定。

1928年,昂萨格前往美国的约翰霍普金斯大学任教,但是由于教学效果不佳很快被解雇,之后进入布朗大学教授统计力学。在布朗大学期间,昂萨

---

① 钱学森:《关于思维科学》,上海人民出版社,1986年,第6页。

跨学科研究评价的理论与实践

格花费大量时间研究热力学中的不可逆现象，正是这项工作使其日后获得了诺贝尔奖。上学时，昂萨格就曾经想把人力学的理论运用到非平衡体系之中。在德国期间他曾经和其他学者探讨过该问题，并找到了初步的灵感，即从反向寻找能够应用微观倒易关系的热力学过程。赴美之后，昂萨格深入思考了该问题，并在 1929 年整理了初步的结果。1930 年，昂萨格在《物理学评论》上发表了该研究的摘要。1931 年，昂萨格完成了全部的研究，在《物理学评论》上详细、完整地介绍了倒易关系[①]。倒易关系描述了热力学过程不可逆的线性关系，成了线性区非平衡热力学的两个基本理论之一。甚至由于限制性条件较少，使用范围较广，倒易关系被不少科学家称为热力学第四定律。

1933 年，昂萨格到耶鲁大学从事博士后研究工作，他逐渐开始拓展研究领域，向自己此时并不熟悉的数学、化学等领域发展。1934 年，昂萨格发表论文指出电解质与离子速度在强电场中加大维恩效应的理论，并得出了著名的有效离解常数与浓度无关的公式。同年，昂萨格因为倒易关系论文申请母校博士学位时被拒绝，遂即重新完成了新的以"求解马蒂厄方程"为题的博士论文，并向耶鲁化学系申请博士学位。这份只有数学系教授才能看懂的论文标志着昂萨格的数学水平达到了新的高度，也为后来解出伊辛模型奠定了基础。除此以外，昂萨格开始向物理化学领域发力。1936 年，昂萨格发表文章指出德拜公式虽然被广泛使用，但是从来没有找到被预言的铁电居里点，所以可能存在一定的错误。昂萨格提出了新的介电常数理论，后被普遍接受。

1939 年之后的 13 年间，昂萨格进入了研究的丰产期，许多研究的领域和研究方式发生了改变。物理学家乔治·卡雷里（Giorgio Careri）评价昂萨格

---

① Onsager, L., *The Collected Works of Lars Onsager（with Commentary）*, Hemmer, P., Holden, H., Rakje, S. Singapore: Publishing Company, 1996.

有五项成果是诺贝尔奖级别的,其中二维伊辛模型的精确解、德哈斯-范阿尔芬效应理论解释以及超流体的量子化环流三项成果均出自这个阶段的研究。其中最重要的研究当属二维伊辛模型的数学解。伊辛模型是描述物理结构变化的统计性模型,精确的数学解可以从理论上帮助人们预测物相变化。20 世纪 30 年代初,就有不少科学家对此问题进行了研究,但普遍采取近似法进行处理,预测结果不令人满意。昂萨格经过复杂的计算,初步得到了热力学属性的分配函数。随后两年,昂萨格完成了全部细节计算工作,将完整的 33 页论文发表。著名物理学家朗道(Lev Landau)评价此项工作十分难得。不同于倒易关系,昂萨格的求解工作很快得到了学界认可。之后,昂萨格与学生考夫曼合作,继续改进并简化了过程,得出了更多的模型细节。

1953 年,50 岁的昂萨格职业的高峰已经过去,但是仍旧在学术前沿做出了重要的工作,同时还开拓了全新的研究领域。此时的昂萨格主要与他人合作发表论文,且把相当多的精力投入到总结和完善之前的工作上。1953 年到 1965 年间,昂萨格发表了 29 篇论文,其中 21 篇与他人合作,16 篇回顾之前倒易关系等研究。1956 年,昂萨格与彭罗斯合作将玻色-爱因斯坦液体重新定义为凝聚态,即后来著名的玻色-爱因斯坦凝聚。杨振宁在此基础上提出了非对角长程有序的概念。此外,昂萨格还挑战了冰的电气性等新问题。

1966 年到 1976 年,昂萨格在生命中最后十年依旧对学术研究怀有热忱。除了继续总结倒易关系等早期研究之外,昂萨格开始关注生物学问题。1967 年,昂萨格发表论文探讨生物的热力学问题。1973 年,昂萨格的最后一篇论文发表在讨论"生命科学中的量子统计力学"学术会议上。即使身体状况不佳,昂萨格在生命的最后几天仍然坚持去加拿大参加了一个放射化学的学术会议。

昂萨格之所以能够成为跨学科的科学通才,与其早年接受的自由通识教育有关。哲学、文学、艺术等学问影响了昂萨格的一生。昂萨格喜欢阅读古文和哲学,尤其喜欢阅读和背诵挪威史诗。昂萨格还对克里斯皮尔棋非常感兴趣并擅长。他曾经告诉彭罗斯自己研究出一个妙招。他的朋友谢德洛夫斯奇曾说,昂萨格经常对北欧神话、园艺或者克里斯皮尔棋展开长篇大论。昂萨格可以说是一位兼具人文情怀和科学素养的科学伟人。文学和艺术的熏陶对于科学家拓宽视野、发散思维具有重要的作用。许多科学大家,如爱因斯坦、普朗克都精通音律,而杨振宁、钱学森等都是长年与音乐为伴。

　　昂萨格的成就与他的高超的数学才能密不可分。昂萨格在大学期间接受了严格的数学训练,开始为理论研究做准备。受聘于布朗大学期间,昂萨格还跟从数学家托马金(Y Tomarkin)学习数学知识。昂萨格在大学期间购买了剑桥大学 1902 年出版的《现代分析教程》。虽然该书极为晦涩难懂,但是昂萨格仍然坚持完成了大部分的练习题,这些训练对他后来的理论工作大有益处。30 年之后,有人向他请教《现代分析教程》中的一个错误时,见到昂萨格翻出这本已经破旧的书时,里面写满了各种笔记和扩展内容[①]。昂萨格最重要的工作伊辛模型精确解求解过程就是依赖他的高超数学技巧。就连数学能力非常强的杨振宁见到其论文时,也无法理解其求解过程,感觉昂萨格的结论是直接冒出来的。1965 年,杨振宁与昂萨格在交流时才知道,昂萨格看到伊辛模型自旋链接的转移矩阵,通过对角化两条、三条、四条直接猜测到十几条之后隐藏的乘积结构。

　　最后,昂萨格所处的科研环境一直是开放且宽容的,给予了他足够的信任和空间可以自由自在地开展任何研究。昂萨格所任职的第一所大学没有给予他信任,但是后来的布朗大学和耶鲁大学都展示了足够的气度,没有计

---

　　① Longuet-higgins,C.,Fisher,M.,Lars Onsager.Biographical Memoirs of Fellows of the Royal Society,*Royal Society*,1978,24(11):183-231.

较昂萨格不擅长教学的缺陷,让他有足够的保障从事科学研究。在布朗大学时,昂萨格所在的化学系主流研究是实验化学,纵然如此,当时的化学系主任克劳斯仍然聘请仅有本科学历的昂萨格作为研究讲师。有趣的是,昂萨格在布朗大学发表诺奖成果时,因为与其他同事研究领域不同,竟然没有同事关注他的研究。昂萨格在布朗大学的教学水平不高,学生对此颇为不满,但是布朗大学仍旧允许昂萨格继续按照自己的兴趣从事研究。不仅是布朗大学,甚至耶鲁大学在得知昂萨格的博士学位申请遭到拒绝后,灵活变通,允许他在化学系提交数学论文而获得化学博士学位。甚至耶鲁大学不顾年资等要求,在昂萨格发表伊辛模型之后的第二年,就破格任命其为吉布斯教授,这时距离昂萨格获得副教授职位刚满五年。由此说明,昂萨格能够在许多领域进行开创性的研究,离不开科研体制和科研环境对他的包容和鼓励。

3.环境经济学专家邹骥

在联合国气候谈判中方代表团的诸位学者中间,有着一位横跨环境科学与经济管理学的跨学科学者,他就是来自中国人民大学环境学院的邹骥教授。2000年前后,邹骥担任"77+1"首席谈判专家,与77个其他国家就"技术转让"等议题进行了艰苦的谈判,尤其是面对美、日、新、澳等国组成的"集团军"更是进行了多次通宵达旦的谈判,其中一次连续工作长达39个小时。谈判的胶着,一方面说明中国深度介入国际事务,正越来越多地发挥重要作用,另一方面表明以邹骥为代表的中方谈判专家已经能够与国际一流专家平等对话。邹骥所关注的全球气候领域是一个涉及能源、环境、技术和国际关系的跨学科地带。作为代表中国的联合国气候环境谈判专家,他的研究涉及气候环境规制、经济效应和政治外交等各个层面。邹骥之所以愿意挑战复杂的跨学科研究,并且能够成功驾驭来自多个学科的知识,与他个人的成长经历密不可分。

跨学科研究评价的理论与实践

邹骥 1961 年出生在北京。受到"文化大革命"的影响，他把提升和改进千万普通人的生活水平设置为人生目标。邹骥在 1979 年以优异成绩考入清华大学土木与环境工程系，并在清华园明确了"造福于民"的人生理想。邹骥在参加各种社会活动和学生活动时发现，单纯依靠环境工程的科学技术无法根本解决现实中的环境问题。政策、体制和经济、管理等因素都深刻影响着环境问题。所以，邹骥在本科毕业之时毅然报考了技术经济专业研究生。1992 年，邹骥前往刚刚创办的人民大学环境经济研究所工作。虽然工作条件较差，但是邹骥看准了环境经济的发展前景，不断完善自己的知识体系。工作期间，邹骥跟随中国环境经济学专家张象枢攻读了博士学位，还专门前往伦敦经济学院作为能源与环境方向的访问学者。邹骥不断汲取经济学和管理学等学科的知识，加之本科阶段接受过系统的环境科学工程的训练，比较完整地学习了定量的经济学方法和科学的工程教育。横跨两个学科的知识结构为邹骥未来在环境经济这个交叉学科地带取得成功打下了坚实的基础。

2000 年，邹骥出版的《环境经济一体化政策研究》一书，入选北京市跨世纪青年学者文库。在这本书中，邹骥从制度的框架和视角出发，以环境的经济指标为审视行为的尺子，对市场配置资源失效和国家干预失效等问题进行了详细论述。邹骥除了繁忙的科研教学任务，还承担了增加国家国际话语权的工作——参加国际性谈判。2001 年，美国白宫发言人声称，美国将放弃实施应对全球变暖的《京都议定书》。针对此举，邹骥撰写了多篇论文和著作。其中《可持续发展》和 *Air Pollution, Energy, and Fiscal Policies in China: A Review* 分获国家环境保护部科技进步三等奖和教育部高等学校人文社科成果奖三等奖。

2000 年之后，邹骥多次代表中国政府参加联合国气候谈判，在全球气候治理过程中为中国争取发展权益做了大量有益的工作。2009 至 2012 年,邹骥担任世界资源研究所中国首席代表;2013 至 2014 年,邹骥担任联合国政府间可持续发展融资专家委员会委员;2017 年,邹骥加入美国能源基金会,担任其北京办事处的总裁。

第 4 章
跨学科研究评价的困境和障碍

　　交叉学科研究项目在当前激烈竞争的资源分配格局之中难以立足,其原因就是评价交叉科学研究的专家普遍来自单一学科之中,其学术知识背景无法满足交叉学科丰富、立体的内涵需求,并且单一学科专家的身份往往隶属于某一具体学科和具体平台,学科保护主义的潜意识可能会产生对交叉学科"闯入者""外来者"身份的异议。即使题外的怀疑难以成立,在知识生产的层面来看,学科之间不同的文化和价值偏好,不尽相同的学术研究范式和研究方法亦会深刻影响跨学科知识从产生到认可的全过程。

一、跨学科研究评价的理论困境

(一)知识的复杂性高

　　学科互涉(interdisciplinary)与多元学科(multidisciplinary)的根本差异体现在,前者融合了两个或更多学科领域的知识内容甚至研究范式,从而催生出独到的见解,而后者仅仅是将不同学科的见解生硬拼凑,缺乏整合以及进一步的糅合提升。因此,具备评估多学科研究的资质和能力的评审专家,同样需要对项目相关的各个学科的理论与技巧有深入了解。随着探究活动的深入,科研在微观与宏观领域持续取得进展,导致科学理论变得极为丰厚,科学知识的总体量也变得极为巨大。与此同时,专家们所研究的范围常常变得更为精细化,探讨的主题也逐渐变得更为集中。这是因为,选择这样的策略有助于集中资源以实现突破性的进展,并提升他们在该领域内的权威地位。选取我国国家自然科学基金的同行评审过程作为案例,评审专家是根据所在部门的细分学科领域选拔产生的,同时他们需要概述自己在学术上精通的领域和议题。因此,目前普遍采用的同行评审专家机制,主要是邀请那些在其学科领域内具有深厚知识的专家,但是过于局限的专业背景使得他们往往无法满足跨学科研究对于多领域知识的要求。

学科领域,鉴于它们的研究客体和研究手段之间的相似性和差异性,可以被分类为近缘的跨学科研究和远缘的跨学科研究[①]。跨学科的研究往往在密切相关的学科领域内发生,比如数学和物理学、医学与生物学等领域。而那些相距较远的学科领域,例如社会科学与自然科学之间,则更多地展开远缘的跨学科研究,环境伦理学就是一个例证。研究表明[②],在学科间的互动中,相互之间有着紧密联系的学科进行跨学科合作的情形,显著地超过了那些关联性较弱的学科之间的合作现象。由此可见,从事多学科研究的专业人士所掌握的学科知识范围,通常也偏向于与他们的主修学科有密切联系的相关领域。知识体系的内在联系揭示了各类知识间的分歧幅度,这些联系的疏远程度越显著,意味着知识间的差异越显著。当不同学科

---

① 王续琨、常东旭:《远缘跨学科研究与交叉科学的发展》,《浙江社会科学》,2009 年第 1 期。
② 赵晓春:《跨学科研究与科研创新能力建设》,中国科学技术大学博士论文,2007 年,第81~84 页。

的知识融合后,所孕育出的新知识在创新性方面往往更上一个层次。因此,虽然远程跨领域探索实例不多,却往往孕育着深厚的知识革新,鉴于其对创新的促进作用,应当给予高度关注。然而,能够对之进行权威评价的专业人才同样不多见。

多学科探索结合了来自两个或更多学术领域的理论视角,应对的是错综复杂且多元化的研究环境和艰难的社会实际问题。评价的对象覆盖广泛,囊括了从事科研工作的个体或集体、科研项目的具体执行、专门从事跨学科研究的机构的运作,以及涉及跨学科领域的全面投入产出分析。跨学科研究的评价体系呈现阶段性的差异,包括前期立项、中期实施以及后期成果的审核,每个阶段都有其独特的评判标准。因此,对多学科探究予以估量乃一项艰巨任务,以至于斯帕彭(Spaapen)无法确定是否能构建一个统一的、不拘泥于特定情境的评价理论架构[①]。

(二)学习和收获的周期性长

跨学科学术探索的知识生命周期往往更加漫长,前期需进行关键的跨领域沟通,而后期则需接受成果的严格审核,这些因素共同导致了跨学科研究评估过程的延长和精密性标准的提升。糅合不同学科的科研团队并非易事,仅将来自各个学科的研究者聚集在一起是不够的。在投入正式的研究工作之前,这些拥有不同学术背景的专家往往需要投入更多的时间来掌握其他领域的知识,进而建立起一种能够促进相互理解的科学交流方式。这种方式类似于皮特·盖里森(Peter L.Galison)所提出的"交易区"(trading zone)。在交易区这一平台上,来自不同学术领域的参与者们持续地进行着智慧的碰

---

① Klein J.T.,Evaluation of Interdisciplinary and Transdisciplinary Research——A Literature Review,*American Journal of Preventive Medicine*,35(2S):116-123.

撞,激发彼此的灵感。他们通过思维信念与科研行为的局部调整,使得不同学科之间能够内在且有机地融为一体。跨学科的探究,如电性能的钻研,吸引着物理与化学两大学科的研究者。物理学的理念居多,化学领域的专家能否与物理学家深入交流,取决于他们是否掌握了物理学的专用词汇。导电高分子的理论阐述中,诸如孤子、极化子以及双极化子等三种差异性的载流子模型,构成了昔日关于导电高分子导电机制的论述。若非物理学家与化学家之间的相互理解与深度沟通,关于电性能的跨学科研究便无法取得如今的成就。跨学科研究者需历经磨炼,才能将多门科学知识的精华融合,形成独到的见解。此种探索之路,要求研究者深入不同领域,掌握各学科的语言与概念,进而构筑起连接各学科的桥梁。如此一来,方能实现真知灼见的融合与创新,推动学术边界的拓展。这条路途通常较单一学科的研究更为漫长与复杂。

跨越学科探究的科学成果因其界限模糊,其价值和功能无法仅通过单一领域的准则进行评估。跨学科探索的持久影响及其成果,往往在研究初始阶段难以预料,亦或在研究完结后的短期内难以评估,这为项目终结的评价或者例行的年度考核带来了额外的挑战。在跨学科的领域研究中,各个分属不同领域的目标用户最初对知识的应用方向并不明确。例如,借助 X 射线晶体学方法来解析蛋白质的三维结构。蛋白质结构认知的发展对医学领域的进步起到了关键推动作用。在近些年,新技术在确定蛋白质构造方面迅猛发展,这已经使得蛋白质结构的解析步伐与生物医学研究的进展相匹配。在 X 射线晶体学的进展初期,其重要性并未被即时察觉,尤其是在蛋白质构造解析的领域。奠定 X 射线晶体学科的内容是 X 射线被发掘出来。1912 年见证了 X 射线穿透晶体时电子发生衍射的奇观首次显现证明了 X 射线的存在。在二十世纪三十年代初,科学家们着手采用 X 射线手段探索生物大分子的晶体形态。然而,直到六十年代,佩鲁茨与肯德鲁两位科学家成功揭示了血红素和肌球蛋白的三维结构,这才真正认识到 X 射线晶体学在揭示蛋白质本质上的重要性。在 1970 年代,蛋白质晶体学中采用了一种新型的 X 射线源——同步辐射。随后,到了 1990 年代,借助该技术,解析蛋白质结构的工作量显著上升。该技术的研究开发是多学科领域的合作成果。此事让科学家群体意识到跨学科研究存在长远效应,即对根本科学探索的资助所带来的效益往往不是即刻显现,反而经常会超越最初设想的范畴。

二、跨学科研究评价的方法困境

当前的学术评价机制中尚缺乏对交叉学科研究的专门评估手段,导致政策制定者频繁陷入处理跨学科研究项目评估需求的困境。目前,评价跨学科研究常用的手段依然包括科学计量学的技术和同行评审的方式。

(一)同行评议法

同行评审,被誉为学术界的守护者,是被众多国家科研单位和科研资助机构普遍接受的主流科研评价方式。跨学科探索因其需要多领域知识的交织与合作,使得其探究的范畴与方法超越了单一学科的界限。在目前以学科分类为基础的强调专业性的同行评审机制中,在评估跨学科项目提议和成果时面临挑战,问题是难以寻觅到完全匹配的评审专家。这揭示了在评估跨学科探索时,同行评审机制并不总是有效的。因此,申请跨学科研究项目的评审问题,成为科研资助机构必须应对的挑战。评论家如诺尔曼·梅兹格[①]等

---

① Metzger N., Zare R.N., Interdisciplinary Research: From Belief to Reality, *Science*, 283(5402): 642–643.

人强调,同行评审本质上涉及某一学科领域专家的见解,通常基于同一学科内共享研究领域的专家意见。学术资助的评审对学术生涯至关重要,然而这一过程正日益专业化,并且更多地局限于学科范畴之内。这进一步证实,对于跨学科研究项目的申请,传统的同行评审方法并不适用。国家自然科学基金会(NSFC)曾专门设立项目,探讨关于"跨领域研究"的同行评审问题。针对同行评审过程的灵活性,先前已实施一项专家意见调查。研究最终揭示,在涉及多个领域的探索计划中,创意新颖的方案以及常规单一学科的方案中,认为现有同行评审机制适合的参与者比例依次为 57.0%、70.1% 和 74.5%。对"跨学科研究"项目的同行评审机制表示赞同的占比最低[1]。两位学者阿兰·波特与弗雷德里克·罗西尼[2](Alan L.Porter and Frederick A.Rossini)指出,在进行跨学科探究时,提出的申请经常遭遇评审专家的质疑。这是由于评审团成员往往更偏向于赞同那些来自他们所熟知领域的立场,因为这样可以帮助他们更易理解研究的设计与布局。

　　研究成果出炉之后,负责科研资金的行政人员须挑选业界权威对项目进行评审。在跨学科研究领域,构建一个能够有效评价研究优劣的同行评审集体是至关重要的。不幸的是,鉴于跨学科研究通常触及多个不同学术领域,并且往往带来新颖的观察角度,科研资助机构在构建对应的专家团队方面常常显得迟缓,有时甚至未能充分有效地建立这样的专家库。在探索跨学科项目中,即便我们努力根据项目所跨学科领域搜寻专业人才,依旧可能面临评估失准的问题。例如,在有关学科融合的报告中,澳大利亚研究委员会

---

　　[1]　杨永福、朱桂龙、海峰:《关于交叉项目的界定–评审–管理的政策性建议》,《科学学研究》,1998 年第 2 期。

　　[2]　Porter A.L.,Rossini F.A.,Peer Review of Interdisciplinary Research Proposals,Science,*Technology&Human Values*,1985,10(3):34-37.

(ARC)提及了该议题①。跨学科研究在 ARC 资助下取得了工程技术领域的广泛好评,尤其是那些融合核心知识理论与学科实践的创新研究项目。然而,一旦一个融合多个学科的工程研究计划,被分别独立提交给专注于基础理论的学者和专注于实际应用的技术专家进行学术水平的细致评审,常常会出现这样的情况:该计划未能得到来自两个领域的专家群体的充分认可。起源于单独学科的理论的学者们可能会觉得这个计划缺乏根本的创新性。可是,从事工程学科的评估专家们则持有不同看法,他们表示无法准确把握该项目的核心意义,所以觉得难以对其进行精确的评价。各领域的评审专家倾向于从他们熟知的视角出发,对涉及多个学科的研究进行全面审查。无论是哪一方面的大师,都无法作出对跨领域学科项目全面研究状况的评价。在跨学科研究领域中,寻找一个真正意义上的同行,也就是找到一个对所涉及的所有领域研究都有深入了解的专家,是最具挑战性的任务。

(二)科学计量法

基于科研成果信息的量化分析在过往中长期占据科研评价的主导地位,这是哈佛大学的科研团队②所持有的观点。参与调研的专家表示,他们的评估通常依据非直接涉及知识的情况来构建评价体系。例如,学术声誉的情况;专利数量、出版物的种类及其被引用的频次;同行的认同以及广大社会民众的认可度。对从事跨学科合作或进行多学科研究的个体或团队进行文献计量分析,至少有三个主要的负面影响。

首先,缺乏对跨学科研究评估的独立准则。评估跨学科协作并不简单地

---

① Australian Research Council, Cross-Disciplinary Research: A discussion paper, 1999[EB/OL]. [2010-12-31].http://www.arc.gov.au/general/arc_publications.htm.

② Mansilla V.B., Feller I, Gardner H., Quality assessment in interdisciplinary research and education, *Research Evaluation*, 2006, 15(1):69-75.

意味着将各个单一学科的评价指标相加,而是涉及独特的原则与准则。打包加总的方法未能充分展示各个学科探索的深度和学科之间融合的广度。在对跨学科研究团队进行绩效评估时, 仅仅将组成成员的个别学术成就进行数量上的累加,并不能精确体现出该团队在跨学科领域内的实际研究能力。这种类型的推理与常见的协作研究相似, 相似的衡量标准无法揭示何为可信赖的跨学科知识, 或者说不能明确区分何为跨学科研究以及一般性的单一学科团队协作。我们还需要更多的跨学科测量指标, 以便综合评估何为高质量的跨学科研究成果。

其次,缺乏具有重大影响力的跨学科类出版物。尽管跨学科探究逐步获得了更多的关注,然而与单一学科长期的发展历史相较之下,它仍旧显得微不足道。宛如大海中的一滴水,或者千丝万缕之中的一丝细流。跨学科研究的论文往往难觅于驰名学术圈的期刊,而那些专注于此类研究的期刊,其权威性往往不被广泛认可。例如,知名的全球性学术期刊《跨学科科学研究评论》(*Interdisciplinary Science Reviews*, ISR)在评价其影响力方面的数据如下[①]。ISR 期刊自 1976 年起步,荣登 SCI 与 SSCI 的双重殿堂,成为多学科领域里的知名学术旗舰。然而,以其 1.00 的因子而言,其影响力在与一学科领域闻名的老牌期刊相较下略显逊色。

表 4.1　交叉科学评论杂志的 JCR 报告

Abbreviated Journal Title (linked to journal information)	ISS	JCR Data						Eigenfactor ™ Metrics	
		Total Cites	Impact Factor	5–Year Impact Factor	Immediacy Index	Articles	Cites Half–life	Eigenfactor ™ Score	Article Influence ™ Score
INTERDISCIPL SCI REV	0308–0188	115	1.000	0.645	0.360	41	5.9	0.00041	0.126

自 2006 年起,国内由科学出版社发行的《中国交叉科学》,虽由中国科学

---

① 美国科学情报研究所知网杂志引用报告[EB/OL].[2010-12-31].http://admin-apps.isiknowledge.com/JCR/JCR.

跨学科研究评价的理论与实践

技术大学负责编辑,却一直未能获得正式的刊号。这使得这本期刊只能以非连续出版物的形式艰难维持,进而未能跻身核心期刊之列,也就无法专门为交叉学科的理论研究提供一个专属的学术平台。

再次,分辨多个合作作者在联名著作中的劳动投入比例确实具有挑战性。跨学科研究多数以合作形式出现。合作进行跨学科探索的学者常常遭遇挑战,他们需要在一个重视将首位作者视为论文核心贡献者的评价体系中,找到一种恰适的方式,通过正确的署名顺序来真实体现每位作者在研究中的作用。正如著名学者朱道本所论述,我不很同意在集体探讨议题时,将一个人是否为论文的首位作者或是否标注星号作为评判标准。在探讨此类议题时,必须审慎考虑若研究不涉及跨学科的交互合作,或项目并非团队合作成果,那么重视首位作者的身份,或是将星号标记于负责联络的人身上,无疑是合理的。然而,在跨学科团队共同努力的研究成果中,过分突出首位作者可能会引发初始合作时的冲突。讨论文章首位作者的问题时,可能会出现争论,例如轮流担任首位作者,但当轮到另一方时,优秀的成果可能不再被共享。这种做法很可能导致内部矛盾。因此,撰写跨学科合作研究的文章时,不应过分突出其位次的重要性。在这个评估架构中,创作者的位次常引发争议,各个机构之间亦存在位次之分。偶尔,挂名在首的机构会被特别重视,相较之下,挂名于次的机构则可能被忽略,或者在评分时会扣除一定的分数。这种评价机制不利于激发大家进行跨学科研究[1]。

---

① 国家自然科学基金委员会:《国家自然科学基金管理研究:战略、政策与实践》,高等教育出版社,2006年,第79页。

三、跨学科研究评价的实践困境

(一)项目制中的问题

对学科制度范畴内的资金分配方式,通常按照单独的学术门类来安排评审流程和分配程式。国家自然科学基金的项目评审架构是按照学科的范畴,自上而下分为科学大类、专门科学部门以及具体学科三个层级。过去,此结构并未设立特定的部门来专门处理跨学科领域的研究申请。因此,为了进行跨学科的研究项目申请,必须在可能隶属的某一学科大类里,挑选一个具体学科来进行申请。这个选择可以是项目负责人隶属单位所在的学科,也可以是其他提供必要知识的学科。举例来说,投身于等离子束育种领域的物理研究所的研究者们,其申报的学科领域既可以定位在物理学,也可以以农学口径作为研究方向。挑选任何一门学科,都表示该领域的评审专家的知识体系将集中于该学科,同时他们也必须面对不同科研部门、科学单位可能会有其特别支持或认同的研究领域与方向。理解各个学科大类和具体学科特有的评审结构和资助焦点,某种程度上提高了跨学科项目申请者的交易费用。

学术资助机构不仅通过激烈竞争的选拔机制来挑选卓越的学术研究项目,通常还必须从全局的视角出发,全面规划以保持不同学科领域的协调性和平衡性。国家自然科学基金极为注重学科之间平衡性与协同性增长。在十一五规划期内,被列为五大核心职责之一的是制订与执行学科领域的发展策略,以推动各学科领域的均衡性与协同性增长。在十三五规划期内,国家自然科学基金强调,我国在迈向科学强国的征途上,构建一个全方位、平衡发展的学科布局与体系是至关重要的[1]。此外,有文章指出,我们应持续关注和支持基础学科、经典学科以及具有竞争力的前沿学科领域[2]。因此,在资助体系内部,任何一个学科,都会在均衡推动各个学科发展的策略指导下,获得资助机构的资金支持。只是这种支持会根据各个学科的规模及成长状况有所差异。即便是在竞争课题立项非常激烈的环境里,获取资助的传统渠道依然主要依赖于各自的学科领域。跨学科探究因其非主流地位,未能在系统内获得与其他学科平均分配资源的制度性机会。

(二)科研资源分配的问题

构成跨学科研究维持日常运转和科研进展的根本物质保障是资金。科研资金在一定阶段内属于极为宝贵的竞争性资源。因此,跨学科研究作为新颖的学术模式,其向前演进的道路不可避免地要面临对这些紧俏资源的争夺。跨学科研究作为传统分配资源模式的外来者,无疑将对时下科研投资分配的固有机制产生影响,甚至可能导致该机制的变革。显然,开展一项全新的跨学科项目或成立一个全新的跨学科科研机构,都可能导致其他单一学科研究的资源分配减少甚至停止。科研资源普遍根据学科的基础性角色和位置,在现有的学术架构内进行分配。跨越学科界限的研究未获得特定学院、领域及课程的专属架构支撑,结果是缺少渠道获取持续且系统科研资助。跨学科探索通常依赖课题申请及项目资助来获取研究资料。这种发展模式具备"迅速、简洁、高效"的特征。来自不同学科领域的专家,通常是因为学术好奇心或为了解决特定问题,在项目提案与研究阶段聚集一堂,共同组成一个

---

① 段异兵、余江:《国家自然科学基金促进学科均衡协调可持续发展的政策内涵》,《中国科学基金》,2009 年第 3 期。

② 国家自然科学基金"十三五"发展战略[EB/OL]. http://www.nsfc.gov.cn/nsfc/cen/bzgh_135/10. html.

跨学科的研究集体。然而,一旦研究任务完成,缺乏持续的资源供给和相应的支持组织架构,这些团队通常会解散,成员返回各自的学科领域和学术机构。正如某些专家所指出的那样①,目前在我国,几乎每一所重点大学都设有几十到上百个研究和中心机构,这些机构大多附属于各学院或系部。除了国家级的重点实验室之外,其余的大部分是名存实亡的机构,没有固定的工作人员、办公地点和日常运营资金。它们缺乏进行跨学科研究的特点和必要的支持体系。学术机构中,与研究院所不同,系部作为单位的资源分配呈现出更为显著的分散状态。高等学府的经济布局模式决定了资金的主要流向是各个学院、系以及学科组织,从而导致每一个学科组织都坚守自己的领域和边界,警惕地防备其他学科的"闯入者"。因而在资金有限的情况下,如何配置大学的经费,成为跨学科研究领域面临的一大挑战,尤其是当不同学科合并时,背后的利益矛盾经常成为关键性的阻碍因素。在我国,高等教育长期受苏联学科、专业线性划分模式的影响,导致学科在大学组织结构和资源分配中起到了格外显著的作用。高等教育机构在资金分配上往往偏好那些较为成熟的学术领域及所属机构,这种做法似乎遵循了学科成长的自然顺序,但在某种程度上它却阻碍了新兴且有潜力学科的成长,以及跨学科领域的探索。众多美国高等学府亦采纳了一种去中心化的财务预算及分配机制,作为其核心的财务规划手段。这一策略常常使得资金流向各个学院和系部,作为其运作的基本单位。在这种资源匮乏的背景下,现行科研资源分配机制使得校级管理机构资金短缺,难以开启和维持跨学科研究项目。同时,学科部门在无法明确即时收益的情况下,不愿轻易将资源投入到跨学科研究领域。因此,在这样的架构中,学术机构如学院和系部掌握了丰厚的资金资源,导

---

① 刘仲林、宋兆海:《发展中国交叉科学的战略思考》,《中国软科学》,2007 年第 6 期。

致跨领域研究遭遇了学科间资源争夺的难题。

四、跨学科研究评价的文化困境

(一)学科文化的形成和内涵

学科文化是学科发展和演进过程中,因其自身知识领域的特点,本身具有的或者逐渐形成的价值体系以及规范体系[①]。学科文化的形成与学科演进过程密不可分。尽管在早古时期,出现过类似学科的知识分类体系,但其内涵与现代意义上的学科分类仍存在迥异的差别。无论是亚里士多德使用过的"物理学",还是色若芬使用过的"经济学",其概念都与现代意义上的物理学或者经济学不同:前者更像为了区隔有形与无形、哲学与实际,而后者更似某种家庭理财术。

学科的诞生在现代科学产生之后。17 世纪之前的科学呈现出一种缺乏组织的无规则发展状态。彼时的科学仍未摆脱宗教、哲学或者技术的影响而独立存在。17 世纪之后,现代科学逐渐形成体制化、职业化的发展状态。"科学家"不再兼任其他的社会角色, 而成为一种可以独立生存发展的专门职业。科学学会作为一种行业协会,尝试对科学家进行自我管理,如伦敦皇家学会和法兰西科学院。科学以实验为核心方法,替代了以思辨为核心方法的经学传统,科学独特的研究范式开始形成。

科学学会的创建为学科建制、学科结构的出现奠定了基础。学会首先聚拢了一批同行专业人士,科学团体形成并壮大,然后开始逐渐分化,形成了

---

① 吴叶林、崔延强:《基于学科文化创新的一流学科建设路径探讨》,《清华大学教育研究》,2017 年第 5 期。

独立的专门领域。例如，英国皇家学会在成立两年之后，开始在内部设立专门委员会，分别以机械、天文和光学、解剖、化学、贸易历史、自然现象、通信来命名。这些专门的委员会极大地推动了学科的建制化，其本身就是学科的最早雏形。除了学会，专业性的学术期刊也开始分门别类地刊登学术论文。例如，在 1665 年到 1702 年间，英国皇家学会出版的《哲学汇刊》按照物理学、生物科学、地学类、人类科学（生理）、人类科学（文化）、医药科学发表论文。

现代学科制度真正形成和确立是在 19 世纪[①]。知识的学科性质已达到了足以永久性发展的阶段，发现新知识、培养学术新人，可以自我循环发展、自给自足。标志性的变化是综合性学会日渐衰落，专业性学会出现。研究型大学、教育机构更加专门化，各学科的专业标准相继出现。学者的准入标准和训练流程等一系列的变化成为制度性的安排得以制定和执行，其他学科的知识逐渐遭到排斥。

回顾学科发展的历史，我们可以看到学科与科学之间有着内在的联系和共同发展的张力。学科是科学发展的结果，科学是学科出现的前提。学科在科学发展的历史上发挥了加速器和播种机的作用，推动了科学知识的专业化和精细化。学科同时承载了学者训练的场域和学者训练标准的双重作用，提供了学术规范和学术秩序，学科对知识生产的标准质量的把握也逐渐沉淀为学科文化，成为连接一代代学者的纽带，为科学的发展提供衔接动力。

学科文化不仅包含着知识的分类特点、学科内部独特的生态，还包含了如语言规范和制度规范在内的深层文化结构，以及更加超越性的价值观念和思维方式。第一，学科文化包含知识。学科发展中形成了独特的方法和认识，表现为一定的语言符号和思维方式。第二，学科文化包含规训。学科的规训隐含在学科学术生活之中，以不言而喻的方式为科学家所自动遵守。具体

① 华勒斯坦等：《学科·知识·权力》，刘健芝等译，生活·读书·新知三联出版社，1999 年，第 20 页。

表现为研究范式、评价标准、成果形式，以及奖惩规则、准入机制、培养标准等等。第三，学科文化包含行为方式。学科文化影响学科内成员交往方式。不同学科在工作方式、合作模式等方面会产生差异，并在下一代学者的培养过程中显现出所形成的文化元素。第四，学科文化包含精神信仰。学科文化最深层的内容包含着学术伦理和精神追求，是超越具体知识、规训和行为的存在，是学科文化中最抽象的存在，但是为学科共同体内部成员所遵守。学科的精神信仰表现为世界观和价值观。

(二)学科文化对评价的影响

学科文化会显著影响学术评价或科研评价，抑或评价标准就是学科文化的组成部分。学者最看重同行对自己学术水准的认可，尤其是小同行内部的评价更为重要。而相似研究方向的学者，其学习经历或思维方式都受到同样一种文化的熏陶。大家彼此共同信奉好的学术应该有怎样的结构、怎样的分析过程、怎样的方法演绎、怎样的呈现方式等。而这种标准的形成是在长期的求学训练和学术生活中养成的，并且在小同行学者进行学术交流和学术交往过程中得到反复确认后明确和固定下来的。受学科文化影响形成的学术评价标准具有隐匿性，一般不会见诸具体的评价指标之中，而是共同存在于学者共同体的思维之中，属于典型的隐性知识。

学科文化影响科研评价最主要的方式是依靠知识体系。学科独有的方法、研究视角会限定和形塑学者的思维路径，久而久之，习惯了的视角和方法会成为好研究的标准。同行学者们会更加青睐于使用了类似方法和研究视角的学术工作。中医学研究存在一个总的方向和趋向，即现代化。古老的中医体系与现代科学体系接轨需要全方向、多层次的研究。用现代生物医学的方法和概念，重新阐释和印证中医的疗效，是中医药学现代化发展的总基调。因此,中医学科研评价重视和青睐那些将中医学原理、诊疗原则放在现代科学框架下印证的研究。中医学的原理越基础,研究的意义越重大;中医与科学体系链接的越精细、越巧妙,会被认为创新程度越高。所以,中医学喜欢在多个层次,即细胞、组织、动物体、人体上,验证中医学的基本原理和治疗手段是否具有现代意义的科学性。类似的研究将被推崇,研究者将获得研究项目和研究奖励。例如,2014年,中国工程院院士张伯礼领衔获得的国家科技进步一等奖,名为"中成药二次开发核心技术体系创研及其产业化",就是将古老的药方进行了现代科学研究,阐明了其药效物质基础,改进了其工艺制造体系,提升了药品的药效。

学科文化还可以通过规训的手段将价值标准固化并代代传承。例如,管理学崇尚量化方法的运用。与多数社会科学学科不同,管理学学科格外重视量化方法的使用。管理学从诞生之日始就被打上了浓重的计量思想烙印。泰勒被尊为"现代管理学之父",且受到广泛的认可。在他的成名作《科学管理原理》中大量运用了实验法、对照法、计量法等自然科学方法,管理学从此走上了科学的道路。现在国内各管理学专业普遍开设《管理学概论》或《管理学导论》等相关课程。泰勒管理学思想及其量化的研究方法是其中讲解的重点内容,并且教师普遍会着重强调泰勒"现代管理学之父"的美誉,以及其思想作为管理学步入现代科学范畴的历史性作用。管理学专业的学生接受类似的教化和训练,量化研究高价值的印象会随着泰勒的文化形象和符号作用深深植入学生脑海并被奉为准则。学科文化的规训还会通过其他制度性的方式影响学术评价标准。中国较早开设管理科学与工程专业的大学是西安交通大学、天津大学等工科院校。他们是典型的理工科大学,学校主要的强势学科是工程学科。不少学校建设管理学专业的首批领导人都是工程专家转行。这些学科的早期情况决定了其必然受到工科量化风格的影响并且绵延至今。因为现在工科类大学中理工科学科仍旧强势,其校一级学术委员会的话语权仍掌握在工程专家、科学家乃至院士手中。

　　跨学科评价也会受到学科文化的影响,尽管跨学科并没有固定的学科及学科文化,但也可以在跨学科的学术活动中探寻一些类似学科文化的规律性行为。从跨学科的定义看,跨学科的本质是打破学科知识边界,将不同学科知识进行融合,而这种破坏学科传统、打破学科割据的行为本身就是文化符号。跨学科倡导的文化应该是包容、学习、沟通和创新。跨学科反对的文化或者无法在跨学科活动中获益的是狭隘、固定思维、从古,以某一学科和某一传统为尊。跨学科活动中可能会有一个主要的文化起主导作用。该文化可能来自某一强势学科,也可能来自不同学科间的共同之处。强势学科的强势文化可能主导跨学科活动的某一过程,但是融合和创新各个学科文化应是跨学科始终坚持的。如 DNA 双螺旋结构的发现过程是生物学和物理学的合作典范。生物学在此过程中属于强势学科,因为双螺旋配对规律等遗传知识在其间发挥主导作用,而物理学的 X 光衍射等知识更像是工具和方法。但沃森和克里克并没有因来自不同学科而产生冲突和隔阂,部分原因在于两位年轻的科学家都具有很强的包容性,能够接纳新的知识和文化。

(三)跨学科研究评价的文化障碍

　　1959 年 5 月 7 日,著名英国学者查尔斯·斯诺(Charles P.Sonw)在剑桥大学作了题为"两种文化与科学革命"的演讲,尔后以《两种文化》的书名结集出版。他认为人文学者与科学家好比生活在两个星球上的人,彼此之间存在着一种难以弥合的文化割裂,斯诺称之为"两种文化"[①]。斯诺的著名演讲引

---

① 刘仲林、魏巍:《第三种文化、中国文化和创造文化》,《天津师范大学学报》(社科版),2008 年第 3 期。

发了"两种文化"间的广泛争论,但这只是广义上的不同知识领域,即人文社会科学阵营与自然科学阵营之间文化差异和冲突的表现。从学科的角度来看,不同学科由于历史和自身学科特点的原因,在形成学科规训体系的过程中,凝聚了其特有的文化传统和价值取向。刘慧玲指出,学科文化是"人们在探索、研究、发展学科知识过程中积累并传播独有的语言、价值标准、伦理规范、思维方式与行为方式等"[①]。托尼·比切(Tony Becher)指出,学科性质决定了不同学科之间的边界,学科共同体或者说学术领域"就他们的基本意识形态、共同的价值观、共同的研究质量评价准则、对某一特定传统的归属、对学科内容及其框架的一致观点等而言,他们很可能以清晰的边界占据知识疆域"[②]。而包含在每门学科科研文化当中的价值标准,无疑会成为认定科研质量高低的重要标准。

　　自然科学与人文科学的价值取向就存在巨大差异。自然科学追求可检验、可重复性的知识,没有价值偏向性,不带有主观性,知识是可以被通用的科学语言——数学所表述的。比如我们所熟悉的物理学和化学通过解构自然规律的结构、探寻客观自然的事实而得到价值体现。而人文社会科学追求知识的意义,追求人的情感,具有主观性的因素,比如文学和诗歌必然承载了作者创作时的感情和心绪,伦理学则会讨论人性的善恶、美丑等问题,这些都不可能被数学语言所精确地表述,也不具有可检验性以及可重复性。因此,自然科学与人文科学的学科价值就在整体上凸显出这种差异性与冲突性:自然科学崇尚精确描述和客观中立的价值判断,而人文社会科学更关注人本身的精神气质和心灵家园。

---

① 刘慧玲:《试论学科文化在学科建设中的地位与作用》,《现代大学教育》,2002 年第 2 期。

② Becher T., Trowler P.R., *Academic Tribes and Territories*: *Intellectual enquiry and the culture of disciplines*, The Society for Research into Higher Education&Open University Press, 2001, 59.

价值标准的差异会导致跨学科研究人员的研究成果，在不同的学科接受评定时会受到不同程度的对待。例如,在数学领域,独著论文是常例,而且是争取终身职位的重要一步,而在化学领域,合著才是通常的惯例。在其他领域,论文可能有很多资深和资历浅的合著者。如果评议小组知道如何解读出跨学科合作中的研究人员的不同贡献，那么分析贡献大小的困难或许会少些,但是各学科的文化差异使得这个问题复杂化了。例如,在计算机和数学领域,论文的作者排序是严格按照字母顺序进行的;在其他领域,作者顺序则表明贡献的大小。在很多领域,最优秀的论文通常发表在期刊上;在其他领域,如计算机学科,研讨会是最有声望的发表机会。这些科研评价的文化差异使得对进行跨学科研究人员的职位评审变得困难重重。

(四)跨学科评价文化障碍的影响

申请项目的成败,取决于评审专家对其科研价值和学术水平的评估。学术评价中,实验手段的实用性、推理逻辑的严密性是多个学科共通的评判标准。学术价值的标准并非一成不变,它会随着资助机构的资助方向、学术团体的价值取向以及学科内的科研文化的变化而有所调整。研究领域的多样性导致了学科间的文化差异,这些差异源自各自独特的发展轨迹、研究范式以及探究主题的特性。哲学领域偏爱通过专著形式展现更为庞大而深邃的理论架构;管理学研究更注重于研究者所采用的管理技巧;中医界更倾向于运用现代科研手段,对在实践中验证有效的药方,从多个生命层面进行科学解读及其作用原理的探究;在计算机科学领域,国际上最杰出的科研成果常常选择在学术会议上发表。跨学科探索往往融合多家学术领域,这自然导致了多元评价体系的交织。全面迎合这些不同的评判标准是一项挑战,特别是面对那些异质性较强的学科价值观的审视和理解。此过程亟需通过不懈的学习和深入的合作来积累必要的经验。因此,依据美国某个著名文献中的观点,我们谨慎地不提出明确的评估方法,而建议根据涉及学科融合时体现的具体知识以及自身机构、评审主体的目的独立地制定评价标准①。

学科,不仅仅是拥有自身独特的价值取向和评价体系的微观文化圈层,同时它也遵守着一系列明确的科学规则,构成了一个无形、虚拟的社会性机构。从这个观点来看,可以将学科视为一个基本单位,它能够单独地发挥科学共同体的功能。科学界这一理念最早由英国思想家波兰尼(Michael Polanyi)在其著作《科学的自主性》②中引入,用以指代那些遍布整个社会、专注于科学探索的学者团队。继而,库恩(Thomskuhn),一位来自美国的科学史学者,对这一理念进行了扩展。他提出,科学界可以视为一群遵循相同学术规范的研究者的集合体。这些研究者们的研究方法和思维模式受到所遵循的学术规范的深刻影响,由此导致科学界形成了各个不同的级别和学科领域③。在学术领域的科研团队里,罗伯特·默顿(Robert Merton)所说的"累积优势效应"同样显著,这意味着那些已经取得极大成就并享有盛誉的学者,将会不断地获得更多的荣誉和认可,而那些尚无名气的新兴学者则难以获得应有的重视。跨领域研究者通常扮演着学科领域的新手和侵入者的角色。他们在不同学术领域中建立声誉的过程既艰难又缓慢,并且由于身份认同和派系归属的限制,他们往往不能频繁地参与到这些被跨越的学科中来,有时甚至很难被认定为所属学科科学共同体的一部分。学科领域的同行评审机制,本质上体现了学术共同体的自我治理原则,通过民主科学的评价手段,实施对

---

① Committee on Facilitating Interdisciplinary Research,National Academy of Sciences,National Academy of Engineering,Institute of Medicine,Facilitating Interdisciplinary Research,America: National Academies Press,2004,151.

② 刘珺珺:《科学社会学》,上海人民出版社,1990 年,第 168 页。

③ 托马斯·库恩:《科学革命的结构》,北京大学出版社,2004 年,第 44~47 页。

科学成就的表彰。因此,假如跨学科探究未能被接受为所属学科科学界的一部分,那么它获取奖励与认同的几率也将显著降低。

五、跨学科评价困境的案例

(一)离子束生物工程学的发展沿革

"离子束生物工程学"是我国学者余增亮等一批科学家,创立的一门横跨核技术科学与生物学两大一级学科的新兴交叉学科。从 20 世纪 80 年代末余增亮发现离子注入生物效应,继而开辟了"低能离子与复杂生物体系相互作用""环境低剂量暴露与健康""离子束遗传改良"等研究方向,到今天建成在国内外该领域享有中心地位的中科院重点实验室,并在"Vc 菌改良""花生四烯酸发酵"以及创制水稻新种质等社会实践领域取得了巨大成果。回顾这二十年的交叉科学研究历程,余增亮不无感慨地说:"创新之路难行,难就难在每前进一步都要付出极大的努力。搞学科交叉更要有勇气闯过文化背景关、评价体系关、管理体制关、专业氛围关和心理素质关。传统思想的束缚、专业语言的隔阂、部门条块分割的局限,都是在学科交叉融合中必须跨越的。"①余增亮所说的"文化背景""评价体系"和"管理体制"都是上文中跨学科研究评价障碍中所提到问题的具体表现。通过下面对离子束生物工程学的发展历程分析,可以了解到相应的跨学科研究评价以及管理体制的缺失对于跨学科研究发展的不利作用。

20 世纪 80 年代初,正当国内外学者利用成熟的等离子束注入技术,如

---

① 余增亮:《一门新兴交叉学科的创新历程——离子束生物工程学》,《中国科学院院刊》,2005 年第 6 期。

火如荼地开展离子束材料表面改性研究的时候,余增亮选择了另辟蹊径:既然等离子体能够注入金属体、注入半导体,那可不可以注入有机体、生物活体呢? 当时我们国家刚刚改革开放,人口众多,粮食资源远不如今天丰富。余增亮思考,农业和粮食问题是困扰我国发展的大问题,能不能用离子注入技术改良生物的品质,从而解决提高粮食产量这一难题呢? 他在自家的院子里先后试种离子注入后的小麦和大豆,然而结果并不一目了然:植株有高有矮、成熟有早有晚、果实有多有少。这样的结果与他想象中的"改性"相去甚远。跨学科研究举步维艰,各学科之间"隔行如隔山"。他邀请育种专家参与研究,应者寥寥,只有安徽农科院水稻所的专家答应试试。1985 年春季,麻雀把第一批播下去的用氮离子注入的水稻种子吃掉了。秋季再注入一批,并托人带到海南岛种植,那人回来说没有看到什么结果。余增亮并没有放弃,身为一名物理学家,从事跨学科研究需要了解生物学和农业知识,所以他经常和农学家、生物学家一起下田,随时向生物学家请教不懂的生物学知识。1986 年春季他们在合肥试验,水稻在离子注入后,如同搭载阿波罗飞船的玉米一样,叶片上出现了黄色条纹。这让他们信心大振,自此,离子注入诱变育种研究艰难地开展起来。

跨学科研究实验在缺少课题和经费的支持下难以为继。1988 年,余增亮在国家自然科学基金物理学部提出申请基金被否,基金会的评审专家认为从物理学原理看生物体细胞不满足离子注入金属等材料时所需的条件,但当时评审专家忽视了生物体并不像固体物理中描述的靶材料,因为生物大分子的原子排列有独特的空间构象,使得其本身就具有某种穿透性,所以是可以注入离子体的。由于余增亮的跨学科研究缺乏理论上的证明,基金会的同志给予的评价认为:想法很独特,基础还没跟上。余增亮意识到,发现现象固然重要,但弄清机理更重要。于是,他继续刻苦学习生物学的理论知识,

跨学科研究评价的理论与实践

提出能量沉积、质量沉积、电荷交换引起离子注入生物效应的"三因子"假说，用半年时间写出论文发表，1989年1月获得1万元学部主任基金的资助。5月，国家科委农村司派员调查，列为重点项目予以支持。9月，安徽省科委组织、著名水稻育种专家杨守仁教授主持的"离子束在水稻广亲和系选育中的应用"鉴定会召开，辐射生物学家徐冠仁院士写了书面意见，鼓励科技人员"知前人所未知，识时人所未识，为后人导新航，斯乃科学家之本色也"。1990年，这项研究选为离子束材料表面改性国际会议大会报告，这比其他国家同类文章发表时间早7年。

离子束在生物学中的跨学科应用研究在基金重点、重大项目，国家"八五""九五""十五"攻关等项目支持下得到了快速发展。1991年，在安徽合肥等离子体所组建国内外第一个离子束生物工程学专业研究室，吸引生物学人才，并大量招收生物、物理、化学和工程学科背景的研究生，从事相关的跨学科研究。不同专业背景的人相互讨论、不同学科思想相互碰撞，十分有助于创新成果的产生。物理学博士获得一张离子束照射细胞的扫描电镜照片，与生物学博士合作研究，萌发了借助离子束转基因的思想。研究室安排3个博士生小组用不同的材料独立进行离子束介导转基因试验，1993年在国际上发表论文，这又比国外同类工作早了6年，获安徽省自然科学奖一等奖。生物学的学生发现，离子注入生物体，不论是生物种子、细胞还是大分子，在低剂量段出现反常辐照损伤的奇异现象，即存活率随注入剂量增加呈现先降后升再降的趋势。一开始，研究人员怀疑是离子注入参数误差造成的。于是，在物理上，改进了装置，增加了在线剂量检测靶；在生物上，严格实验操作，结果还是一样。他们用"三因子"假说解释反常辐照损伤的原初过程，论文于1994年在国外发表，获中国科学院自然科学奖二等奖。几年后，国外才发现这一现象，称这一现象为"反常辐射敏感性"，现已成为辐射生物学研究的热点之一。

为了验证"质量沉积"假说,为了简化模型将生物小分子作为研究对象。当氮离子注入不含氮的乙酸钠时,产物中检测到甘氨酸钠。后来的实验进一步证明,氮离子注入水可形成氨,而碳离子注入氨水,可形成氨基酸。现今,辐射物理化学界越来越重视对这种非对称合成反应现象的研究。更重要的是,他们把这类实验与生命起源结合起来,"低能离子在生命化学起源和星际分子形成中的作用"的思想由此产生。这一新的跨学科探索得到基金的资助,1998、1999、2000 年分别在国际会议上作为"邀请报告"。实际上,自然界的雷电、火山喷发、放射性元素衰变等都可能产生低能离子,而在太阳风和星际分子中,低能离子占大多数。在地球演化过程中,低能离子对生物进化和人类健康可能产生影响。实验室在国际合作研究中,吴李君博士模拟氡气放射的粒子对哺乳动物细胞的诱变作用,发现细胞存在核外损伤的目标,也就是说,居室环境中氡气的危害性比原来估计的要大得多。该文章在《美国科学院院刊》上发表,引起普遍关注。

学科交叉使实验室课题不断出新,而且,实验原理一旦验证,马上就投入了应用。1994 年以来,离子束生物技术已育成 13 个新品种,均已通过安徽、山东两省的审定,获得一批如对生玉米、显性矮秆水稻和高光效水稻、高蛋白小麦等育种材料,创造了显著的社会经济效益。实验室育成 6 个新菌株全部转让或产业化。其中维生素 C 高产菌转让江苏江山制药和东北制药总厂,在 180 和 300 吨罐发酵糖–酸克分子转化率最高达 97%;花生四烯酸高产菌及发酵技术产业化,在 50 吨罐发酵,花生四烯酸占总脂 50%,二者处于国际最高水平。迄今,离子束生物工程学原理在国内应用广泛,并逐渐向国外传播,国内外已建立 5 个专业实验室,形成了一个新的研究领域。

笔者在对余增亮研究员的访谈中了解到,除了"等离子体育种技术"以外,他所做出的科研成果有多项都属于涉及多个学科的交叉成果。余增亮将自己所有的科研成果拿到某一学科或者学部申请院士的时候,某一学科或学部的专家由于不清楚跨学科研究中所涉及的本学科之外的知识,所以没有认定余增亮跨学科研究中包含的所申请学部之外的成果。这样,余增亮只能以全部跨学科研究成果中,被该学部认定的一部分属于该学部领域的成果参加院士的竞争。余增亮无奈地表示,"拿自己的一部分成果去和其他申请者全部的成果比,就算成果再大也是比不过的"。笔者询问余增亮:"为什么不能由跨学科研究所涉及的各个学部来一起认定您的成果呢?"余增亮表示,并无这种先例。"离子束生物工程学"科研成果在转化成生产效益和社会效益方面取得了显著的成就,但相应的跨学科研究课题以及跨学科研究人员成果认定和评审机制方面缺乏对跨学科研究有效地助推和引导,使得跨学科研究评审只能依靠实践中产生了一定的成果和效益之后,才能反过来得到认定。所以师昌绪院士曾在谈到"等离子生物工程学"的例子时说,"此事引起基金委员会领导和学部工作人员的高度重视。除了鼓励自由申请项目(面上项目)交叉学科的申请外,基金委员会在重大项目中有意识地把不同学科领域的科学家组织在一起,为交叉学科的发展创造条件,如在'九五'组织的50个重大项目中就有23项为跨学部交叉项目。在国家科委组织的攀登项目中也要以交叉学科为主。但是值得注意的是,在这种大项目执行过程中不要成为拼盘,而要成为真正的有机体"①。

---

① 师昌绪:《基础研究实行基金制 要重视学科交叉》,《中国科学基金》,1997年第2期。

(二)中国航天医学工程学的发展历程

2022 年 4 月 16 日,中国载人航天飞船神舟十三号完成了 183 天的空间站工作后,其载人飞船返回舱在预定地点顺利着陆,翟志刚、王亚平、叶光富三名航天员身体状况良好,神十三载人飞行任务圆满成功。神舟十三号飞船创下多项中国航天纪录,其中包括首次女航天员出舱活动。英雄航天员能够顺利完成飞行、出舱以及长时间的在轨工作,背后离不开一支航天医学工程科学家队伍的默默付出。以陈善广为代表的航天医学科学家,经过几十年的辛勤探索,建立了一套较为完整、特色鲜明的科学知识和工程实践体系,为我国载人航天取得辉煌成就做出了突出的贡献。然而,航天医学工程学作为一门新兴交叉学科,因为其无法归入传统的学科体系之内,其学术评价一度受到了限制。中国载人航天副总设计师陈善广教授曾因学科归口问题落选院士。直到 2013 年,载人航天领域才出现第一位院士。

航天医学工程学是一门以研究解决载人航天中涉及人体医学和相关工程问题的新兴交叉学科。航天医学工程学是以系统科学为理论出发点,利用现代科学技术构建与航天医学相适应的科学方法和工程技术知识,研究载人航天活动对人体的影响及其特征规律,研制可靠的工程对抗防护措施,设计和创造合理的人机环境,寻求载人航天系统中人、机器和环境之间的优化组合,确保航天活动中航天员的安全、健康和高效工作的学科。航天医学工程主要有 13 个研究领域或者研究方向:第一,航天环境医学。第二,重力生理学。第三,航天细胞分子生物学。第四,航天工效学。第五,航天心理学。第六,航天员选拔训练学。第七,航天实施医学。第八,航天营养与食品工程学。第九,航天环境控制与生命保障工程。第十,航天服工程。第十一,航天生物医学工程。第十二,航天环境模拟技术。第十三,航天飞行训练仿真技术。总的来说,航天医学工程学是一门典型的医学和工程学相互交叉学科,融合了生物学、医学、电子学、力学、机械工程学等多学科知识的综合型工程体系。同时,航天医学工程学的学科建设和发展始终坚持系统论的指导思想,围绕航天员安全和高效工作的主线,强化各个子学科之间的关联和融合,构成了一个综合性的、交叉性的学科群。

在我国,随着载人航天技术的发展和成熟,航天医学工程学也经历了从无到有、从有到优的历程。我国航天医学工程学总体上经历了四个发展阶段。20世纪50年代到60年代末属于萌芽期。早期的宇宙医学研究开始转向航天医学工程学。到20世纪70年代初,航天医学工程学的名称开始被确立下来。20世纪70年代到90年代属于形成期。中国返回式卫星技术和生物搭载舱技术日臻完善,载人航天的课题开始立项研究,为航天医学工程学科确立了基本的研究问题和发展脉络。到了1992年,国家"载人航天工程"得以正式启动。在明确目标的指引下,航天医学工程学得到了各方的支持,其学科框架进一步明确,学科内涵得以快速的充实和发展。1992年到2002年的十年是航天医学工程学的发展期。2003年,"神舟"5号实现了中国首次载人航天飞行实践,充分验证了航天医学工程学理论与实践的可靠性和科学性。2005年"神舟"6号多人多天飞行以及航天员空间在轨的各项实践成功,2008年"神舟"7号航天员出舱活动相继成功,标志着航天医学工程学逐步走向成熟。2008年,陈善广教授在充分总结和梳理航天医学工程发展历程的基础上,于《航天医学与医学工程》杂志上发表了题为《中国航天医学工程学发展与回顾》的文章,首次明确了中国航天医学工程学科的学科体系和方法论,并且初步框定了该学科的学科边界和学科特色。

航天医学工程学具有两个最具特色的人体工程系统,即航天员系统和航天器环境控制与生命保障分系统。载人航天飞行实践考验了航天医学工程学的理论与技术,形成了航天医学工程实践的若干新突破。第一,创建了航天员选拔训练体系。第二,创建了航天员医监医保体系。第三,航天环境医学指导飞船适人性设计。第四,环控生保工程突破微重力适应难题。第五,掌握了多人乘组选拔训练与医学保障技术。第六,突破并掌握了舱外服研发技术,建立了先进的舱外服体系结构和研发平台,"飞天"舱外服的整体性能达到国际先进水平。

　　航天医学工程学有着明确的发展方向和值得预期的未来,它将会沿着空间实验室—空间站—载人登月和火星探测的路线进行发展。同时,新的学科发展带来了新的挑战,航天医学工程学将会围绕航天员中长期航天飞行中的航天员选拔训练以及健康维护、航天特异环境效应防护、舱外航天服研制、空间站居住系统医学工程等一系列科学问题展开。然而,就是这样一个对中国航天事业做出突出贡献的学科,却因为处于学科交叉的地带而遭遇尴尬。2009 年,中国工程院新增院士名单公布,中国航天员科研训练中心主任、航天医学工程学领域的首席专家陈善广,却因为"申报领域不合适"而在第二轮被淘汰。陈善广解释说:"我是在机械与运载工程学部申报的,但我的研究对象又不是火车、飞机、火箭,而是飞行中人的医学与工程问题,实在差距太大。可如果申报医学似乎也不合适。"陈善广还说:"载人航天工程这块金字招牌,既有利也有弊。不论是经费申请,还是重点试验室设立、基础研究项目申报,常常由于这项尽人皆知的国家工程被挡在了外面,相关基础研究得不到多方面的支持。"航天医学工程学因为并不是传统的机械工程、力学学科,也不是传统上的医学学科,而受到了限制。2009 年前后,国家尚未意识到为学科交叉和新兴学科预留出相应的位置,不少处于学科交叉地带的科研成果和科学家都难以得到支持和认可。"都说交叉学科是创新的增长点,但目前这种学科设置,很难让我们这类处于边缘的交叉学科得以发展。教育部的《授予博士、硕士学位和培养研究生的学科、专业目录》是 1990 年由国务院学位委员会和国家教育委员会联合下发的,之后在 1997 年又重新修改颁布过,现在已经过了 10 多年。这些年科学发展日新月异,许多新学科应运而生,可我们的管理却没有跟上。"陈善广表示①。

---

① 游雪晴:《新增院士名单公布 交叉学科发展处境尴尬》,科学网[EB/OL]https://news.sci-encenet.cn/htmlnews/2009/12/225876.shtm.

第 5 章
跨学科研究评价的新理论

一、跨学科研究评价原则的重构

(一)评价标准的有效性

跨学科研究产生的绩效和影响是广泛的、长期的甚至是非预期的。鉴于此，对跨学科研究的评价需要通过各种直接和间接的途径提高测评标准对跨学科研究评价的有效性。哈佛大学的研究小组[①]评价跨学科研究的第一个标准是跨学科研究与多个先前单学科知识的一致性程度。跨学科研究在学科边界进行探索的时候，研究与原有学科知识之间的关联程度，包括方法、概念以及学科评价标准等需要满足不同学科的要求。例如，圣塔菲研究所(Santa Fe Institute)的科学家希望他的一项技术——利用电脑模拟文艺复兴中的政治历史可以满足自然科学和历史学科的双重标准。自然科学的理论

---

① Mansilla V.B., Assessing Expert Interdisciplinary Work at the Frontier:an Empirical Exploration, *Research Evaluation*, 2006, 15(1):17-29.

跨学科研究评价的理论与实践

希望可以条理清楚地解释尽可能多的不同现象，而史学家则更关注历史人物之间的相互关系。如果跨学科研究成果不能满足现今学科知识的理论和预测,则要么顺应学科标准要么增加新的解释性标准。虽然与原有学科之间的联系提高了跨学科研究的可靠性，但是显然跨学科研究的评价标准不能是学科标准的线性累加，需要以学科标准为参考突出跨学科的研究整体性和各个学科间的平衡性。

除此以外，当今科研领域的评价标准包括专利、出版物和引用的数量，大学、基金以及期刊的名望,同行以及学界的认可。然而这些评价标准依靠同行评议等社会性程序,却对什么构成了可靠的跨学科知识避而不谈,而且本质上代表的是学科的评价体系和程序。真正触及跨学科研究本质的评价标准需要从科学研究的结构和跨学科研究的特征里寻找。评价科学研究的本质属性应该考察包括实验的严谨性、所收集数据与理论之间的一致性、对先前学科中悬而未决的问题的解释力等标准，而跨学科研究的基本特性是建立了多个学科领域之间的有效联系、形成了对复杂问题的新理解、培养了研究生和大学生在多个学科进行工作的技能。评价跨学科研究的价值重要一点是寻找跨学科研究产生的新知识对理论和实践的直接贡献。有些跨学科研究计划规模是如此之巨大,以至于增进了多个领域新的认识。具体例子有雷达研制、曼哈顿工程、人类基因组计划、全球气候模拟以及光缆的开发。现在的一个实例是对嗜极生物——在极端物理化学条件下生长的微生物——的研究,这是新兴的地球微生物学的一部分。嗜极生物的存在改变了生物学和地质学,扩大了我们对地球生命起源的认识。研究产生的新知识提供了陨星撞击地球的地外生命起源说的可能,以及生命在极限条件下(化学合成支撑的深海热液口处)可以存在的证明。嗜极生物的存在还改变了有关黄金和硫化物等矿床过程的形成和调度的传统地球化学观念。显然,传统的学科标准不足以评价跨学科研究，而且过分强调先前学科的标准是一种保护现有学科知识的保守主义观点，不利于突破学科樊篱和创新跨学科研究知识。

(二)评价标准的相对性

跨学科研究的质量是由一个群体在特定环境之中的相互关系以及该群体目标所决定的相对概念。评价者需要综合考虑跨学科研究的发展状况、评价所要达成的目标以及评价机构的制度和文化乃至相关利益群体的价值取向,最终协调各种指标和方案,形成独特的评价体系。跨学科研究涉及多个学科,其中每个学科在获得相应的学术认同、学科地位以及建制的过程中,逐渐形成了自身特殊的研究方法、学科语言和价值体系,并以此为基础构建出了该学科所特有的学科文化体系。学科价值和文化的多样性使得跨学科研究需要在研究中不断调和不同学科文化之间的差异，形成跨学科研究统一的价值认同。协调不同学科价值的结果,首先有可能形成综合了所有学科价值取向特点的价值体系,学科价值取向重叠的部分得以保留或加强,学科价值取向不同的部分相互补充，成为可以涵盖跨学科研究中所涉猎学科价值取向的新价值体系;其次也可能在不同学科价值取向博弈的过程中,根据研究对象的特点或者跨学科研究人员学习其他学科知识的情况，选取跨学科研究中偏向的某一学科或者某母学科的学科价值，作为跨学科研究的价值取向。而对跨学科研究进行评价,正是跨学科研究评价主体,对在这种跨学科研究价值取向下形成的价值,进行认定的过程。跨学科研究价值的差异性导致了评价主体难以形成单一的价值评价标准。正如美国《促进跨学科研究》报告所说,"本报告不敢冒昧建议具体的评价测度;那最好由参与跨学科研究的机构根据自己的目标和文化各自进行"①。

不仅仅是价值取向存在差异性导致了跨学科研究评价标准的相对性。跨学科研究评价活动本身就存在着众多的变量，其中包括跨学科研究开展的领域（比如自然科学内部交叉、人文社会科学内部交叉以及自然科学和人文社科之间的交叉）、跨学科研究评价的对象（比如项目、人才、团队）和目标。跨学科研究目标的多样性最为显著地促成了跨学科研究评价标准或者指标产生多变性和相对性。根据前文所述，跨学科研究的驱动力有多个：自然和社会固有的复杂性、探求学科边界的好奇心、解决社会问题的需要以及创造性技术的刺激。除此以外，芬兰科学院在对其资助跨学科研究的调查报告指出②，科研人员选择跨学科研究作为研究方法的最主要目标，还有来自认识论上的考虑。对受访者的调查显示，科研人员更喜欢从方法论上选择跨学科研究方法，从而结合来自不同学科的现实方法和研究策略，目标通常是检测假说、回答问题或者发展理论。相比之下，从理论和概念上采用跨学科研究方法的研究人员就少得多，因为吸取不同学科的概念、整合不同领域的理论体系的困难要大得多。另外，像从事应用和产品研发的研究者们更加重视跨学科研究的可行性、实用性和影响力，而运用理论算法模型解释复杂现象的论文，常常需要有简明、简洁的理论形式和强大的预测力。例如，圣塔菲研究所（SantaFe Institute）的数学家对解释创新行为和网络行为的数学理论进行评价时，更青睐该理论预测未解决的生命现象和社会现象的能力；而在麻省理工学院医学与新技术整合研究所（Center for the Integration of Medicine

---

① Committee on Facilitating Interdisciplinary Research, National Academy of Sciences, National Academy of Engineering, Institute of Medicine, *Facilitating Interdisciplinary Research*, America: National Academies Press, 2004, 151.

② Bruun H., Hukkinen J., Huutoniemi K., Klein J.T., *Promoting Interdisciplinary Research: the Case of the Academy of Finland*, Helsinki: Academy of Finland, 2005, 157.

and Innovative Technologies），人工合成人体肝脏血管技术的科学家们更加关注，该技术是否可以"移植"到器官移植手术当中去。

　　跨学科研究具有复杂性以及多样性的语境，形成单一固定的评价指标是不合时宜的。提取适合评价跨学科工作的认知标准，需要从分析知识的原始创新环节入手。使用诸如新颖的实验方法、翔实的原始材料、精确的研究程序等，过于具体细致的评价标准，在解释跨学科研究目标的多样性和跨学科特性方面是失败的。而宽泛的标准（比如一致性、精确性、经济性）适合于解决与跨学科整合相联系的宏观问题，但是又很难形成有操作性的指标。以价值取向和目标为代表的诸多变量使得关注跨学科研究评价的学者形成一个共识，即重新设计一个过程或者指标比使用单学科的评价参数来评估跨学科研究的价值更合适。朱莉克·莱茵（Julie T.Klein）提出理解跨学科研究的过程和评价跨学科研究的过程是相似的，跨学科研究及其评价过程需要以构建主义哲学为基础。[①]恰当的跨学科研究评价是构建的（made）而非赐予的（given）。发展跨学科研究评价理论需要评价传统科研质量的指标配合经过拓展的评价指标一起完成。而迫使跨学科研究形成单一最优或者适用全部跨学科研究的评价方法，可能与跨学科研究多层次性和语境特殊性的本质相违背。

（三）评价标准的整合性

　　虽然跨学科研究评价活动存在众多变量，难以形成高度统一的评价标准。但是无论是对什么样的跨学科研究活动进行评价，其实质都是回答什么样的研究具有高质量、高可靠性和高价值的问题。换句话说，我们可以通过探求"成功的跨学科研究应该具有哪些特征，哪些因素又影响着跨学科研究

---

① 　Klein J.T.,Evaluation of Interdisciplinary and Transdisciplinary Research——A Literature Review,*American Journal of Preventive Medicine*,2008,35(2S):116-123.

的质量呢？"这样的问题来寻找答案。

学者们广泛地认为"整合"（integration）是跨学科研究的关键特征。关于整合的概念，在 2006 年美国科学促进会的讨论会上，"整合"是四大热点话题之一，其内涵为"达成有效的综合"。瑞士学者在《评价超学科研究》的报告中认为，整合是依靠充足的工具和方法将单独的子项目或者研究组结合起来，形成了超越个体简单叠加的整体。[1]达成整合有四种组织方法。第一，集体共同研究方法。此方法的特点是，研究的结果反映研究组作为一个整体所共同了解和掌握的知识。在研究范围确定以后，根据专业与兴趣，把任务分配给各个研究成员，分头进行研究，写出初步分析报告。全组共同对这些分析报告进行评论，然后这些报告再重写。这个过程一再反复，其间还可以请外部专家评议，直至研究组和项目领导人感到满意为止。此方法降低了各个专业在最后研究结果中的重要性，并以牺牲各个小组成员分析中的技术深度而换取了综合效果。第二，运用模型的组织方法。模型是现实世界的简化，它可以包含各种重要因素的相互之间关系。跨学科研究所需模型可以由研究组自行建立，也可以从外单位引入。研究成员在各自的专业范围内采集数据输入模型，通过模型将各个专业的有关知识连接起来。第三，专家之间磋商的方法。各有关专业的专家们在接受了任务以后，在各自专业范围内可以运用必要的专门理论及复杂方法进行研究。然后专家们通过协商，反复修改自己的研究结果，以内在地反映其他专家的发现，从而使他们的研究结果连接起来。这个方法的特点在于保存了个专家的专业分析研究方面的深度，但也有可能使研究变成多学科研究。第四，项目领导人综合的方法。有项目领

---

① Rico D., Antonietta D., Evaluating Transdisciplinary Research, 1999[EB/OL].[2011-03-23]. Panorama：Swiss National Science Foundation Newsletter，[2011-01-13].www.ikaoe.unibe.ch/forschung/ip/ Specialissue.Pano.1.99.pdf.

导入分别与各个小组成员交流,消化各成员的研究结果,最后进行综合。这个方法不鼓励研究成员之间的交流,一般来说,不容易达到有深度的分析。

哈佛大学的项目小组[1]强调把整合作为跨学科研究评价的准则,即将种种不同观点整合为有机、和谐的整体时团队表现出的平衡性。评价跨学科研究需要检验各学科观点是如何结合在一起的,并且各种观点在形成整个团队的过程中所扮演的相对角色是什么。以一个典型的科技伦理问题——人类是否可以"克隆人"的问题为例。有效地解决该问题,需要至少依靠法学和伦理学两个学科的努力。从法学的角度看是否应该禁止克隆人,人们发现没有可供依据的法学理论和相似的法庭案例可以作为类比参考。显然,需要先从伦理学和哲学的角度思考什么是"克隆人"以及为什么不能克隆人类。但是,如果从哲学和伦理学角度探讨该问题获得了一致的看法,而不通过立法的手段有力执行的话,就容易陷入相似的古代道德命题的循环追问中。所以,当学科观点发生冲突的时候,谈判和协调的工作是不是能够有序地展开,是评价跨学科研究进程的重要标准。跨学科研究的整合更像是维持团队创新的张力和不同学科观点在竞争和结合的过程中公正、合理的妥协力。整合的建立过程需要在协商和妥善处理各种张力的同时,准确制定适应团队的自身标准。学科观点间系统性的交流和不断的调整、理解自身角色,可以减少整合中出现不足的可能性。认清各学科之间的差异,通过协商减少误解有利于快速形成跨学科研究模式,并以此模式为基础促进相互学习和共同目标的形成。随着新见解的产生、学科关系的重新界定和跨学科理论框架的建立,标志着整合机制的基本形成。不过,在种种学科异质性知识的混合中,必须强调做出妥协的重要性,而最佳选择可能是偏向一方的或者经过协商得出新的一致意见。

---

① Mansilla V.B., Assessing Expert Interdisciplinary Work at the Frontier: an Empirical Exploration, *Research Evaluation*, 2006, 15(1): 17-29.

跨学科研究评价的理论与实践

整合团队不同观点的能力主要表现在跨学科团队所具备的"软件"和"硬件"条件上。2006年,阿兰·波特(Alan L.Porter)提出了类似的观点,其在文章中罗列了各种影响跨学科整合过程的因素,即环境因素包括资助、专业定位、体制支撑和管理跨学科研究因素包括团队、认知、处理难题和技术分类。[1]跨学科研究团队整合力的"硬件"是指该团队具备使参与其中的研究人员有良好的交流思想、共享数据的条件和机制。比如,团队成员有经常见面交流的机会。无论是研究人员同处一地,可以经常开会或者在非正式的场合见面,还是通过电视电话会议、电子邮件等方式,保证跨学科研究人员可以有效地交流和沟通。除此以外"硬件"条件还包括存有接受博士后和访问学者的能力,具备扩大联系范围的条件。团队整理力的"软件"条件主要表现在,跨学科团队领袖的领导力,即整合不同学科学术观点达成平衡的能力,以及调和不同人员之间矛盾、推动形成激励跨学科观点有序碰撞氛围的能力。

芭芭拉·格蕾(Barbara Gray)归纳了三种跨学科研究的领导力类型。[2]认知任务类型将领导跨学科创新的过程视为领导管理思想的过程。领导通过构建各种目标以及实现目标的方法,引导一条管理其他人思维的精神路线图,并在这个过程中提升个体的创造力。该类型的领导需要具备强大的个人魅力和魄力,可以强有力塑造下属的愿望,积极影响跨学科研究的团队绩效。在跨学科合作中,该类型的领导可以将下属自身的学科概念和研究目标与跨学科团队的任务连接起来,从而激励下属、推动跨学科研究。结构任务类型要解决的是跨学科团队内部或者团队与外部关系人之间合作和信息交流的需求,使得合作和信息交流变得顺畅,并且通过创造社会资本和利用各种

---

[1] Porter A.L.,Roessner J.D.,Cohen A.S.,et al.,Interdisciplinary Research:Meaning,Metrics and Nurture,*Research Evaluation*,2006,15(3):187-195.

[2] Gray B.,Enhancing Transdisciplinary Research through Collaborative Leadership,*Am J.Prev Med*,2008,35(2):124-132.

社会关系的能力提升团队整体绩效。过程任务类型则通过各种分解任务如设计各种类型的会议、确定团队基本规则、建立互信以及保证有效的交流(甚至在必要时剔除某个成员),确保团队成员富有建设性和成效性的交互活动。

与这种将跨学科研究的整体性视作标准的观点相反,有的评价机构将跨学科研究中涉及的学科分裂开来,完全按照各个单学科的标准各自评价。用孤立的观点看待跨学科研究不是不可以而是远远不足够,因为难以捕捉跨学科研究作为整体的知识构成。学者们经常批评跨学科研究同行评议小组的专家们,虽然其学科背景覆盖了跨学科研究中全部的学科门类,但是评价的过程是孤立的。

二、同行评议理论的修正

前文在几个部分中逐步论述了跨学科研究的特点以及同行评议方法的主要理论和方法。鉴于跨学科研究的复杂性、跨学科性以及研究成果的滞后性和不可预见性,使得难以找到准确意义的同行并且在可控的时间点准确获取跨学科研究的成果信息。下面本书针对跨学科研究特点提出改进同行评议方法的进路和建设跨学科研究评价专家库的各种机制,尝试改善同行评议方法不适应跨学科研究的局面。

(一)改进同行评议方法的进路

跨学科研究的评审机制主要需进行两项调整:首先,对参与跨学科评审的专家与提交申请的研究者进行职能明确。其次,构建一个公开透明、持续有效且涉及多轮互动的评估体系。评审人员不再仅仅是学术的守护者,而是跨学科研究实践的积极参与者。跨学科领域的申请者参与评审过程,协助评审团队把握复杂性与创新性,充当评审专家的支持和辅助角色。再次,建立由不同学科领域专家组成的综合性评审团队。由多领域的学者团队,其中包括精通多个学科领域的专家,共同构成一个综合评估小组。该小组从宏观与微观的视角全方位掌握评估流程,确保跨学科研究的评价既全面又具备一定的实践操作性。以下将分别针对这两个层面进行详尽的探讨:

1.重构跨学科研究评审流程及其评价双方的职能定位

同行评审的专家肩负着对学术成果进行严格审查的重任,充当着科研质量的监护者角色。他们的主要职责是根据官方设定的评估准则,对提交的研究项目或科研成果的学术价值进行评估,随后以书面或口头的方式,将评估意见反馈给相关部门负责人,以便负责人能够审视并决定哪些项目值得获得资助。科研资助机构普遍按照相似的准则挑选同行评审专家,这些专家通常在其领域内拥有显著的影响力。在关键或需慎重权衡的繁杂科学研究评价活动中,愈加显得挑选最具影响力的资深权威作为同行评审专家的重要性。因此,大量同行评审专家在该领域内享有学术声望,积累了丰富的科学研究经验,并具备参与科研评审工作的经历。由于同行评审专家长期形成的职业习性,和他们所享有的学术等级,以及他们拥有的高权力属性,使得在评价过程中出现评议者和被评者之间地位的极度不对等。在面临一项具有探索性和创新性的跨学科研究项目的评审申请时,至关重要的是要重新定位评审专家与申请者之间的职责分配关系,力求根除将评审专家被视为申请者指导教师的不当观念及相应做法。设想一下,若评审专家们的洞察力已经达到了如此精湛的境界,那么为何还需要申请者的申请研究呢,由评审专家直接代劳即可。在现实中,某些管理者对于评审人员的观点缺乏筛选、一概接受,结果申请者变成了无法辩解的"不在场被告"。跨学科研究项目申请获得成功,一定是申请者、评审专家和科研资助方群策群力的结果。斯蒂芬·赫尔舍(Stefan Hirschaue)[1]提出,学术论文的初步审查应当涉及创作者、评审员与出版者的共同努力,以确保最终稿件符合发表标准。跨领域研究项目的成功,同样仰赖于不同领域专家的协作与共同努力。

申请者在同行评审环节通常扮演着几乎是完全被动接受评估的消极角色。当跨学科研究缺乏精确的同行评审时,申请者应主动与评审团队交流,促使他们对申请的项目有深刻的认识,并协助他们掌握相关的学科知识。因为申请者通常是那些对其跨学科研究有更深刻理解和精确把握的研究专家。英国研究委员会下属的咨询机构(简称 ABRC)发布了一份名为《同行评审》[2]的研究报告。针对跨学科研究的评审人的选取,建议如下:申请者有权提名至多两位评审专家,而研究管理机构至少应确认其中一位作为评审,同时评审专家团的成员需知晓这些专家是由申请者所推荐的。在特定环境里,申请者理应有权指出(阐明原因)他们不期望参与评审的评审员。提议拓展评估人员的挑选范畴,确保那些冲破旧有思维模式的科研项目得到合适的判断,评估专家的见解至关重要,但不应导致对创新思维的压制。

德国一项研究项目(Sonder Forschungs Bereiche,简称 SFB)[3]是得到其国家主要科研资金的管理者——即"德国研究协会"(Deutsche Forschun Gsge-meinschaft,简称 DFG)支持的跨领域探究计划。每个 SFB 由 10 到 20 个研究团队构成。各个团队均由多样的学科背景构成,他们却共同源自一个都市的若干独立研究院所,这样的安排确保了不同领域间研究的流畅互动。参与评价过程的主体涉及从事 SFB 跨学科研究项目的学者群体、负责同行评审的专

---

①　Laudel G.,Conclave in the Tower of Babel:How Peers Review Interdisciplinary Research Pro-posals,*Research Evaluation*,2006,15(1):57–68.

②　转引自包国庆:《关于国家自然科学基金跨学科研究管理的思考》,《科学时报》,2006 年 6 月 5 日。

③　Laudel G.,Conclave in the Tower of Babel:How Peers Review Interdisciplinary Research Proposals,*Research Evaluation*,2006,15(1):57–68.

家以及管理 DFG 资金的官员。基金管理团队囊括了负责 SFB 特别委员会的专属人员。首先,DFG 的管理层从评审专家资源库以及申请人提交的潜在同行评审专家名单中挑选出评审人员。评估过程按以下步骤进行:1.筛选合适的专业人员。挑选评估专家的标准包括专家的能力;是否存在与申请人之间的利益联结或亲属关联;所有专家是否已经涵盖 SFB 涉及的所有领域知识。2.SFB 的各个小组被分配4至5名来自 DFG 的评审专家。评审人员从 DFG 获取评审准则,鉴于跨领域专家未能全面掌握所有跨领域问题,因此评审人员开始研究项目提交的申请资料,并拟定相关问题。3.评议人员调查 SFB 的实验室。整个评审过程全面公开透明,评议人员之间以及评议人员和申请人员之间毫无匿名的可能。4.组织评议人员和申请人员的座谈会。被评审者针对评审团队在专业领域的固有思维(即他们倾向于关注自己专业的领域)进行精确的疏导,并对该课题组的探究细节向评审团进行阐明。利用此次时机,申请者们进一步为他们的研究目标及资金申请进行了阐述,评审们也借此获得了深入学习跨学科领域知识,深入了解跨学科研究团队工作的机会。5.举行评审专家预备会议。参与者们首次对 SFB 的各个研究小组的成果进行了审议,初步形成并确认评价等级,并设计了下一步针对申请者的询问方案。6.组织评估专家和申请者参与的项目申请交流会。申请者对评审团提出的议题进行正式的陈述回应。7.评议人员单独进行的秘密会议。评估专家们将对小组研究及 SFB 综合性跨学科项目进行独立而全面的评审。评估小组研究的准则涵盖了创新与实用性、项目候选人的管理技能和资质;而跨学科研究内容的评价则着眼于学科知识间的相互作用、所采用的工具与方法、协作的进展,以及是否需要招募额外的专家来参与 SFB 某一研究领域的管理。官员们隶属于 DFG,他们的出席旨在平衡各个小组评审的意见,防止其过分倾向于特定学科的视角。

SFB 对某一研究机构或研究部门的评审是三年一次的连续执行的,由相同组别的评审员进行更跟进式的深入评审。持续性的观察和评审进程,保证了评估人员建立起一种关键的能力,即通过长时间的交流以及申请者与跨学科评审专家互相学习。通过相似的途径和方法,即便原本对跨学科研究不太熟练的学者,在经过持续深入的学习、激烈研讨过后,以及与申请者及与会学者广泛交流后,逐渐转型为能够熟练评价跨学科研究的专业人士。在此环节中,不会设置任何独特的评审准则。该项目的亮点有两个:首先,向申请人提供了一定程度的自主权,同时对评审人员的权力进行了适度的制约。为确保评价过程中权力公平的再分配,必须确保所有程序均透明化,并受到公众及舆论的双重监督。其次,确保在评估专家之间以及评估专家与申请人之间持续存在一组交流平台,以探讨跨学科研究的进展、挑战和未来展望。在交流的过程中,申请人成功地影响并建构了评审团队对其跨领域研究技能的信任度。相似地,评价专家们也逐渐洞察了跨领域研究者的思维路径及其真正的学术实力。

　　跨学科研究项目的优化,得到了来自同行评审专家的两重直接贡献。首先,评审团持续的质疑促使申请者深入反思其研究策略与程序,从而使评审的观点间接地对跨学科项目的内容产生作用。其次,评估领域的权威人士通过他们对职员选拔与研究设备购置的选择, 间接地对跨领域研究计划的议题选择及实施策略产生决定性作用。此种同行评审机制的局限性在于耗时较长、耗费不菲资金,它较适宜用于评估那些规模宏大、涉及多个学科领域的研究项目。然而,某些评审人员对参与此类评审活动表现出极大的兴趣,他们认为经历一连串的仔细审查、深入探讨、怀疑质询以及详尽回应的过程,能让他们获取在文献阅读中无法获得的宝贵知识。

　　关于跨学科研究的评估,有日本专家,①提出了一项新颖的机制。这种策

---

① 　Shimada K.,Akagi M.,Kazamaki T.,et.al.,Designing a Proposal Review Process to Facilitate Interdisciplinary Research,*Research Evaluation*,2007,16(1):13−21.

略不仅适用于基金,而且创造了提升申请者协作的机会。潜在的研究者能够借助于会议中的互动性改善其提案的质量。这为申请人提供了从不同领域专家那里获得更广泛观点反馈的渠道。在 2005 年,日本科学与技术政策委员会(Japan's Council for Science and Technology Policy)发布了一项旨在促进科学与技术的研发活动,以应对跨学科问题的挑战,并设立了 TTEA(Takeda Techno-Entrepreneurship Award)奖项。TTEA 奖项的选拔流程凸显三大亮点:首先,参与者与评审团之间的互动评价环节。其次,评价具有透明度。所有候选人得以互评互鉴,共享观点。最后,整个过程在网络平台上展开。借助在线公告平台,每位申请人得以详细展示自己的申请内容,并且得以投入于深入的讨论与评价中。他们在任何时刻都可以在公告板上分享自己的观点,从而实现来自不同学术领域和国籍研究者们能够在任意时间加入对话,推动学科间的互动,并最终汇聚成评审的共识。然而,过分清晰的评审流程同样引发了关于如何确保评审公正以及维护知识产权安全的思考。

2.成立有"跨学科学"专家参与的跨学科评审小组

在澳洲研究委员会中,决定一个研究项目是否属于跨学科研究对于评审流程至关重要,这一决定将影响着该项目是接受单一学科的评估,还是由多学科团队进行综合评审,以供科学界集体审议。依据先前所述的理论基础,在初步审查阶段,需要决定该评估对象是否应当被转交至跨学科评价小组进行进一步探讨。研究资料提交至跨学科评价组织时,可根据是否可拆解为若干独立学科任务的集合分为两大类:一类是易于解构为多个学科领域的跨学科研究;另一类则是不便拆分的综合性研究。跨学科研究项目能够根据不同领域的评价准则分配至相应的学科评审组织进行评审。评议团队的构建必须包含对评议主题有深入理解的各学科领域的权威人士。在评估过程中所建立的评价准则需考虑各个学科自己的特点,具体范围应借鉴申请者在项目提案中按要求填充的涉及学科。跨领域评审团队能够精确把握评审内容中的学科要旨,得益于来自各学科领域专家的专业素养。为了促进多个学科专家在评审阶段有效掌握各专业语言, 并保障跨学科知识的有效吸收, 有必要在跨学科评审团队中吸纳具备深厚跨学科研究及评审背景的成员,同时邀请专注于跨学科研究政策的专家参与。跨学科学专家深入掌握了不同学科之间研究的基本法则, 他们擅长捕捉并洞察跨学科探讨的综合特性。跨学科学的专家们不仅能够全面掌握评审对象的跨学科整合情况,而且能够扮演类似美国国家医学研究院路线图计划中"诠释者"的角色。跨学科研究评价团队中的专家们往往存在理解上的断层, 但诠释者却能巧妙地弥合这些裂痕,成为他们相互交流的纽带。美国国立卫生研究院(NIH)的战略不仅聚焦于评审研究主题的专家,还着重于那些我们习惯称为"翻译者"[①]的人才,他们具备洞察多个领域的能力。研究机构的驱动力源自其对探索未知领域浓厚的兴趣和博大精深的知识视野。评议团队协同作业,翻译者充当中介功能,致力于揭示跨领域研究整体价值的普遍准则,然而对项目细节的专业学科知识缺乏深入探究。

(二)跨学科研究同行评议专家库建设

1.跨学科研究同行评议专家的遴选标准

建立一套系统规范、科学合理的跨学科研究同行评议专家遴选标准是完善同行评议专家库建设的先决条件。本书在马晓光[②]等人工作的基础上提出选择专家的标准应包含社会属性、学术水平、评议水平、跨学科研究素质

---

① Mansilla V.B.,Feller I.,Gardner H.,Quality assessment in interdisciplinary research and education,*Research Evaluation*,2006,15(1):69—74.

② 马晓光、连燕华、沈全峰、于浩:《同行评议中专家识别研究》,《研究发展管理》,2003 年第 3 期。

四个维度,见图 5.1。

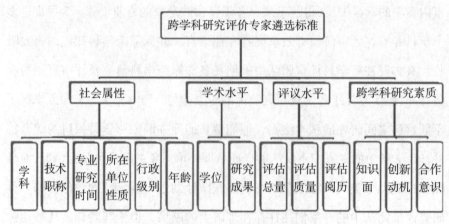

图 5.1　跨学科研究评价专家遴选标准

　　遴选跨学科研究评价专家不但需要了解专家专业学术信息,还需要了解反映其社会地位的社会属性信息,以保证专家符合评审条件所规定的领域和水平并且满足利益相关人的"回避"原则。在社会属性维度二级指标设置中,学科反映了专家研究跨学科研究经验的指标,包括主要研究特长、领域以及对相关的跨学科领域熟悉理解的程度,所在单位的性质是跨学科的还是单学科的也可以反映评价人员跨学科研究的经验。技术职称和专业研究时间是常规的对评价人员资格认证考虑的基本内容。将行政级别和年龄作为社会指标中减分的考核内容,是考虑到年龄过高的评价专家势必精力和体力有限难以投入高强度、多回合的跨学科研究评审中,而行政级别或者行政头衔过多势必影响投入评价活动的精力和时间。

　　学术水平的二级指标除了研究成果之外,还添加了学位,主要是考虑到技术职称可能评定较晚,对于探索性强、水平高的年青学者不利,而从学术研究水平看,学位也具有较强的说服力,而且获得多个不同学科的学位至少可以说明该学者学习其他新知识的能力更强。研究成果是毋庸置疑的考核学术水平的标准,这一部分除了具体涉及专家的擅长领域之外,还需要充分考虑专家从事跨学科研究的成果,从近期发表论文、专著以及项目、专利和获奖情况等方面反映出来。

评议水平反映的是评价人员运用自己的专业知识,结合从事评价活动的经验,遴选出优秀项目的能力。学术研究水平高并不意味着评估能力强,所以借鉴评估质与量的累积考核是评估能力具备与否的主要参考。

跨学科研究素质是指跨学科研究同行评议专家需要具备三个基本素质:广博的知识、强烈的创新动机和良好的合作意识。首先,跨学科研究同行专家需要具备广博的知识面,以自己专业知识为中心点,将与专业知识相近、作用较大的知识作为“扭结”,建立一个适应性较大,并能在较大范围内左右驰骋的知识网。贝弗里奇说:“在其他条件相同的情况下,我们知识的宝藏越丰富,产生重要设想的可能就越大。此外,如果具有有关学科或者甚至远缘学科的广博学识,那么,独创的见解就更可能产生。”[①]实际上各种知识都有其内在的统一性,一个人具备了广博的知识就能从整体上把握知识间的纵横联系,充分发挥知识间相互启发、相互促进的作用。其次,跨学科研究同行专家需要有强烈的创新动机。跨学科研究耕耘在不同学科领域的边缘、交叉区域,是一项创造性活动,强烈的创新动机能让跨学科研究同行专家更加敏锐地捕捉评审对象所具有的创新性。最后,跨学科研究同行专家需要具有良好的合作意识。在科学研究中合作所占据的地位越来越重要,特别是在具有不同学科文化和专长的人才组成的跨学科研究团队当中,没有与其他人员合作交流的能力是无法展开跨学科研究的。

这套标准在理论上具有较好的系统性,考虑因素也比较全面,但由于缺

---

① 贝弗里奇:《科学研究的艺术》,科学出版社,1979 年,第 58 页。

乏实践检验的条件,具体指标的参考权重并没有被提到,"跨学科研究素质"指标尽管重要但缺乏测量的依据。对此,笔者的观点是,对于同行评议专家的标准指标权重的设定可以根据各个评价主体的需要设定,但要加大评议水平中的跨学科研究评价经验和跨学科研究素质两项指标的权重,这样才能保证跨学科研究同行专家的质量。

2.适当扩大跨学科同行评议专家库的规模

一个大规模同行专家库是保证同行评议公平公正的前提。每项跨学科研究都涉及多个学科,无疑增加了评价专家数量的需求。适当扩大同行评议专家库的规模,可以确保跨学科研究评价顺利进行。

(1)建立跨学科研究人才数据库

跨学科研究人才数据库的规模比跨学科研究同行评议专家数据库的规模更大。该库既可以在一定程度上反映跨学科研究人才储备的总体状况,也可通过汇总、统计、监测、分析及时把适合的人才扩充到基础研究的同行评议专家库中去,可以使得跨学科研究同行专家库的新老交替工作更加有序开展。

(2)增加全球范围的跨学科研究同行专家

跨学科研究准确意义的同行专家数量比较少,需要扩大搜索范围。科学的全球化显然已经成了一个不可争辩的事实。将专家搜寻范围扩大不仅可以增加专家库的规模,还可以提高评估质量。活跃在世界科学前沿的各国评委不仅带来了最新的学术思想,而且更重要的是与本国学术界没有太多直接的利益冲突,特别是评审会上他们往往可以直言不讳地表达自己的学术观点,促进了不同学科之间的学术交流。

(3)增加青年跨学科研究同行评议专家的比例

当前的评议专家大都是年龄比较大,已经多年不从事前沿的科研工作,对跨学科研究的研究方式以及组织模式等最新进展不再敏感，对创新性的包容性也有限。而受过更加系统严格训练的年轻人，对风险高的跨学科研究事业更加执着，有冲劲，更有创新性。因此，增加年轻人的比例不仅是现实的迫切需要，也具有长远意义。

3.跨学科研究同行专家库的使用与维护

跨学科同行专家库的使用与维护须遵循全面性、高效性、客观性、及时性的原则。建设同行评议专家队伍首先应该遵照的原则就是全面性，保证同行评议专家的学术背景可以全面覆盖跨学科研究所涉及的各个学科。全面性是专家队伍建设的高效性与客观性的基础和前提。高效性是要在力求保持完整性的前提下，减少没有必要的信息采集环节，努力完善结构设计、系统管理和调用等步骤，从而高速有效地建设专家数据库。建立一个具备全面性和高效性的专家库，离不开遵循客观实际。如果失去了客观性，其存在的意义就会丧失殆尽。及时性是需要及时迅捷地更新专家库信息，以便有利于专家遴选机制能够紧跟世界科学技术研究的前沿，使得实施同行评议方法能够有的放矢。专家库信息的更新有两个方面内容：一方面是增加原属于专家库中的同行专家最近从事学术研究的成果、研究动态、兴趣方向的转移，以及参加跨学科研究评价活动等相关信息；另一方面是根据跨学科研究申请和跨学科性学科群发展的总体状况，以及国家发展跨学科研究的相关政策，适当增加或者减少专家库的规模。全部过程需要遵照专家库的动态调节机制、回避机制和进入专家库的相应条件准入机制并且加入专家淘汰机制，保证专家库处于一个流通开放的状态。

(三)跨学科研究评价专家的约束

当前跨学科研究同行评议出现很多问题，尤其是我国，主要原因是缺少有效机制约束同行专家。在没有约束机制的条件下,专家评估的权限过大,评估过程随意,出现很多人为造成的问题。而大部分约束机制是建立在一个规模庞大的同行评议专家库上的,因此,谈约束机制而不涉及现实专家库的限制是没有实际操作意义的。只有在一个健全的专家库基础上,实行约束机制才是有可能的。那么,如何在一个健全的专家库基础上建立一个有效地约束机制?

1.完善回避制度

回避制度基本上包括两种:同行评议专家的回避和被评议者提出的回避。第一,当组织同行评议的管理者考虑到,同行评议专家与被评议者之间存在利益相关性。例如,当经济往来关系、亲属关系和人情关系可能影响到同行评审专家做出公正判断时,将会让其回避该项目的评审。第二,当评审者与被评议者之间可能存在直接或间接的学术竞争关系等对立关系,被评审者认为某些专家可能难以公正地裁决自己的课题、项目或者论文时,可以向评议主办机构提出该项目或者论文的评审专家中避免出现某些学者。一些著名学术期刊中经常使用被评审者提出回避名单的评审方法,例如Science、Nature 和 Cell 等知名刊物均采用过这种方法。另外需要注意的是,不能无限扩大由被评议者提出的回避专家数额,否则将会出现难以找到评价专家的情况。例如,NSF 可以提出两个需要回避的专家。

我国的同行评议制度建设中有两方面情况需要给予特别的关注:第一,中国学术界深受中国传统文化中人情关系和人际关系的影响,造成同行评价中"人情味"非常重。与中国学术界不同,西方科学界更加重视同行评议专家是否与被评审人之间存在经济利益冲突,而在中国这方面冲突引起的问题却不那么突出;而非经济利益冲突,比如人情关系,在西方一般不给予特别的强调,但是在中国却要特别注意。比如,在美国心脏协会(AHA)、加拿大国家科学与工程研究委员会(NSERC)、美国航空航天局(NASA)、美国大气与海洋局(NOAA)的同行专家评议指导手册中,明确写着需要回避的人际关系只是配偶及直系亲属、同事、师生、项目合作人、上下级关系,并没有规章制度化地硬性规定更远和更间接的回避关系。显然在中国可能产生利益冲突的人情关系远不止这些,因此需要更多、更细致的规章制度来规范相应的回避关系。第二,需要严格执行同行评议制度的规定,切实落实同行评议制度。往往许多资助机构条文规定颇多,需要回避的人情关系也足够细致,但实际在执行条文的时候,并没有人真正按照条文的规定执行,很多事情一旦遇到人情就可以不按规定任人唯亲了, 让很多有潜力的原始创新项目因为学术关系浅而未能获得资助。如果本身这种规范人情的条文也被人情所打败,也就真正成了一纸空文,没有任何意义。

2.搞好同行评议后评估

另外一种重要的同行评议约束机制是对同行评议的结果进行后评估(也称反评估),可以确定各个专家评议的质量。如果评审专家知道自己的评议结果将会被评估,就会更加负责、认真、公正地评议,而不再轻易受到利益的影响或者随意给出结论。对同行专家评议的结果进行后评估的做法有:一是积极评议,其特点是快速,但不容易准确全面判断科研成果,通过定性定量的方法主动去评估,已获得后评估的结果;二是消极评议,其特点是成果判断准确但效率低。实践是检验真理的标准,真正的跨学科研究人才、机构或研究项目、成果无论当时同行评议的结果怎样,最终总会显出其本来的面目。两相对照,总可以得出当时同行评议的质量。当然,我们总希望可以通过积极的方法去评估专家评议的质量, 并把后评估的结果记入专家的评议记录,作为以后选择专家的参考,但是跨学科研究的成果确实很多在短期内难以准确判断。定性的后评估方法其实仍旧是同行评议,既然是同行评议当然就免不了同行评议的问题。不过这样可以增强约束力,提高评议的可靠性。至于定量的后评估办法,国家自然科学基金委员会已经尝试过采用一些定量指标来辅助决策。主要是针对项目评审同行评议的后评估,不过对跨学科研究人才、机构的同行评议后评估同样具有借鉴意义。首先假设同行评议结果构成的数据库是真实可靠的,就可以引入专家评议的命中率、标准偏差和算术偏差来描述专家的评议质量,来为评估提供参考信息。应该指出,这些定量指标,只是基于数据的统计分析,而没有考虑专家评估对象的内在质量。而且这个前提假设并不总是成立的。因此,这些定量指标只能作为参考信息。

三、文献计量理论的修正

(一)度量跨学科研究

运用定量分析的方法探讨跨学科研究的规律是一直以来"跨学科学"专家们努力的方向。在跨学科研究的度量指标中,最简单、最常用的是学术成果的联合署名。比如秦建(Jian Qin)通过考察论文的共同作者数、作者所属机构数以及作者所归属学科数量等指标研究不同自然科学学科的合作程度。[①]该方法基于这样的假设,即联合作者中间如果有来自不同学科的学者那么就存在概念、理论等方面的整合。显然,这种假设并不总是可靠的。来自不同学科的联合署名研究并不一定代表存在整合不同理论和概念的跨学科研究,仅仅说明有多个学科的学者共同进行研究。

---

① Qin J., Lancaster F.W., Allen B., Types and Levels of Collaboration in Interdisciplinary Research in the Sciences, *Journal of the American Society for Information Science*, 1997, 48(10):893-916.

跨学科研究整合不同领域的知识,不同学科之间通过不断移植、辐射和借用不断地转换和转移学科间的信息。跨学科研究中,学科间信息转移理论以及转移模式的研究成为探讨跨学科研究的一个重要角度。信息的转移是指信息从一个主体转移到另一个主体的一种信息流动方式。从文献计量的角度看,跨学科间的信息转移实质上是学科间引文流的流动,引文流的流动意味着信息流的输入和输出,也就表明信息发生了转移。跨学科研究的形成过程可以概括为外部信息的输入,输入之后的信息内化为知识,知识经过有效地综合形成新知识的过程。

艾德·利尼亚(Ed J.Rinia)选用共类分析和引文分析的方法对"科学引文索引(SCI)"数据库中 1999 年的论文和引文,进行了引文信息转移的研究。[①]该研究将论文和引文按照美国科学情报所(Information Science Institute,ISI)的期刊分类,归入 15 个学科,根据引用学科和被引学科之间的数量关系判断跨学科研究的整体情况。第一,学科的自我引文概率用来表征一个学科的独立性程度。在独立性比较弱的学科领域中,受体学科接受从其他学科转移而来的信息相对容易。因此,独立性弱的学科中容易发生跨学科研究,比如生物学、心理学,交叉学科是独立性最弱的,正好说明交叉学科的跨学科研究程度最高;而像数学和物理学这样独立性较强的学科,接受其他学科的信息较少,发生跨学科研究的现象也较少。这项研究表明,自我引文概率在基础学科中明显较高,而在应用性学科中相对较低,说明应用性学科更容易开展跨学科研究,也为跨学科研究作为问题导向性的研究模式提供了新的证明。第二,不同供体学科对受体学科信息的贡献率显示了不同学科之间跨学科研究的亲缘关系。例如,对于基础生命科学而言,生物学、化学、临床生命

① Rinia E.J.,Leeuwen T.V.,Bruins E.E.,et al.,Measuring knowledge transfer between fields of science,*Scientometrics*,2002,54(3):347–362.

科学对其引文贡献率较高;而对于生物学而言,基础生命科学、环境科学、食品、农业与生物技术等学科对其引文贡献率较高。全部 15 个学科引文贡献率排名前五位的学科见表 5.1。

表 5.1　跨学科研究供体学科和受体学科之间的亲缘关系

学科研究领域 (受体学科)	引文贡献率排名由高到低前五位的学科 (供体学科)
基础生命科学	临床生命科学、交叉科学、生物学、药学、食品农学与生物技术、化学
生物学	基础生命科学、环境科学、交叉科学、食品农业与生物技术、临床生命科学
化学	物理学、基础生命科学、材料科学、交叉科学、临床生命科学、食品农业与生物技术
计算机科学	工程与技术科学、数学、物理学、基础生命科学、临床生命科学
工程与技术科学	物理学、临床生命科学、材料科学、化学、地学
环境科学	生物科学、地学、基础生命科学、食品农学与生物技术、化学
食品农学与生物技术	基础生命科学、临床生命科学、生物学、交叉科学、环境科学、化学
地学	交叉科学、环境科学、物理学、工程与技术科学、生物学、化学
材料科学	物理学、化学、工程学、交叉科学、临床生命科学、基础生命科学
数学	物理学、工程学、计算机科学、生物学、临床生命科学
交叉科学	基础生命科学、临床生命科学、物理学、生物学、地学
药理学	基础生命科学、临床生命科学、交叉科学、化学、心理与精神科学、食品农学与生物技术
物理学	化学、材料科学、工程与技术科学、交叉科学、地学、基础生命科学
心理与精神科学	基础生命科学、临床生命科学、药理学、交叉科学、生物学、环境科学
临床生命科学	基础生命科学、交叉科学、药理学、食品农学与生物技术、生物学、化学

　　该研究通过计量文献引用的情况表明了一些学科研究领域的跨学科研究程度以及不同学科之间跨学科研究亲缘关系的规律,但是由于对文献采用的是按照一级学科的分类,所以使得一些在二级学科层面跨学科研究非常活跃的学科,比如物理学,显示出非常高的自引率。因此,在对跨学科研究采用文献计量的方法进行研究时,需要更细致地划分学科以便准确地表现

出跨学科研究的状况。

(二)跨学科研究整合度的测量

上述研究跨学科发生状况的文献计量方法,更加偏重于从宏观的角度比较不同学科之间的跨学科研究整合程度。但是,使用该方法作为评价跨学科研究的一项指标显得并不细致。有没有一种从微观的角度,更加准确测度文章和作者的跨学科研究整合程度,可以作为评价跨学科研究指标的文献计量方法呢? 阿兰波特等人在其系列文章中阐述了如何利用整合度(Integration)和专业度(specialization)来测度跨学科研究发生状况。[①]

学术文章从其他学科引用的文献最好地体现了知识层面的跨学科整合。引文的形式概括了跨学科研究从其他学科借用知识的各种形式,比如概念、观点、理论、方法、技术以及信息。首先,划定一组研究人员。然后,在一个确定的时间范围内从知网(web of science)上搜索该组学者的文章。保留摘要和各种重要信息,比如作者、单位、出版日期以及引用的参考文献、被引次数等。按照文章的内容以及引文、被引和所发表杂志的情况,将文章归入 ISI 所设定的 244 个学科领域当中。根据公式和数据挖掘软件编制相关程序进行计算。

$$I = 1 - \frac{\sum_{i,j} f_i \times f_j \times \cos(sc_i - sc_j)}{\sum_{i,j} f_i \times f_j} \tag{1}$$

$$COS(SC_i - SC_j) = \frac{\sum_i x_i y_i}{\sqrt{(\sum_i x_i^2)(\sum_i y_i^2)}} \tag{2}$$

---

① Porter A.L., Roessner J.D., Cohen A.S., et al., Measuring Researcher Interdisciplinarity, *Sciento-metrics*, 2007, 72(1):117-147; Porter A.L., Roessner J.D., Heberger A., How interdisciplinary is a given body of research?, *Research Evaluation*, 2008, 17(4):273-282; Porter A.L., Rafols I., Is science becoming more interdisciplinary? Measuring and mapping six research fields over time, *Scientometrics*, 2009, 81(3):719-745.

$$S=\frac{\sum_n m_n^2}{(\sum_n m_n)^2} \tag{3}$$

对于跨学科整合度的说明:(1)式中 fi 表示属于学科类别 i 的引文数所占引文总数的比值,即该引文出现的频率;(2)式中 COS(SCi-SCj)表示 i 和 j 两个学科共现矩阵的列向量 SCi 和 SCj 夹角的余弦值,余弦值越大说明两个学科认知距离越近,比如自然科学或人文社科内部的跨学科研究;余弦值越小说明两个学科认知距离越远,比如自然科学和人文社科之间的跨学科研究。I 值的取值范围是[0,1],越接近 1 说明跨学科研究整合的程度越高。

对于跨学科专业度的说明:专业度的测度对象是研究领域的文章或者作者的相关数据,是指作者发表的文章所属学科类别的集中或专业化程度。如果作为跨学科研究评价的某个作者所发表的文章愈多地集中于一个或某几个学科,则该文章或作者的专业度越大。下面从数学上简单证明一下。假定有 M 篇文章归属到 n 个学科类别中,每个学科类别分别拥有 $m_1, m_2, m_3, \cdots, m_n$ 篇文章。显然此时的文章专业度表达式为:

$$S=\frac{m_1^2+m_2^2+m_3^2+ \cdots \ldots +m_n^2}{(m_1+m_2+m_3+ \cdots\cdots +m_n)^2} \tag{4}$$

对跨学科研究的文献计量分析,从宏观和微观两个角度,即学科和文章的层面改进了跨学科研究仅仅依靠文章数量、引文数量及影响因子等单一指标评价的状况。跨学科研究专业度和整合度等指标的引进,有利于我们更加全面地认识跨学科研究,并且可以作为评价跨学科研究的辅助指标,来进一步了解测评对象与各个学科在知识层面的信息交叉融合状况。

四、科研评价文化的改进

科研评价文化是科研文化的重要表现形式。科研评价中文化的矛盾和冲突,表面上是学科之间范式、方法、理念之争,实际上是不同学科科研文化的竞争。试图找寻调和学科科研文化的路径和方法,需要摸索和分析学术界文化冲突的主体、界面和源流。过往至今,乃至未来一段时间,学术界两股文化或者观念的冲突为学者们普遍关注:一是人文社会学者与科学家之间的"两种文化"的冲突,二是人文社会科学内部定量研究与定性研究的冲突。

(一)两种文化之间的冲突与调和

在 1959 年的英国剑桥大学,学者斯诺进行了以"两种文化"为主题的著名演讲。后来他将这次演讲扩展成书,名为《两种文化》。斯诺尖锐地指出异议:自然科学家与人文社会科学专家之间有着难以逾越的分歧和文化断层,就像居住在两个不同星球上的生物。这种现象被斯诺定义为"两种文化"的冲突。提出两种文化的观点,立即引发了文化和学术领域对它的广泛关注和热议。正如斯诺在其著作中所提及,关于两种文化的辩论,其广泛性、持久性和激烈程度都是不同寻常的[①]。

在 1963 年,斯诺重新发行了名为《两种文化》的著作。斯诺在著作中保持积极态度,阐述了解决两种文化差异的方法,那就是他所说的第三种文化。斯诺建设性地提出了沟通、协调和化解两种文化之间矛盾的思路,开始将"两种文化"对立、冲突和辩论,向理解、接纳和调和方面引导。随着时间的推移,在斯诺提出第三种文化的理念之后的数十年里,众多学者纷纷跟进并

---

① 斯诺:《两种文化》,陈克坚、秦小虎译,上海科学技术出版社,2003 年,第 1~2 页。

深入探讨，这为洞察两种文化之间的差异以及构建沟通桥梁提供了重要的参考和助力。

1.科技文化为主的路径

虽然斯诺构思了第三种文化的愿景，但他并未明确指出实现此理想的具体途径和方法。他本人曾经言及第三类文明已潜藏未显，或许尚处于初级阶段。现今深信不疑，它必将降临。当它光临时，原本存在的沟通障碍得以缓解，毕竟该文化为了发挥其影响力，不得不运用科学性言辞。随后，如同我曾提到的，这场辩论的中心议题将转变为对我们所有人更为有益的立场。征兆显示，这一过程正在进展中。因此，斯诺所提及的仅仅是沿着探索第三种文化路径迈出了一小步的阶段①。

在 1995 年，书籍《第三种文化》被美国的出版人布洛克曼（John Brock-man）推向了市场。该作品是布洛克曼耗时三年，深度对话了 23 位知名学者后创作而成的。布洛克曼将其著作冠以"第三种文化"之称，这昭示了他对斯诺提出的"第三种文化"理念的敬仰，并努力对此进行独特的阐释。布洛克曼的探索主要聚焦于科学家与公众之间直接对话的重要性。布洛克曼所阐述的第三种文化内涵涵盖四个主要层面：第一，是对深邃思考的探究，是另一种文化形态，体现在思想精英与科研工作者通过其专业劳动，向普罗大众阐释关于"我们的本质"以及"生活真谛"这类深奥议题；第二，体现在不同学术领域的交融与整合。上述思考必须来源于跨学科的整合，而非仅源自哲学或单独的学科；第三，普遍性。传播知识应由学者亲自向公众迈进；第四，宽泛的进化视角。宇宙持续演变，世界充满复杂性，这是第三种文化的信仰。

布洛克曼构建的第三种文化理念并未致力于协调"两种文化"的对立，而是采用"第三种文化"的观点来阐释科学文明的概念。布洛克曼本人也表

---

① 约翰·布洛克曼：《第三种文化》，吕芳译，海南出版社，2003 年，第 2 页。

示："尽管我采用了斯诺提出的这个术语,但我所阐述的第三种文化,实际上与斯诺所预见的并不一致。"①哲学家、文学家等人文领域的思想家们并未与科研工作者建立交流,相反,科研人员正积极地与普罗大众开展对话。因此,布洛克曼提倡的第三种文化并未有效缩小人文科学之间的隔阂,导致"两种文化"的冲突和对立依旧延续。

在 1998 年,担任美国《连线》杂志领航者的凯文·凯利在美国《科学》期刊上著文,题为《第三种文化》②。凯利在其著作中提及的"第三种文化"观念着重描绘了尖端科技与流行时尚的交融,并倡导将科学知识普及至日常生活中。凯利阐释了那些在高科技领域中微妙但关键的趋势动向。他幽默地说,音乐家广受欢迎,小说家引领潮流,电影导演充满魅力,但科学家却被视为书呆子。将呆板的书呆子转变成潮流的酷哥,是凯利所倡导的第三种文化的愿景。它倡导将严谨的学术和技术,与社会风尚和流行元素融合,孕育出源于科技进步的时尚文化。例如,玩电子游戏的年轻人的文化就是技术文化。未来文化潮流在紧密融合计算机科学、网络世界、电子游戏和数字电视的同时,将为科学研究注入前沿的潮流元素。

追求新颖思维与新奇行为模式是凯利文化理念的第三种主要趋势。他的观点起始于讨论人,论证人的本质是经历而非言辞,犹如沉浸虚拟实境胜于翻阅书籍,可以让人领悟生活真谛。因此,不同于科学对真理的探索以及艺术对人类情感的抒发,第三种文化应该致力于创新独特的行为并丰富个人经历。他曾经指出,在第三种文化中,新工具的出现速度往往超越了新理论的发展,因为新工具往往能够催生更多的新奇发现,而这种发现的速度是理论所无法比拟的。替代性文化不重视科学资质,因为资质或许昭示着更深

① 约翰·布洛克曼:《第三种文化》,吕芳译,海南出版社,2003 年,第 2 页。

② Kevin Kelly,The Third Culture,*Science*,1998(2).

的认知,却未必等同于更多的革新。若第三种文化能促成选择的自主性,它将拥护非逻辑性。由凯利阐释的第三种文化体验,能够对人的主体性给出解答。这种体验融合了计算机技术与生命、现实与意识,从而诞生了人工生命、人工现实和人工智能。替代性文化代表了科学探究与哲学思考之外的另一种新途径。

总结而言,斯诺提议了一个关于第三种文化的概念,这概念旨在引导异质文化间的相互理解。布洛克曼主张科学普及,视第三类文化为科学面向大众的传播。凯利期望计算机科学与虚拟现实技术能够促成科学文化与公众的融合,为二者之间的互动搭建一座技术桥梁。三位专家的对话最显著的缺陷在于,他们主要从以科学或技术为核心的视角整合、协调科技与流行文化,并未真正深入探讨人文与科技文化之间的异质性和冲突性。

2.中国文化为主的路径

2007 年,在新加坡的《联合早报》上,学者陈春辉发表了一篇名为《人文与科学的割裂与统一》的文章①,再次唤起了公众对于科学与人文二元对立的思考。陈氏文章主张,斯诺、布洛克曼、凯利等人士所论述的另一种文化,主要是以科学为核心的思想和格调。科技的运用能否为人带来福祉,取决于掌握这些知识的人的能力与抉择。个体的决策深植于其文化素养与情感共鸣之中。陈氏的批评严厉审视了斯诺、布洛克曼及凯利的见解。他认为西方哲学中的二元对立思维模式是导致两种文化对立现象的根本原因。二分对立的思维模式将人文学科与自然科学学科截然分开,导致各个领域界限清晰。并且随着时间推移,这些领域的划分日益精细,它们之间的差异性被日益强调,而他们之间的相同点被逐渐忽视。此外,二分对立把人文学科与自

---

① 陈春辉:《人文与科学的割裂和融合》,《联合早报》,2007 年 8 月 8 日。

然科学并置在一起,构建了一个充满争议的议题。科学研究与人文探索各自在不同的体系、架构和专域中独立发展,缺乏互动交流的机会和路径,因而很难谈及二者之间的融合。

陈春辉提出,要彻底解决"两种文化"之间的冲突,关键在于回归和弘扬中国的传统文化。人文这一概念在汉语中的首次提出可追溯至《易经》中的表述:"观乎人文以化成天下"。人文一词与普及教化、培育国民文化的内涵紧密相连。在中国古代的教育理念里,人象征着个体内心的品德修炼,而文则指涉了外在的知识与文化修养。个体的内在素质与习得的知识并非相互排斥的两个极端,而是相互连通,最终综合体现在一个人的身上,实现知与行的和谐统一。无论是自然科学领域的知识还是社会科学领域的知识,均为人类智慧结晶,可作为学习的素材,亦可视为外在逐渐累积的文明。因此,科学也隶属于人文的范畴。西方观点与中国相左,通常认为科学和中国人文思想是相互对抗的,但实际上,中国人文思想并不与科学相对,而是将科学包含在自己广泛的文化统摄之下。因此,科技的进步更加充满人文关怀与价值,连接两种文化的想法更贴近中国文化的整体思维方式。

陈春辉的论述不仅致力于桥接科学与人文之间彼此分立,而且深入探究了西方文化——以科学为象征——与东方文化特别是中国文化的交融点。著名的中国文化学者钱穆曾构想出一个融合东西方文化的理论框架。钱穆提出,对于中华文明与科学文化的区别,可以通过对"格物致知"这一理念的不同侧重点来洞察。在西方,科学知识的发展以物的探究为核心;而在东方,文化的精力则集中在心灵的探索上。陈春辉与钱穆倡导的文化交融,主要是通过对哲学思想的重新解读,努力使人文科学与中国文化相融合。除了对理论的阐明之外,美国物理学家卡普拉(Fritjof Capra)还更深入地探讨了中西方文化交融的可能性。在《探索物理学之道》①一书中,卡普拉指出:现代物理学的关键理论引导出的宇宙观念与东方神秘主义的信仰存在深层的共通之处, 它们之间实现了完美的和谐。东方学者卡普拉深入探讨了东方文化,尤其是中华文明的宇宙观,并将其与近代物理学中所谓的"有机宇宙观"进行了比较,发现两者之间存在着显著的相似性。另一位中华学者董光壁更深入地探讨了现代科学宇宙观与中华道家理念之间的联系。董光壁把卡普拉、英国的研究家李约瑟和日本的学者汤川秀树誉为"现代新道家"。他相信那三人的观念构成了对中国道家哲学的现代拓展。

综合而言,采用中华文化为基调的融合策略,促使对第三种文化融合方向的探讨迈向更为深入的层面。将原本仅限于科学文化和西方文化的视野,成功扩展到了融合了东西方文化的广阔领域。正如董光壁所言:黄土文明与海洋文明的融合,犹如黄色彩与蓝色彩调和出绿彩,会孕育出人与自然和谐共生的新型绿意文明②。

3.创造文化为主的路径

至此,我们已经探讨了两种关于第三种文化的观点:一种倾向于西方和科技文化,另一种倾向于东方和人文文化。探索是否存在一种更为具有包容性的替代策略,能否使第三套提议更具建设性和实施性? 这是我们所关注的焦点。科学研究推崇冷静的审视与对宇宙的理解,它的中心思想在于增进知识。在人文领域里,个体意识的内在体验受到高度尊崇,这种体验的本质在于活动的过程本身。各种古老的传统文化和古典哲学,无论是源自中华还是其他地区,在去除它们认识世界的作用之后,这些思维模式在职能划分和影响上貌似变得截然不同。然而,这两者之间除了差异之外,还存在着相互关

---

① 陈春辉:《人文与科学的割裂和融合》,《联合早报》,2007 年 8 月 8 日。

② 董光壁:《当代新道家》,华夏出版社,1991 年,第 4 页。

联和相互作用。科学和人文之间的联系不应仅仅停留在浅层次,而应当提升至更深的层次。正如钱穆先生所提出的"格物致知"理念,或者如陈春辉所言,将科学视为人文的组成部分。然而,将人文学科悬置于科学之上的观点,似乎并不易获得科学界的赞同。

上天赋予人的性情就是创造,人最高贵的本能亦是创造。无论是科学成就还是人文成就,都是人类智慧的创造物。若仅关注知识产出的成果,人文学科与自然科学之间就会呈现出鲜明的不同。然而,若我们从知识和文化的生成过程来审视,它们固有的共通性便能彻底揭示出来。科技和人文的共通之处在于创新与创造。中国科技领域曾崇尚质疑与革新精神,并致力于推动构建崇尚革新的社会氛围。创造性已纳入国家长期发展蓝图。我们将创新之路视为不懈追求的进步方向。连续十年,中国科学院致力于知识创新试点项目。文化、科技、体制、机制以及队伍建设的创新构成了五个主要的创新项目。创新已然成为科学研究领域的广泛认同,创新理念已逐步由手段演变为制度与思想。

中国文化的根本价值也凸显了一种深沉的创造性特质。孔子在《论语》中提倡追求真理。道作为中华民族文化的象征,是诸多哲学流派共同向往的理念。道的根本涵义在于凸显精神层面的提升,它可以阐述为"通过对事物的整体领悟,而在实践上达到的境界"[①]。儒家所崇尚的"仁"宛如一条伦理学的理念,它未充分展现人类创造性的本质,在一定程度上对人类改造自然和社会的作用有所忽略。将儒家"仁"学的理念演进至以创新为根本价值的新思维,成为中华文化迈进新时代的关键路径。若将创新视为第三类文化的根本策略,便能领悟李大钊所言:故称之为"第三"的境界,实际上是宇宙不断

---

① 刘仲林:《中国文化综合与创新》,天津社会科学院出版社,2000 年,第 10 页。

繁衍的规律,人类进步的阶梯,我们应当勇敢地跃进这个"第三"①。

(二)社会科学研究中的定性与定量之争

近年来,在我国人文社会科学研究领域,定量和定性两种研究范式之间的相互争锋常常见诸各大学术期刊②。定量研究泛指以统计学、计算机编程等数理分析工具探索人类社会规律的研究方法。而定性研究泛指运用案例或者单纯的说理、逻辑分析等方式进行研究的方法。在国内,定量研究方法越来越受到重视,体现在使用类似方法的文章越来越多,且发表刊物级别越来越高。尽管并没有明确的规则认定或文章公然表态,定量研究的范式要优于定性研究,但是定量研究文章增多的客观事实不禁让学界同仁形成了定量研究的优越性认识。该认识的产生一方面受到了国际上已经兴起多年的定量研究为主的社会科学研究格局影响,中国社会科学要融入国际社会研究主流需要接受和学习有关范式。另一方面,近代以来自然科学强势发展,使得社会科学家注重学习自然科学的研究方法、研究理念,而自然科学建筑在"观察、实验得到数据、分析数据、得出结论"等流程上的实证主义方法与理念正是其核心。两种研究范式之争背后更多的是如何定义好的社会科学研究,是社会科学研究评价标准和话语权之争。从根本上明确定性研究和定量的各自边界和适用条件,是调和定量研究文化与定性研究文化的关键所在。

1.定量研究与定性研究的差异

定量研究与定性研究本质上属于两种不同性质的研究范式,他们在认识世界规律上存在理念和方法的差别。仅仅从学术研究的实际表象上考虑,

---

① 李大钊:《李大钊全集》(第 1 卷),人民出版社,2006 年,第 173 页;唐世平:《超越定性与定量之争》,《公共行政评论》,2015 年第 4 期。

② 盛智明:《超越定量与定性研究法之争》,《公共行政评论》,2015 年第 4 期。

二者之间也存在着诸多不同的表征和差异。研究人员常常对两种研究的不同特点感到困惑。下面笔者就仔细梳理一下两者的不同之处：

(1)适用的研究选题不同

科学研究开始于问题。研究者面对研究问题所采取的观察方式、分析方式会影响到最终发现的规律和结果。定量研究和定性研究因为有着不同的研究路径，他们有着各自适用的不同的问题域。也就是两种研究有着各自不同的研究选题。通常来讲，定量研究更加关心或者更加适合选择相对宏观、范围广、普遍性强、客观性强的整体性问题，并且擅长于搞清楚复杂变量之间的相互关联；而定性研究更适合于选择相对微观、范围小、特殊性强、具有主观性的局部问题，并且善于将问题嵌入到具体情境和细节中进行考察。譬如，想要回答"新冠肺炎疫情的长期存在和蔓延是否使心理疾病患病率提高了？"以及"中国高校本科毕业生毕业五年后收入情况"等问题需要借助定量研究方法，因为量化方法能够对大规模样本进行统计。但是要想回答"新冠肺炎疫情期间心理疾病对家庭生活的影响"以及"中国高校毕业生毕业五年后就业心态变化"等问题就必须采取定性研究的方法，因为定性研究可以采用访谈、田野调查、案例研究等方法，获得定量研究无法获得的情景和细节信息。

从两种研究范式所适合的问题可以看出，两者希望达到的研究目的也有所不同。定量研究的目的是希望将问题从总体上进行描述，探寻群体的结构和趋势存在的特征，并说明变量之间的关系，最终对已有的理论或新的假设进行验证。而定性研究的目的则是阐述社会现象变化的过程，探究研究对象的主观认识和行为含义，最终创建新的理论或者发展旧的理论。不同的目的地决定了经过的路程也不相同。定量研究方法与定性研究方法所要经过的研究过程，所要采取的研究方法也是不同的。定性研究和定量研究目的和方法的不同,使得他们的研究侧重的问题是不同的。所以,一个研究问题基本上要采取某一种更适合的研究,即便是选取两种研究方式,也是从不同侧面和不同阶段回答该问题。比如,同一个问题由定性研究探索理论假设,再由定量研究进行大样本的验证。

(2)研究流程不同

研究流程泛指研究所要经历的步骤和过程。学术研究的基本流程应该是选择问题,然后进行研究设计,收集资料,分析资料,最终得到研究结论和成果。定性和定量研究都遵循基本研究流程,但是定性和定量研究具体操作的流程中所实施的步骤和内容存在不同。

尽管定量研究的方法很多,步骤也各不相同,比如实验研究就需要包括建立理论假设、设计实验、招募被试、随机分组、实验测试、实验干预、收集数据、统计分析、得出结论等步骤。同属定量方法的问卷调查就要增加预调查和问卷内容调整等步骤。总的来看,定量研究的研究流程和步骤比较固定,即同一研究方法的步骤基本相差无几。定量研究结构化的特性更加便于学习,对于新手研究者更加友好。而且固定的流程也便于同行之间进行验证和检验,有益于学术研究的讨论和知识的累积。

相比之下,定性研究的流程更加开放和灵活。定性研究在研究流程上并没有严格规定的"标准化"流程,整个研究进程会随着研究者认识的深入以及研究情况的变化而不断地调整和修正。比如,美国学者孔飞力研究写作《叫魂:1768 年中国妖术大恐慌》的过程就充满了变化。孔飞力 1984 年初到北京,一头扎进第一历史档案馆翻阅史料,当时完全没有写作该书的打算而是想研究清政府的通信系统。孔飞力开始关注的只是"剪辫案",因为这是一个分析清政府通信体系与政策执行关联的案例。但是随着不断深挖资料,孔飞力渐渐对"叫魂案"发生了兴趣,他发现这个案例是揭示清帝国权力运行机制的绝佳佐证。孔飞力的研究正是基于资料掌握和累积的变化,随着研究进程的深入而发生的改变。资料的可信度验证方法也是有限的,只能通过交叉验证的方式向调查的相关方进行,并不是能够"随时随地"展开的。

(3)研究策略不同

社会科学研究面对的是复杂度高、普遍联系的社会现象。定量研究和定性研究采取了两种不同的研究策略进行应对。定量研究的策略是尽可能简化社会现象的复杂程度,通过定义、归类、整合与简化等手段,将复杂的社会现象过程等同于几个变量变化的过程及相互关系,并且基于对变量的测量和变量关系的分析判断来构造相关理论。定量研究的若干常见方法均是概括性抽象、提炼社会现象中的关键因素,并围绕若干可控的变量进行研究。比如,常见的基于问卷调查的相关关系、因果关系判断,还有实验研究、文本分析等研究都是在围绕有限的量化概念进行分析的。

定性研究的策略与定量研究存在明显的不同。定性研究往往是向社会现象扩充或注入更多的细节使其产生更大的复杂度。定性研究往往需要将相对抽象的理论概念放置在具体的社会情景现实之中,通过具体详实的社会关系调查,研究和理解社会现象发生的原因,诠释和构建相关的社会科学理论。此策略与定量研究正好相反。定量研究是通过标准化的问卷和操作,将社会现象从具体的社会情境中抽象出来,使之尽量具有普遍意义而非具体的特殊意义。所以说,定性研究的策略更像是将社会现象和社会问题"复杂化"。使用定性研究的学者往往更加注重现象的背景、社会行为的情景。因此,定性研究必须采取更加灵活开放的研究方法去应对更加复杂的社会现象分析过程。定向研究由于其整体的复杂性和分析过程的灵活开放和多样,使得研究者往往无力对更大范围的研究对象进行分析,往往以较少案例等方式展开研究。

(4)研究工具不同

定量研究要求研究人员的研究过程和结果必须客观、准确和可靠,并且在一定条件下可以进行重复。并且,定量研究对社会问题和研究对象的全貌要进行统计学意义的描述,需要采取严格的抽样和测量,其使用的工具往往是问卷、量表、线上问卷调查工具、SPSS 等数理统计分析软件等。

定性研究要求研究人员深入了解研究对象在具体情境下发生社会现象的过程。研究者需要通过深入调研创造身临其境的体验和感受,甚至还原社会现象发生的场景,以求准确理解和体会社会现象的前因后果。因此,定性研究最主要的研究工具就是研究者本人。研究者进入研究情景对研究对象的过往进行实地体验,然后设身处地地体会和理解研究对象的决策、行为和结果的发生。基于此,定性研究必然具有较为丰富的细节感受和多样化的信息,但是也注定存在研究者的主观因素。

2.定量研究与定性研究的争论与超越

定量研究与定性研究之争,实质上是科学家关于科学标准解释权和话语权的争论。哪一种研究得出的理论更加"好",可以看作是对社会科学研究质量评价标准的回答。2004 年,加里·金(Gary King)、罗伯特·基欧汉(Robert Keohane)和悉尼·维巴(Sidney Verba)三位教授联合撰写了《社会科学的研究设计:定性研究中的科学推论》[①],当即引发了欧美学术界定性、定量研究的大讨论。该书提出"好的"社会科学研究应该具备四个标准:第一,科学研究的目的是进行描述或得出推论,而这些都是可以通过观测得到的经验数据、材料;第二,科学研究过程是透明公开的,研究人员收集的数据资料都是可以重复的,因此可以判断研究的可靠性;第三,科学研究结论的不确定性

---

① 加里·金、罗伯特·基欧汉、悉尼·维巴:《社会科学中的研究设计》,陈硕译,格致出版社,上海人民出版社,2014 年。

是可以估计的;第四,科学研究需要采用可靠的研究方法。

但是,显然无法用此标准简单的回答定性研究"好",还是定量研究"好"。因为定性研究和定量研究都可以做出"好"的研究。定性研究和定量研究的争论,更像是长期使用两种研究范式的学者进行立场的争辩。双方不愿意放弃长期积累的研究习惯,且学习新的研究方法、进入对方的研究"领地"都需要高昂的成本。也许双方学者们的争论是由于缺少相互理解而形成的芥蒂而已,并非是理解世界运行规律存在本质的不同。

完美的研究者应该是可以自由使用两种研究方法,并在合适的问题和合适的条件下采取相应的研究方法。定性研究和定量研究各有所长,正好根据研究者所处的限制条件(实践、数据、精力和资源等)进行主动选择。比如,定性研究擅长在细节上挖潜,对于情景、事实和过程的诠释更加细腻准确;定量研究在研究理论或者规律上存在较大优势。研究方法的选择应该仔细考虑研究对象,随意扩大研究范围的定性研究,以及毫无事实理解的定量研究都是不负责任的。所以,无论是选择定量研究还是定性研究,研究者都需要明白研究对象与自身条件,清楚基本概念的范畴,确定研究任务处于描述、构建理论还是验证理论哪个阶段,最后再选择合适的方法。

第 6 章
跨学科研究评价的新方法

一、跨学科研究中心的"社会网络分析"评价方法

　　自 20 世纪后期起,众多全球知名的研究型学府相继建立了横跨不同学科与院系的综合性研究中心。这些中心如雨后春笋般涌现,形式多样、别具一格,打破了传统的学科界限,为现代科学研究与教育进步贡献了独特的魅力景观。评估多学科研究机构的综合学术表现,特别是各种学术观念之间的融合度,是本节讨论的关键议题。社会关系剖析手段,作为一种发达的社会科学研究工具,已被普遍地应用于包括社会科学和经济学在内的众多领域。它的主要优势在于强调对个体行为者及其之间关联的量化评估。跨学科项目的成败往往系于团队成员之间的合作紧密度,而社会网络分析擅长于探究组织内部的人员联系,它可被视为评估和剖析这类项目的新方法。接下来,我们以 2003 年美国海博威格研究所对美国跨学科研究中心的探讨为例,阐述并分析社会网络分析手段在评估跨学科研究水平中的应用情况。

(一)社会网络分析基本理论和概念

人际互动的探索起初由人类学家在多元族群的社区之中开启。社会学家巴恩斯于 1954 年首次采用社会网络这一理念来探究挪威一个渔村的社会架构,这一方法随后在社会学领域得到了广泛的应用,并逐渐演变成了研究社会结构的关键手段之一。"社会网络"描述的是个体与社会其他成员相互作用所形成的联络网①。社交图谱或社会网络谱系是由众多个体及其相互联系构成的复合结构,这些网络中的个体被称为节点,可以是私人、集体或政府等实体;而连接这些节点的线条,即所谓的关系,涵盖了友谊、商务互动以及知识交流等多种形式的链接。社会网络分析旨在描绘和评估参与者之间的互动或透过这些互动传递的各类可见或不可见元素。社会网络分析特别强调人际交往、联系的深层意义,以及社会关系网对于理解社会现象的重要性。

为了对社会关系网络实施数值解析,初始步骤包括数据的收集汇总。社交网格的信息涵盖了两个主要层面:首先是描述节点特征的构成要素,如个体职位、研究领域及工作时长等;其次是分析节点间互动的结构要素,如人际间的信息互动和知识共享状况等。研究人员需针对各自的研究目的和对象特点,提前定制相应的调查问卷。

对社交网络节点之间的联系进行更深入的量化剖析,首先需要把通过问卷调查搜集到的资料,转变为可通过数学语言进行定义的标准化矩阵。社交网络分析的数理表现形式为社会关系网络图及对应的社会联系矩阵,这一形式是使其能够通过计算机进行深入解析的根本。社会网络关系图通过将个体及其相互联系的信息进行数值化处理,转化为数学矩阵,进而利用如 ucinet 的社会网络分析工具对数据进行深入的量化剖析。

---

① 刘军:《社会网络分析导论》,社会科学文献出版社,2004 年,第 4 页。

SNA(社会网络分析)在对使用的概念与工具进行量化时涉及众多词汇和理念,例如密度。在社会网络世界里,密度代表连接的紧密程度,即个体间可能建立的最大联结关系;节点中心度(又称为度中心性)揭示了社会网络中个体所享有的控制力度及其影响力的范围,此指标通过统计与该节点相连的线条数量来量化;而网络中心度(又称为度中心度)则负责评估网络整体结构的集中程度,它可以用来推测网络是否集中在少数关键节点之上。这些词汇最为普遍,同时亦构成了下文跨学科研究分析的基础用语。

(二)美国六家跨学科研究中心的社会网络分析

鉴于缺乏对不同学科知识交汇所在机构的量化分析,美国国家科学基金会(NSF)支持海博威格研究所开展了一项针对美国境内六个此类机构的调查研究。该研究聚焦于跨学科研究工作以及这些研究中心之间的协作情况。本次研究课题称作"多维度跨学科社会条件分析研究"[1],采取的主要研究手段为社会网络分析,并辅助以深入访谈等调研方式。其目的是为了重建不同研究中心的社会网络架构、交互关系及其在整体中的角色定位,同时对内部研究人员之间的互动进行评估,并识别跨学科合作的焦点领域。

本次调研属于微观尺度探究,涉及的对象仅为六个跨越学科边界的科研机构。在进行问卷编制之前,研究者推测跨学科协作的核心——跨学科中心可能与四项关键因素相联系,其意图是通过这四个维度构建调查表,并探究这四个因素如何作用于跨学科中心。第一,学科间的联系——这涉及到跨学科的多样性和它们功能上的差异性(学科多样性的粗略衡量方法是学科数量与研究人员数量的比例;而学科功能差异性则描述了两个学科所具备的术

---

① The Hybrid Vigor Institute, A Multi-Method Analysis of the Social and Technical Conditions for Interdisciplinary Collaboration, 2003[EB/OL]. San Francisco, [2010-11-20].http://hybridvigor.org.

语、理念、方法以及在该学科内采纳的研究范式的差异程度)。第二,学科的专业背景——这关系到学术排名和研究人员的影响力。第三,开展跨学科研究的经历和经验——与研究者的受教育背景或者在其主导学科领域以外的学术探索有关联。第四,制度环境——涉及组织规模、年龄和结构等方面的综合变量。

鉴于跨学科研究中心雇佣了一些非固定岗位的流动研究人员,必须明确各个具体研究中心的访谈对象。有三个评判准则:曾出席过中心的学术研讨活动,曾投身于中心的关联研究项目,或是曾经获得过中心的财务资助。若一个研究者符合其中的两个条件,便被认定为研究中心的学术成员。基于对先前论述的假设分析,研究人员构建了一套调研工具(详见表6.1)。在获取问卷数据之后,可以利用社交媒体分析工具对其进行深入探究。在本实例中,所采用的是ucnet6.0这一网络分析工具。

表6.1 调查问卷

步骤	问题		
第一步	职位、从业年数、学术背景、跨学科经验以及在中心所取得的成就		
第二步	您是与哪些合作伙伴进行学术探讨的?你们共同协同工作的基础是什么?合作编写实验记录、交换信息和资料、协同撰写论文或共同实施一项工程任务?	您能否告知,你们携手共事的具体时长是多久?您问的是关于协作的深度吗?在深度交流中,你们共同研讨心得、资讯、研究成果,协同构思理论框架、理念,并肩致力于学术论文与课题的准备?还是仅仅是相互之间亲切地交流信息和数据。	交互频率是多久一次?例如,时常有规律地交流,可能是一周一次,一周数次,或者是每天。你们采用哪种方式进行沟通?例如,研究机构的讨论聚会、网络通信、正规的项目交流或非正规的交谈。
第三步	项目是仅限于单一学科范畴,还是涉及多个学科领域,甚至横跨不同学科?跨界融合抑或综合一体化	研究单位的奖赏机制与政策是怎样的?	

跨学科研究评价的理论与实践

我们选取了六个不同学科领域的研究中心作为研究对象，并着重探讨了其中一个位居首位的中心(简称"中心")在社会网络分析中的实际应用情况。核心团队拥有 18 位积极的学术研究人员,他们全职致力于"中心"的工作。调研显示他们 94% 的职业时间都用在了与该"中心"相关的任务上,平均拥有 9.6 年的从业经验。核心研究是从事与大气和环境相关的社会学研究。该机构的研究涵盖了总共 13 个不同的学术领域,其学科的广泛性在六个同类机构中位居首位。在中心中,与物质科学相关的学科居于中心位置,有八名研究人员来自与六个物质相关科学领域,这一数字占到了中心总人数的 44%。相较之下,环境科学家与环境社会学家共占据了 22%,而专职社会学家的人数却寥寥无几,仅有的一名研究者,占比不足 10%。(见表 6.2)

表 6.2 "一号中心"学科和学科门类分布及对应关系

	学科及人数	学科门类及人数
一号中心	a 天体物理学(1) b 环境化学(1) c 软件工程学(1) d 电子工程学(1) e 气候变迁学(3) f 微观气象学(1) g 地球化学(1) h 古生态学(1) i 环境科学与工程(1) j 统计学(2) k 地理信息系统(1) l 环境社会学与政策(3) m 资源经济学(1)	j 计算机、数学(2) c.d 工程学(2) i 环境科学与工程(1) l 环境社会科学(3) h 生命科学(1) a.b.e.f.g.k 物质科学(8) m 社会学(1)

社会关系网络依据节点间合作领域的广度,可被细分为紧密联结型与友好互动型。紧密联结型伙伴间,笔记和数据交流频繁,拥有相同相似的思维框架与理念,也一起完成论文撰写与项目申请准备;相对地,友好互动型伙伴只维持基础的信息交换和数据共享。图 6.1 展示了中心的社交网络结

构,计算两种关系的话,其连接的密度达到了 63%。若对其进行更细致的分类,可以观察到在友好层面上的连接密度为 36%,在亲密层面上的连接密度则为27%。在探讨相互之间亲密关系时,位于"中心"的科研人员之间普遍维持着良好的互动,然而,若仅以知识创造为核心的标准,即仅关注紧密性网络,他们之间的联系则显得较为稀少。研究人员的社交网络中,平均每位学者拥有约 11 个紧密的人际纽带,而超过半数的研究者社交圈包含 10 个或更多的友好联系。数据解析表明"核心组织"的关系网是集中在少数几位杰出学者之上的。在图 6.1 中方块部分,9 名研究人员仅占全体研究者的半数,却掌握了 65%的网络联系主导权。平均而言,每位研究人员与其他14 名紧密关联的个体保持着密切的合作关系。在图 6.2 的方框部分,占比 22%的4 位研究人员,却贡献了创造总知识44%的互动关系。

　　以下内容将讨论研究者所处位置对各个学科的影响。图 6.1 揭示了"中心"以气象变迁学为关键纽带,而其边缘和外围则主要由环境科学和社会科学构成。图 6.2 揭示了物质性研究、生态学和社科研究的不平衡现象。社会学和环境科学似乎是被排斥在与跨学科之间交流的网络之外, 证据就是两个学科的学者外部联系仅仅就是统计学学科。相同手段可用于探究相关学科及差异较大学科信息交流与知识生产的现象。研究表明,在"中心"中,学者与外部学科人员之间的信息共享,是知识创新联系的两倍。相反地,在与学科内部成员交流时,知识创造的关系相较于信息共享的关系,其比例高达两倍。这表明,在"中心"中,来自各个学科领域的专家们仅仅是进行协商,而非开展类似于同一学科领域内部的知识创新活动。

　　总结以上要点,倘若将"中心"的研究目标定位于大气及环境变迁对社会产生影响的跨学科探究, 实则其工作的发展情况与既定目标存在一定的偏离。

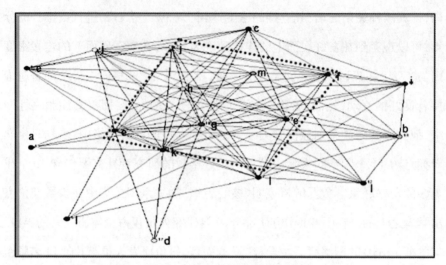

图 6.1　中心全体人员亲密及友好层次跨学科合作网[1]

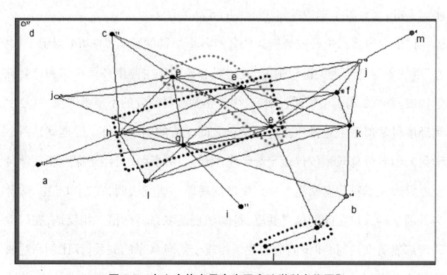

图 6.2　中心全体人员亲密层次跨学科合作网[2]

---

[1]　The Hybrid Vigor Institute, A Multi-Method Analysis of the Social and Technical Conditions for Interdisciplinary Collaboration, 2003[EB/OL].San Francisco,[2010-11-20].http://hybridvigor.org.

[2]　刘军:《社会网络分析导论》,社会科学文献出版社,2004年,第4页。

(三)社会网络分析方法对跨学科研究中心评价的意义

跨学科探索通常以研究机构或研究小组的形态呈现。近年来,国内为数不少的高校建立了多个创新型的跨学科研究单位①。在我国,具有跨学科性质的研究机构尚处于创建的初级阶段。尽管其数量迅速扩张,真正符合跨学科宗旨的研究机构实际上寥寥无几。大量的这类机构仅仅是名义上的,实际上附属于传统单一学科体系之内,以虚拟研究组织的形态链接不同学科。更有甚者,一些机构仅仅是名义上的跨学科研究机构,实际上并未进行任何真正意义上的跨学科合作,也没有创造出任何新的跨学科知识,可谓是"名不副实"。管理部门在进行科学研究评价时,需实施有力的监管策略和精准的评价手段,避免交叉学科领域出现仅有虚名而无实际内容的虚假繁荣状况。采用调查问卷与访谈手段,分析该研究机构人员资历、发展目标及跨学科交流互动的信息。运用社会关系网路分析技术,探究研究网络内多学科交融的真实状况,并据此评断了跨学科整合的表现是否与既定机构愿景相一致。此方法在一定程度上能有效地促进科研管理团队迅速掌握跨学科协作项目的进展状况。同时,由该方法所获得的关于跨学科整合的效果,亦可作为评估跨学科研究中心的关键辅助性衡量标准。

1.评价跨学科研究中心的重要指标——跨学科研究合作度

跨学科研究机构是由来自多元化学术背景的研究者构成的探索组织。评估跨学科研究及其参与者时,需采取一种包含宏观与微观视角的全面分析方法。若不深入探讨跨学科研究团队的构建及其成员间的互动交流,而是仅仅采用简单的量化累加方式,将每位成员的论文产出及其影响力因子直

_____

① 南京大学跨学科研究中心一览[EB/OL].[2011-01-17].http://www.nju.edu.cn/cps/site/newweb/foreground/show1.php?id=141&catid=75.

接相加,如此做法既不能凸显跨学科研究中心的独特优势,又无法准确评估其在推进学科交叉互动中所发挥的成效。

学科间的协作强度可通过评价该研究机构学术互动形成的社交网络紧密度来进行量化。学术交流的需求应基于评价主体对跨学科合作的洞察,并结合该研究中心跨学科研究的实际目标和具体文化来建立恰当的定义。在本研究中,研究者通过网络调查和面对面访谈的手段 汇集资料,将共同撰写实验记录、分析科研信息、发现知识观点等,与深入挖掘理论框架、思想联系起来, 并明确将共同书写学术论文与项目申请书等互动视为一种能够推动跨领域知识生产的学术活动。跨学科研究的一个重要表现形式是学者间相互共享的数据和笔记。这不仅加深了学术界的相互联系,也体现在学术论文中对于各自贡献的明确标注和联合撰写。综合分析最近几年研究中心成员的研究成果,如学术论文、研究课题,并通过访谈、问卷调查等方法来整理论文引用频次以及项目合作状况。采用 Ucinet 软件的集群分析工具,识别出子集群的数量。如果该跨学科研究组织网络可以划分为两个或更多子集,那么可以通过矩阵重组技巧来确立两个子集的成员名单。这有助于揭示关键成员、支持成员以及外围成员的身份。以关键成员为中心,通过他们之间的联系作为连线, 绘制出多学科研究组织的跨学科研究联系社群图和其层级结构网络图。通过分析各子集内部的协作紧密度以及子集间的协作紧密度,可以明确展现整个多学科研究中心的整体协作水平。

因此,显而易见的是,在对跨学科研究领域进行评估与探讨时,绝不能忽略该评价对象团队构建信息与传递信息的重要性。把跨学科合作的密切程度视作评估跨学科研究活动的关键动态指标, 可以采用社会网络分析工具可以对其进行精确评估。

2.社交网络分析作为跨学科交叉研究活动的评估关键

在实施跨学科研究时,往往会在管理层面遭遇多重挑战:首先,这类研究在执行过程中可能会逐渐背离其初衷和愿景,导致单一学科占据主导地位,使得科研管理负责人对其进行调整变得异常艰难。当前,对于跨学科研究关键核心的管理,负责的人员仅仅停留在口头的倡议和象征性的告诫程度,尚缺乏成熟的评定手段与体制规制手法。其次,监管跨学科研究的发展情况,仅仅依赖中期评估和年度审计报表,观察其产出成果与否。对于交叉学科探索如果未能达成既定目标,研究管理机关偶尔会在年度进展汇报中给予少数警示或进行电话跟进,而在重点项目的期中审核环节,仅能对负责人进行提示。除非遇到极端不利的情形,例如未能产生任何学术成果,亦没有提交年度汇报,否则管理机关无权终止资金支持或延缓资金发放。科研管理机构必须根除这类问题的出现,对跨学科研究中心的研究质量与进度实施管控,强化对其运作的督查与评估势在必行。评估跨学科研究机构的运作状况旨在揭示其实际成效与既定目标之间的差距,探究造成这些差异的根本原因及潜在影响要素,并迅速提供反馈以支持决策。此举是为了实施必要的管理手段调整,包括重塑研究方向,优化研究策略和协作模式,确保研究机构能顺畅地向既定目标迈进。评估跨学科研究机构的运作情况对于负责科研管理的行政单位及其他利害关系方来说,有助于及时掌握跨学科研究枢纽的现况,并强化对其运作的监管。

对于跨学科领域的活动和项目,无论采取何种管理或评估机制,其根基均在于对参与人员及其行为的深刻理解与详尽洞察。经过对先前案例的深入探讨,我们观察到采用社交网络分析手段,能够较为明确地揭示跨学科研究中心之间的错综复杂的关系。采用社交网络分析技术,首先,可以形象地展示出当前跨学科领域的社交网络结构图(如图6.1所示),进而评估目前该领域的跨学科协作水平；其次，通过深入研究那些备受关注的学科和研究人员，可以揭示当前跨学科研究的焦点，这有助于清晰地把握跨学科研究的进展和趋势。因此，通过社会网络分析技术，我们可以全面把握跨学科合作的水平，将实际运行中的跨学科研究路径与研究中心的既定目标进行对照，以便及时准确地评估跨学科活动是否沿着正确的轨迹发展。

二、跨学科研究项目的"互动学习式"评价方法

(一)跨学科研究项目评价的非共识性

跨学科项目由于其复杂性和创新性，给资助机构的评价带来了高风险。在国内的项目评价中，尤其是自然基金委员会的项目在进行同行评议时，跨学科项目常常会因为专家意见分歧而形成非共识项目。比如，1990 年北京科技大学陈难先教授以"应用物理中几类逆问题的研究"为题申请国家自然科学基金项目[①]，一些专家评价"研究立论上并未提出不同于别人的特色，研究方法和路线需要进一步的可行性论证"；而另一些专家做出截然不同的评价："作者将数论中的莫比乌斯变换加以发展，并巧妙地应用于一些应用物理逆问题中，有明显的特色，国防上也可能是首例。"作为将数论方法应用于应用物理学的跨学科研究，陈难先的课题由于综合评价不高，未能进入优秀项目行列。只是再经过申诉，又请两位院士(一位是数论专家，一位是物理学家)审核之后才得到学部主任基金的资助。实践证明，陈难先的跨学科研究工作是卓有成效的。1990 年 3 月 29 日，英国《自然》杂志用整版的篇幅刊登了介绍陈难先工作的文章，在其引文摘要中写道："谁说数论是纯粹学术性的？古老的莫比乌斯定理出乎意料地被证明可用来解决物理上的反演问题，

它们都有重要的应用";美国《物理学评论》以《陈氏反演定理》为题发表了专文;《国际天体物理》杂志报道运用"陈氏定理"导出了星际尘埃温度分布。

非共识项目形成的原因主要有三类。第一类,由于评议方法、同行专家选择、同行专家对信息掌握程度以及专家判断能力存在缺陷。专家产生的分歧具体表现在课题研究意义的评价、研究目标能否达到、研究内容是否重复、技术指标是否先进、研究方法技术路线是否可行、申请者的水平能力是否胜任等几个环节。第二类,由于申请者学术思想的自我保护或者同行专家对经费的控制标准而产生的分歧。具体表现在三个方面,创新学术思想是否阐述清楚、研究方法路线是否阐述清楚、资助率的影响。第三类,由于科学整体水平的限制产生分歧。主要表现在对课题研究方向的创造性或创新性、对实现创新应采用的研究方法和技术路线和对目前的研究条件能否实现创新存在看法上的分歧。经统计[①],在 163 个非共识项目中,123 项属于第一类原因,占总数的 75.5%;21 项属于第二类原因,占总数的 12.9%;19 项属于第三类原因,占总数的 11.6%。第一、二两类非共识项目,一般通过综合处理和深入调查,分歧可以得到统一和妥善处理。第三类科学创新所引起的"非共识",虽然占据比例不大,但是具有实质性创新意义。该类项目探索性强、风险性高、具有潜在的变革性,甚至敢于挑战现有的学科"范式"。其创新性在于,开辟新的研究方向,形成新的学科生长点,或者创造新的研究方法、技术手段,移植其他学科研究方法获得突破性成果。这类项目在发展初期常遭遇长时间激烈的讨论甚至经历不理解和不公正的对待,但是一旦成功将极大地促进科学的发展。

我国国家自然科学基金委员会(NSFC)处理非共识性项目,特别是资助实质性创新引起的非共识项目,有了一定的探索与实践经验,形成了包括小

---

① 吴述尧:《同行评议方法论》,科学出版社,1996 年,第 183 页。

额探索性资助的"预研"机制和增加申请者反馈的复评机制,但总体来说尚未找到适合跨学科研究等创新性强的非共识项目遴选办法。本书通过比较、分析并借鉴一些国外典型的相关资助机制,设计了一套"互动学习"式评议机制,专门用来克服传统同行评议机制对于遴选跨学科项目的缺陷,为资助机构更加有效地遴选这类项目提供了一种新的评议方式。

(二)建立跨学科研究项目评价方法的基本需要

1.需要给予跨学科研究项目评价负责人决策权

评议跨学科研究项目的资助申请需要专业背景更加丰富的学科评议专家。评价负责人即主管该项目评价的最高责任人,应该有权建议资助那些没能获得专家赞同的具有创新性的跨学科研究项目。例如,NSFC 的两个资助跨学科研究项目的案例①——1989 年"离子注入水稻诱变育种生物效应"和 1990 年"应用物理中几类逆问题的研究",虽然最初有所波折,但先后最终以学部主任基金的方式获得资助。该机制虽然也要经过同行专家的评议,但最终的决策并不完全依靠同行专家,评价主任拥有决定跨学科研究项目最终能不能获得资助以及获得多少资助的最高权力。虽然评价负责人个人集中拥有一票"否决"、一票"同意"的权力,但是仍然需要在大同行专家意见基础上形成最终决策,本质上仍旧属于传统依靠专家评议的机制和方法范畴,仅仅是从纯粹的各个专家意见均势的"民主"决策到了个别人有决定权的"民主+集中"。这样能够在一定程度上帮助难以在专家中形成共识意见的跨学科研究项目获得一些基本的生存空间,摆脱跨学科研究项目就意味着边缘化和非共识性的尴尬处境,让一些有潜力的跨学科项目有相对充分的生长地带。然而,这种评价机制的些许缺陷是评价项目负责人权力过于集中,让

---

① 吴述尧:《同行评议方法论》,科学出版社,1996 年,第 179~181 页。

他们对评议结果甚至项目成败承受了很大的压力和责任。评价主任需要有足够的魄力、跨学科远见和多方面素质，才能够力排众议，为复杂的跨学科项目评审提供决策。

2.需要在正式进入跨学科研究评价程序之前设立初审环节

跨学科研究项目评议过程分为两个阶段，第一个阶段是申请初筛或者申请预备环节，每位申请人提交一份预申请书供相关学科同行专家评议。预申请书要求较短篇幅，内容上仅包括：申请者自述该项目适合进行跨学科评审的原因，以及所研究问题的重要性、影响、运用跨学科研究方法的必要性；项目不同寻常的创新点；能够证明申请者有能力完成该项目的相关证据。同行专家需判断其是否能够进入正式的跨学科研究评审流程，还是将其归入单学科评价流程。能顺利通过第一个环节的申请者可以提交完整的研究计划书，从而进入第二个环节即跨学科研究评价环节。不同于一般的评议方法和机制，作为申请预备环节的评审专家需要对项目申请团队，尤其是项目负责人是否具有杰出的组织协调团队和高度创新的能力给予足够多关注，并努力寻找证据证明申请人所述组织不同学科知识以及人员的跨学科研究方法在解决该复杂问题时具有卓越的创新性和切实可行的步骤。预申请的评议环节虽然属于传统同行评议机制的函评方法，但是，可以有效剔除不属于跨学科研究的项目或者研究水平不高的项目，进而控制跨学科研究相对较高的评价经济和人力成本。由于跨学科研究评价的正式环节是"互动学习"式的论坛评价，成本很高，对于申请者认为的跨学科研究进行初步检测，看是否可以将其纳入其他学部的普通项目评议流程，帮助控制进入下一步跨学科评审程序的申请数量，从而有效降低跨学科研究项目的总体评审成本，有利于减轻评审专家以及资助机构负担。

3.建议使用面对面的评议方法干预评议过程

跨学科项目资助机制中核心的环节是面试评议。经过初审或预申请的函评环节,评选出最具"创新性""跨学科性"和"可行性"的跨学科研究申请者进入面试评议阶段。在面试阶段,首先由资助机构组织的多学科评审小组听取申请人的关于该跨学科研究的设计构想和实施策略,然后留出提问和相互讨论的时间。最后,根据评审小组成员的评价结果和立项意见,将申请者分为优质、次优和良好三个档次。处于优质档的项目申请一定能够获得立项,处于良好的申请者则肯定不被立项。面试的环节能使得评议专家们有足够的时间,去观察、分析申请人的跨学科思维,考察其过往跨学科研究经历的真实性以及实际研究能力,互相交流看法并达成组内共识。面试评审的方式,采取的是强化交流互动环节的传统同行评议会议答辩评议方法。面试评审的方法能够帮助对跨学科研究所涉及的其他学科知识不甚了解的评审者,通过互动沟通,能够更加准确且即时地观察和判断申请人的研究路线、方法,有利于评审一方的专家给出更精确、中肯的评审意见。但是,能进入面试评审流程的只有那些顺利通过初审或申请预备阶段的申请者。那么,一些有潜力的但思考尚不成熟的跨学科项目,有可能在前面书面评审阶段就遭到出局结果而根本没有机会进入面试。所以,如何在有限的成本投入下,能让尽可能多的具有跨学科研究潜力的项目进入面试环节是下一步需要考虑的问题。

面试答辩运用的是与头脑风暴法类似的创造性技法。头脑风暴技法能够让与会者在没有拘束的规则下,围绕某个特定议题进行无边界、无限制的自由畅想,并且可以百无禁忌地开始"思想即话语"式表达,使各种有可能、或许有可能、完全没可能的想法都在互相激荡产生创造的风暴。这种方式可以打破参与议题讨论人员固有思维模式,碰撞出创新性的独特想法,在技术发明、制度创新、管理方法迭代等领域得到广泛应用。通过面试研讨会的方式遴选跨学科研究项目，一方面有助于来自不同学科背景的参与者之间相互沟通增进了解、互相"攻击"促进创新灵感的互相启迪；另一方面，实时互动交流评议现场成了方便信息传递的即时平台，为研究团队、评审专家组与评价负责人提供了亲身参与整个研究计划论证过程的机会。在这个过程中，专家立刻可以给出评议，在节约评审时间的同时，增加了对跨学科研究的知识和范式的了解，提高了评议结果的可靠性。该评审方法对于既保有传统同行评议机制中会议评价的整体框架，又突出了实时评议和互动交流的环节。

4.需要邀请来自多个学科的评审专家和"跨学科学"专家

跨学科研究项目评审需要邀请该项跨学科研究涉及的不同学科专家和精通跨学科整体规律的"跨学科学"专家，担任预申请函评以及面试答辩阶段的会议评价专家。最终决定哪个跨学科研究会得到资助将充分考虑来自不同学科领域专家的意见。正如前文所论述的，跨学科研究必然是超越了传统单一学科的研究范畴。此类研究的核心要义是糅合不同学科知识，跨越传统单学科建制和知识范畴，甚至探索建立一个新的研究领域、学科建制的可能性。因此，组成可以凝聚不同学科的专家与"跨学科学"专家智慧和经验的混合评价小组极有必要，且有助于从微观和宏观相结合的角度全面理解、评价这类项目，使这类项目的评议更科学。

（三）跨学科研究项目的"互动学习式"评议机制

1.跨学科研究项目"互动学习"式评议机制的评议流程

"互动学习"式评议机制是一种即时评议方法，以类似头脑风暴式的创新论坛为遴选平台的交互式论坛，通过现场互动学习、即时互动的方法识别出值得资助的跨学科研究项目。它改良了以"答辩式"评议方法为框架的会

跨学科研究评价的理论与实践

议评审模式,添加了更强调互动、交流的论坛机制。在面对跨学科专家的提问时,项目团队除了报告其研究的跨学科内涵以及创新思路以外,还需要开展与评审专家就其主持的跨学科项目方方面面甚至自身研究经历等问题展开现场问答讨论以及思想对碰,申请者耐心接受评审人员的质疑并且积极引导与会人员准确理解不同学科知识和整个方案的设计理念,并虚心接受评审人员的意见努力完善研究路径。在双方的互动中得到最终评价结论。该机制以自由深入的讨论形式为主要过程并记录全部讨论内容形成最终书面述评结论,对于发表涉及整合不同学科知识或打通学科间壁垒的创意思想应给予特别鼓励。当然,组织评审的立项单位也可以根据自己的目标和需要达成的效果专门增加调研环节或者简化相应的步骤。

互动学习式评议机制的完整评议流程如下,包括:第一,确定评审的跨学科项目。以 NSFC 为例,属于各学部内部,一级学科内交叉的跨学科项目,可以由各个学部分别征集。属于一级学科间交叉的项目由多个学部联合负责征集,由第七章会提及的跨学科研究协调委员会协调各学部经过协商评选出来。第二,确定参加现场互动学习评审环节的申请人。由跨学科研究协调委员会提名推荐申请人,并负责组织协调二元交叉、多元交叉和文理交叉类申请人的人数比例工作。若项目申请人提出该项目不适用传统同行评价方法,而适用跨学科研究评审机制,可以允许其向负责跨学科研究协调的部门,提交简要的跨学科研究计划的特别说明进行必要性推荐,申请书须附推荐的跨学科研究评审专家两个。第三,确定评审者及论坛主席。评审者人选由跨学科研究中涉及的科学所归属的对应学科推荐,并须认真审慎地参考项目负责人自己的建议。评审者中不但要有多个学科领域的专家,还要有跨学科学专家参与,专门从宏观跨学科研究规律把握整个项目质量。此外,要确定一位有丰富跨学科研究评价经验或有从事过相关跨学科研究背景的、学术视野开阔的论坛主席来主持具体讨论过程。第四，开展交互式论坛评议。该阶段是整个互动学习评议机制的关键所在。首先,项目负责人向各位专家汇报其项目的跨学科研究设想理念、实现策略,并提供证明有跨学科研究以及组织协调整合整个跨学科团队完成设想的能力;其次,项目申请人与评审专家在论坛主席所设定的议事规则以及相关问题的指引下, 展开头脑风暴式的深入讨论和思想碰撞, 评审人员细致了解自己学科背景之外的知识内容,申请人接受答辩专家的询问、考验和提示,并逐步思考如何完善自己的项目规划;再次,由评审主席与评议专家一起共同协商,落实能否资助立项的决定,遴选出论坛中具有跨学科研究潜质的申请人。最后,明确资助人员名单,将经过论坛辩论吸收了专家意见的完善之后的研究计划书和整个讨论过程的记录存档。

会议的答辩内容可以基于如下几个跨学科研究的核心环节和基本问题展开:

(1)为什么该研究必须选择跨学科或整合性的研究方法?

(2)哪些学科或学术领域或方法会被整合进该研究?

(3)该研究计划将整合推进到什么程度?

(4)计划的整合将如何进行,学术和组织上的支撑机制是什么?

(5)团队成员的前期准备如何,包括成员学习其他学科知识和术语情况,团队是否已经形成可以交流的氛围或者是否观点已经达成一致?

(6)就学科交叉的尺度而言,现有的资源和人力对于跨学科研究是否可行?

"交互式"论坛评议乃"互动学习"式评议机制最核心、最关键的环节和特征,其具体演示模型可见图 6.3。其中,开展筛选活动的具体场所是会议现场,使用的方式是互动交流、头脑风暴技法,组成人员既包括主席、专家也包括项目申请人。主席就跨学科研究的主要内容引导整个讨论的话题走向,项目申请者与评议专家展开现场交流辩论、互动启发式的问答与思想交锋,主席除了维持规则与秩序也可实时参与讨论,最终与评议人员共同商议出具备跨学科研究能力的项目。

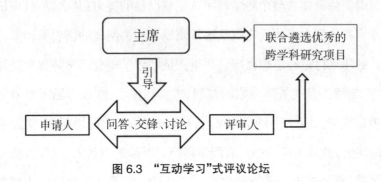

图 6.3 "互动学习"式评议论坛

2."互动学习"式评议机制分析

"互动学习"式评议机制依托的论坛,不同于以往的会议评审或普通的答辩制评审,而是在答辩制会议评价的框架方法中强化了交流环节的交互式论坛,候选人将其现有跨学科研究计划的主要观点、思路和完成步骤、实现方法拿到论坛上报告,接受质疑、验证与启迪,最终识别出有潜力的跨学科研究项目。"互动学习"式评议机制的交互论坛有两方面作用:第一,为申请人与评审者之间的互动搭建桥梁,让他们能够就跨学科研究中不十分清楚的部分展开交流,破解迷雾。既可以方便评审者更加详细、高效了解项目负责人的跨学科思维并考察其经历的真实性,又能给与项目申请人提供来自不同学科专家的启发思路,进一步产生跨学科研究创新的灵感,完善已有的跨学科研究思路。第二,为评审者之间提供了交流平台,跨学科研究评审专家研究背景各有不同,该论坛的设立有助于不同学科评审专家熟悉其他领域知识,消除分歧,让跨学科交流沟通变得可行,使得共识在思想碰撞之中出现,而不是缺席审判式的否定,避免因非共识简单放弃资助有潜力的跨学科项目的机会。

　　采用"互动学习"式评议机制遴选跨学科研究项目与传统同行评议机制相比较，主要优势在于：第一，改善了申请者在评审过程中原有的被动消极地位。该评议方式针对无准确意义同行以及不同背景专家不完全熟悉跨学科研究的特点，打破了传统同行评议机制的会议评议和现场答辩评议中，申请者处于消极、被动的地位，采用论坛式评议的方式申请者与评议者处于相对公平的地位，申请者能够利用交流的机会准确引导评审者理解其意图。不同于过往存在的答辩式评议采取呆板的回答问题方式，互动学习式的方式突破了评审专家和项目负责人的身份界限，专家成为了项目的指导者甚至参与者。互动学习式的沟通过程取消了很多的限制，更加放松甚至百无禁忌，区别于过往没有强化交流互动环节的一问一答的方式，改变了申请人在评审中的位置和发言的主动性略显不足的问题。论坛式评议更侧重来自不同学科背景的申请人与评审人之间相互沟通、相互启发，在评价委员会主席相关跨学科研究主题的引导下，实时、主动地识别出有潜力的项目，避免了专家形成跨学科研究中比较容易产生的非共识现象，提高了评议跨学科研究的效率。第二，改变了由单一学科组成的评审者构成方式。由来自该跨学科研究中涉及的各个学科背景专家以及跨学科学专家组成的评审小组替代传统同行评议机制中主要依据相同或相似研究领域同行专家的方式，邀请跨学科研究评价小组在论坛上全面理解跨学科研究中所包含的各学科知识，并结合有经验的跨学科学专家从跨学科研究宏观发展规律和国家跨学科研究资助政策的高度出发进行评价，使评议更加科学合理。第三，此种评价方法一方面能够选出有资格开展跨学科研究的申请人，另一方面能够帮助申请者完善其跨学科研究思想，从而促进了跨学科研究，而传统同行评议机制无法实现这种功能，并且评审者由局外评价人员变成参与完善跨学科研究的一部分。不同学科背景的思想在一定规则的约束下进行更加平等、更具启发性的学习、交流和互动,肯定可以激发科学家们的创新灵感,并发展和培育部分创新思想。评审专家和申请者一起,通过激烈的讨论,深化了对该项目研究思路的理解,有助于评审专家积累评审跨学科研究的经验,候选人进一步完善自己不成熟的研究设想。

综上所述,"互动学习"式评议机制针对跨学科研究项目缺少小同行,缺乏专业性知识的问题,在原有答辩式评议基础上添加了专家与专家、专家与申请人之间的平权交流模式,为跨学科研究保守型偏好的评价传统提供了新思路。在申请者与评价者相对平等的环境中,以一种主动不拘泥于刻板评价标准的互动方式遴选出有跨学科创新能力的项目。并且,帮助资助机构更好地发现、培养和支持这类课题,尤其可以成为我国科学基金评议机制中与同行评议相并行的、针对跨学科研究以及其他高风险性研究的一种补充扩展评议机制。

想要确保创新的评审方法发挥良好效益,必须配备适宜的管理实施细则。因此,"互动学习"式评议机制还需要深入探索、试错并解决具体的一些实施问题,比如是否限制论坛规模、降低高额的评价成本、如何在高度透明的评审中实现知识产权的保护、规范评审过程、建立监督反馈机制等内容,需要结合实际做进一步探讨。

三、跨学科研究人员的"联合聘用"评价方法

无论是设定鼓励跨学科发展的政策,还是构建公平、公正地跨学科研究评价体系,都是为了给跨学科研究创造一个良好的发展环境,但跨学科研究真正落到实处还是需要越来越多的高水平人才投身到跨学科研究当中来。

然而,有意从事跨学科研究的人员申请终身职位或者晋升的时候,常常面临一个问题:在单一院系的聘任评价体系下,他们需要找到真正所属的院系。跨学科研究人员的归属和职称晋升的问题势必阻碍更多的年轻人才加入跨学科研究领域。如何根据年轻教员的专业背景、研究能力和跨学科研究经历,制定公正合理的聘任评价制度,是跨学科研究人才体系建设的基本问题。"联合聘用"制度是国外许多研究型大学尝试采取的促进跨学科研究的教师聘任与评价的基本模式。该制度能不能实现所聘教师和聘任单位之间的多赢? 下文将结合密歇根大学的案例,探讨一下跨学科研究人员"联合聘用"的聘任评价方法。

(一)"联合聘任"制度的含义与困境

"联合聘任"制度主要指学者受雇于两个或两个以上学术部门的聘任制度。当前,美国许多研究型大学采用了"联合聘任"的制度来促进跨学科研究[①]。美国华盛顿大学环境计划(Poe)中心是一个横向组织的全校性研究所。该中心不是一个传统的学术院系,没有自己的教员。不过,它起着网络的作用,将大学里的教员和学生集中起来扩充现有的计划,并提供跨越传统学科界限的综合、跨学科计划。学校不为其分配教员,而是由校长留出一部分永久预算,该中心用这些预算来与各系和学院合作聘用教员。这种做法使其承担的研究中心运行预算较少,从而提高了计划的灵活性和适应性,并消除了中心与各系和学院的竞争。联合聘任可以使大学受益于本来不适合现有院系框架的学者。该中心支付前 3—5 年的一部分启动成本和工资,之后完全由教员所在院系承担。校方大力鼓励各院系让教员去教授环境学习课程。学生从

---

① 吴述尧:《当代大学中的跨学科研究》,华东师范大学博士论文,2008 年,第 164 页。

那些教学中积累的学分计入教员所在院系。该中心还可以利用自己的预算来给计划授课教员的院系提供补偿。

另外一个例子是认知神经基础研究中心。该中心是卡内基梅隆大学和匹兹堡大学联合建设的。与华盛顿大学环境计划中心一样,该中心的主任花了大量时间去建立与联合院系的关系。他们的总体目标是确保与其他单位的合作是互利的。在这里,各学科被看作是惰性气体的原子,各个院系可以利用范德瓦尔斯力将人员集中起来,但是研究中心主任说,"几乎所有成员都处于共价关系中"。教员以合作的方式应聘,但被指定属于一个系。研究中心的资金用作启动成本,之后由各院系负责招聘。晋升与终身职位相结合。晋升终身职位的决定在系的层次做出,但中心主任参与其中。已成为终身教授并在多个院系评议委员会服务的与该中心有联系的教员能为这些评议委员会带来跨学科观点。

"联合聘任"制度在大学中通常表现为,两个或两个以上的传统院系或者跨学科研究中心通过签署备忘录等方式共同聘用一位教师。对研究者个人而言,该种聘任方式提供了受校方承认的合法身份以及教学、科研的保障,跨学科研究不再是传统学科研究的副业。原先很多在大学中从事跨学科研究的教员常感到跨学科研究得不到本系认可的压力。比如,跨学科教学,特别是在研究生水平上,常常涉及未得到本系认可或奖励的活动,其中包括:与其他教员共同授课;到其他系讲课;在本领域讲课,目的是吸引和培训博士生。这些活动也许被视为"额外的",得不到什么名誉。另外,即使这些教员是最适合指导其他系研究生的导师,但很可能也不能获得其他系导师的资格。同样,共同指导学生常常是跨学科培训的最佳方式,但很难办到,或者受到院系的抵制。"联合聘任"制度极大地改变了这种局面,强化了学科边界之间学者流动的条件保障。而对学校和研究机构来说,"联合聘任"制一方面有效降低了学校聘任全职教师带来的人力资源成本，另一方面极其快速地壮大了跨学科研究的师资队伍。

但实施"联合聘任"制也存在一定难度和复杂性，在实践中面临着诸多困难。密苏里大学杰尼·哈特（Jeni Hart）和马修·马斯（Matthew Mars）[1]针对 3 个问题，面向 12 所大学中 40 名科学教育领域的联合聘用教师展开调研：第一，联合聘用教师如何分配其在各个学术机构的工作时间？第二，联合聘用教师如何实现职业社会化？第三，联合聘用如何影响科学教育领域教师的职业认同？结果显示，联合聘用教师群体总体上缺乏职业认同感，对自己现在所从事职业的状态感到不满意。造成这种现状的原因主要是在联合聘用教师所横跨的两个院系中，全职教师同事并不完全认同联合聘用教师为该学院的专职教师。虽然各个学校院系都在采取积极措施增强联合聘任教师的归属感，但是如何最大限度地利用"联合聘任"制度的优势，为从事跨学科研究的教师切实解决认同感缺失，仍旧是一个非常具有现实意义的问题。美国密歇根大学为促进跨学科研究在积极探索"联合聘任"制度，不仅制定了较为完善的处理联合聘用教师的聘任、评估和晋升相关的规章制度，而且也较为妥善地解决了联合聘用教师缺乏归属感的问题。

（二）案例研究：美国密歇根大学"联合聘任"制度

1998 年美国密歇根大学（University of Michigan）展开了一场关于"思索教员职业未来——推进跨学科研究队伍建设"的讨论会，之后校方筹建了由教务长直接负责的校级跨学科研究委员会[2]。该委员会由来自校内各个院系

---

[1]　Hart J.，Mars Matthew M. 2009.Jiont Appointments and the Professoriate：Two Houses but No Home?[J].Innovative Higher Education，34(1)：19–32.

[2]　University of Michigan.Office of the Provost[EB/OL].[2011–3–5].http://www.provost.umich.edu/reports/issues_intersection/interdisciplinarity.html.

的代表组成,负责全面制定学校跨学科研究发展战略。密歇根大学跨学科研究委员会于 2004 年公布了《联合聘用教师指导书》①。"指导书"明确规定了如何根据每位联合聘用教师不同的职务、承担教学、科研任务来设置聘用教师的任期、工作量、获得资源的方式、行政归属等诸多事宜。密歇根大学处理跨学科研究教师的联合聘任问题的思路主要分为如下三个方面:

1.划清两个聘用单位的权责界限

由两个学术单位和联合聘用教师三方签署的聘用协议要包括:第一,规定联合聘用教师在两个学术单位的任职期限,并标明教师在两个学术单位中从事教学、科研、服务的工作量和相应比例。第二,规定联合聘用教师从两个学术单位内获取办公空间、科研经费、招收研究生资格等相关资源的程序。第三,为两个学术单位之间怎么分配利益,尤其是分配那些不容易分清楚的跨学科研究成果甚至学术声望和经济收益。第四,仍然需要在制度中讲明跨学科教师的编制归属于哪个具体单位。其中包括没有终身教职的教师在哪个学术单位申请终身教职。行政归属单位对联合聘用教师的工作负有更多的管理责任,主要负责协调两个单位之间的各种事宜,例如如果联合聘用教师在从事跨学科科研和教学过程中遇到需要协调的管理问题,所涉及相关联的两个学院需要共同努力帮助解决。

2.增加联合聘用教师自我认同感和归属感

联合聘用教师所供职的两个单位应该共同努力创造一个相对公平的环境,确保联合聘用教师与只受聘于一个学术单位的教师一样,享有同等的权利和机会获得相关待遇和学术资源。例如办公和工作空间、前辈导师的指导、设备的使用权、经费支配额度和招收研究生资格等。确保两边联合施加的教

---

① University of Michigan.2004.Guidelines for Joint Academic Appointments at the University of Michigan[EB/OL].[2011-3-5].http://www.provost.umich.edu/faculty/joint_appointments/Joint_Appts.html.

学科研任务和工作量不会超出单一聘用教师很多，并为超出部分给予相应报酬。密歇根大学要求联合聘用跨学科研究教师的两个学术单位要积极关心联合聘用教师的科研教学工作情况，与其保持紧密的联系以增强联合聘用教师的心理归属感。从事跨学科研究的科研人员作为学术新人加入那些发展相对成熟的学科领域中，很可能受到学科壁垒的阻挠。所以，在条件允许的情况下，要为联合聘用教师配备一位向导型同事，帮助其快速融入该学院的学术研究氛围中，另外配备若干位助手以帮助其建立新实验室、与其他系开展合作、开发跨学科课程等活动。在非联合聘用教师群体中，积极进行宣传，组织联合聘用教师和非联合聘用教师之间的联谊，努力减少联合聘用教师在学术活动中被视为"异类"或者受不公评价的可能。

3.明确评估标准和程序

在一年一度的年终考核评价和岗位晋升评价中，两个学术单位应该挑选跨学科研究教师所涉不同学科的专家组织联合评价，在考评过程中需要创造沟通了解的条件以帮助担任评审的资深教授，在参与跨学科研究的考评过程中对于联合聘任的教师所涉及的其他学科的评价规则和价值标准有更深的了解，依据其科研、教学和服务的各方面表现，参照聘任之初所签署的协议标准，并综合参考学院为其配备的导师意见，最终提出一个更加公平、更高质量的关于联合聘用教师是否达到原来的聘任预期、职责和程序的详细反馈意见，并以书面报告的形式上交校级跨学科研究管理委员会。

四、跨学科研究评价指标体系

(一)跨学科研究的成功案例

1.雷达研制

在第二次世界大战中,美国在原子弹上的资金投入为 20 亿美元,在雷达研制中投资超过 25 亿美元。研制新型雷达成功帮助美国赢得了战争,并且对战后美国科学的发展,起到了举足轻重的作用,尤其是对跨学科研究产生了非同寻常的影响。

1940 年,美国国防研究委员会授命麻省理工学院建立雷达研究中心。麻省理工学院从全国抽调众多优秀科学家开展此项研究。李·杜布李奇(Lee DuBridge)是雷达研制项目的首任负责人。李组织了不同学科的工程师和科学家,共同形成了雷达研制核心科研团队。1940 年 11 月 11 日,麻省理工学院 4-133 房间召开了第一次实验室会议,新型雷达研制从此开始。

雷达实验室刚刚建立之初仅有十几名员工,而经过几年发展,到第二次世界大战结束时,其人员规模已经突破 4000,是全美规模最大、涉及学科最广、功能最全的技术类实验机构。雷达研制工程是典型的巨型工程,绝不是一个或几个学科可以胜任的,需要多个学科的交叉合作共同完成。其工程任务量受到战争的紧迫性和研究对象的复杂性限制,造成了必须动员一切相关力量,采取最特殊的方法,以最快时间研制出来。当时所使用的方法就是让不同学科背景的科学家以及不同领域的工程技术人员共同工作,通力合作形成合力完成这一紧迫而艰巨的任务。雷达研制面临的形势就决定了多学科交叉是必须的要素。但是,多个学科参与是基本要素和前提,如何有效组织多个学科,使其发生可以预料的化学反应,是真正考验项目责任人的难题。例如,如何让来自基础科学和工程技术等不同学科的人员有效沟通和交流就是首先要考虑的问题。从最后的实践情况看,这个组织和沟通的过程可以概括为两个阶段,第一个阶段是多学科研究,即简单组合并列研究阶段;第二个阶段是跨学科研究,即交叉融合创新研究阶段。

第二次世界大战是造就这个项目汇聚如此多学科优秀科学家的主要原因。试想如果换在和平时期,哪里会有如此多的资源提供给该项目?彼时,科学研究并不像现在,科学交流合作多局限在学科内部,不同学科科学家之间开展交流合作的情况并不多见。第二次世界大战之前,科学中心在欧洲,美国科学家和欧洲科学家之间难以便捷地进行交流,更多是通过信件实现交流。美国国内未受到战争波及,科学家之间的交流更加便利,不同科学家共同研究是受到鼓励和支持的,但是总体上科学未进入广义上的普遍交流阶段,各个学科之间的交互还是相对较少的。而真正改变这种局面的事件正是以雷达开发为典型代表的大规模战争武器开发工程。

最开始,雷达项目的组织结构还是按照雷达组件的需要进行设置的。雷达的每个组件都需要相应的实验场所,实验条件包括空间、实验设备都需要与相应的组件配合。因此,基于这种地理的分布,各个学科科学家都是分配到相应的组件实验室,各自开展工作但是彼此之间鲜有交流。这种研究方式相比于之前的,按照不同学科、不同领域进行研究,还是显示出一定的优势,但是这种优势对于开发新型的雷达,可以算作是多学科研究方法,其内涵核心是各部分分别工作而未开展真正的交流。多学科研究阶段重点在于多个学科的科学家共同参与到同一个研究项目中,共同实现一个目标,而科学家之间的交流和思想的碰撞并未引起关注,他们各自的研究成果上交之后由另外的人进行综合。这一阶段并未重视科学家之间的差异,不同学科的科学家分组的依据往往是研究对象的需要和一些基本的特征，实验室的空间设计以及行政机构的安排都是基于简单的原因，导致不同背景的科学家虽然是在同一个大型项目工作，但是却被分割为一个个小的独立组件各自工作。各小组的工作结果按照程序和管理向上提交，由相关负责人员再对不同学科的研究成果进行汇总。这种简单堆砌的学科组合方式对雷达研制来说效果不佳，曾经一度进展缓慢，并没有真正迎合当时的科研需要，没有解决当时的许多重大问题。当时一名科学家指出，仅仅是例行公事的书面报告，或者偶尔为之的研讨会，根本无法全面地反映一个科学家团队的工作。多学科的组织方式没有实现学科间的交叉融合，当时的雷达项目就像一个大型容器，不同学科混入其中，没有产生任何可贵的化学反应。面对研制工作进展缓慢，跨学科式的组织方式将被引入以替代多学科研究。

新型雷达研制是一个从理论到实践一体化的系统工程。不仅仅需要在工程技术理论上有所创建，而且还需要所有的理论都能够变现为实际，即电子元器件的中试和开发，乃至后期量产工艺、质量保障等环节都可以实现。复杂而具体的要求让项目负责人最初将思路定位为还原，把复杂问题拆分为一个个任务单元，让科学家和工程师在各自小组独立工作。该组织模式采取多学科研究的方式，只是形式架构上满足了处理复杂问题的一定需要，但是当时参加雷达研制的科学家也逐渐发现此种科研组织难以真正解决复杂问题。他们发现仅仅在形式上"拼凑组合"最后的科研成果是不够的，必须将科学家们真正联合起来，开展实质性的合作研究。皮特·盖里森(Peter Galison)①提出，真正的合作研究应该是以思想交流融合为重点，需要建立一个思维、数据和设备可以在不同人群间畅通传递的机制，这个机制类似一个自由

---

① Peter Galison.1997.Image and Logic：A Material Culture of Microphysics[M].Chicago University of Chicago Press，9.

的交易市场(简称"交易区"),在这里科学家、实验人员和工程技术人员可以自如地交流思想、交换数据和设备。这个自由的交易市场采取一种虚实结合的存在结构,他发生在一定的空间场所之中,但是又不是固定的空间场所。"交易区"更像是一种协调机制或者一种契约和约定,科学家在这种安排之中可以跨越人为设定的任务小组,跟不同学科背景的科学家自如交流,共同开展难题解答、数据分析以及互相启发思想,实现了真正意义上的跨学科研究(IDR)。设置"交易区"或者形成交易机制是跨学科研究形成的重要标志。跨学科研究代表着一种特别的合作研究,将不同学科背景和任务分工的研究人员汇集在一处,进行共同课题的研讨和开发,通过不断的融合和发展,最终他们会形成一个更加紧密的关系网络,从而产生整体大于部分之和的跨学科效应。

　　跨学科研究为什么能够产生如此突破的效应呢? 关键不是拼凑不同学科,而是促进不同学科研究人员思想上的碰撞和沟通。围绕这个重点,雷达项目设置了"交易区"机制,让不同学科科学家可以在此互相学习借鉴,取长补短,原本困难的问题在不同学科、不同视角、不同理论之下可以更加便捷地实现突破。施温格(Julian Schwinger)是一位理论物理学家,他参与了美国新型雷达的研制工作。当时,施温格被安排在雷达项目的理论组,他具体的工作是负责解决雷达的理论原理问题,即建立一种网络体系,可以实现全面地捕捉和描述微波。由于传统的理论无法实现这一需求,施温格努力开发和寻找一种更好的办法。施温格在"交易区"里获得了启发。他发现电气工程师经常会使用一种便捷的工程计算技术,这种技术稍加改造,与先前的理论进行结合,完全可以解决这一难题。施温格将传统理论与电气工程的计算方法相融合,通过麦克斯韦方程组推导出一整套的规则。工程学科的人员和其他科学家在这个规则基础上,建立了可以详细描述微波并进行相应网络计算的方法。跨学科的视野和其他学科理论、方法的借鉴彻底改变了施温格解决物理问题的思路。同时，雷达研制所形成的跨学科模式也改变了战后的科学组织体系和组织模式。中国物理学家、电子学家孟昭英参与了美国新型雷达的研制工作。当时，他所承担的工作是解决雷达天线难题。雷达天线有两个重要作用：一是发射由磁控管产生的微波作为雷达波，二是接受来自需要探查的军事目标所反射回来的雷达波，从而实现定位军事目标。需要解决问题是发射的雷达波功率大信号强，而雷达波反射之后信号微弱。在同一雷达天线系统中，发射的大功率雷达波如果进入接受系统，会烧毁线路，如何解决这一难题是孟昭英需要考虑的。孟昭英理论知识精湛，凭借其全面的电磁波理论和电子工程技术知识，发明并制作了一个气体放电开关。当雷达在发射大功率雷达波时，开关内部发生气体放电，使得负责接收信号的电路短路，从而无法接收信号，保护了接受部分的设备不被大功率雷达波击穿。待雷达波发送结束之后，气体开关又再度接通，可以接受外界返回的雷达波。

"交易区"是实现不同学科之间有效交流的关键，起到了为思想碰撞加速的作用。不同学科的文化、思想、行为规则混杂期间，不同学科背景的专家不再处于杂乱拼接成果的状态中，而是依靠沟通交流，互相启发、互相碰撞，产生解决问题的思路和创意，跨学科研究使得本来互无往来的学科，逐渐发生交叉融合，生发出一些增长点，并渐渐形成一个整体，演变成一个新的学科或者新的领域。学科之间的交流可以发生在日常的会议安排之中，也可以是共同从事的实验之中，还可以发生在共同的午餐时间，甚至可以是闲聊的下午茶时光。不拘一格的交流方式打开了科学家观察了解其他学科思维、方法和行为的视窗，使得各个学科之间互相学习、互相借鉴变得便捷。

学科之间存在着明确的边界，其概念、观念和理论体系的差别严格护卫着这条边界。而跨学科研究的核心是打破概念、观念和理论组成的边界，让学科之间的观念得以相容,概念形成共享、融合和创新。罗森菲尔德(Patricia Rosenfield)[1]在探究生命科学的科研合作中发现,不同学科背景的成员在相互交流时会开发出一种不同于任何原来学科语言的新型语言, 用以促进不同背景人员了解学科间概念的异同,最终实现学科知识边界的跨越,完成跨学科研究。因此,罗森菲尔德提出学科间语言的交融、文化的融合是概念交叉、边界突破的标志和关键,是实现跨学科研究的困难之处。美国新型雷达研制进行到跨学科研究阶段时,不同人员进入“交易区”进行交流和思维碰撞,初始时各个学科所使用的术语和思维方式各有不同,但是奇妙的事情发生了,各个学科开始进行交流之后,并没有使用交流之中的某一个学科的术语交流,也没有使用某个现成的第三方术语,而是创造出一种不同于任何一种学科术语的临时用语。此种临时用语类似于“洋泾浜语”,是一种过渡语言,其产生机理过程是:为了能够使对方快速理解本学科的术语,科学家和工程技术人员都对自己学科术语进行了最简单化处理, 以方便对方理解和本区内交流, 这就使得原有学科的术语发生了改变。临时性的改变经历简化、稳定化、拓展之后,逐渐形成固定的框架。这时候约定俗成的临时用语就可以承载知识、内容和思想了。新型的简约用语的形成不仅仅是传情达意的工具,还是一个沟通的过程,在这个过程中科学家们互相学习、互相借鉴,而且重要的是他们共同研究和制定沟通的规则, 创造理解对方意思的方法和路径。通过不断的磨合和学习,最终随着语言作为工具和方法确定下来,双方的交流和沟通机制逐步稳固,跨学科组织模式就形成了。

　　第二次世界大战期间,美国以雷达研发为代表的军事科技发展带动了跨学科研究飞速向前,并催生了一系列的基础理论和工程技术理论,比如

---

① Rosenfield PR.1992.The Potential of Transdisciplinary Research for Sustaining and Extending Linkages between the Health and Social Sciences[J].Soc Sci Med.(35):1343-57.

信息论、控制论和系统论都是这一时期的产物。前文提到的施温格在从事完雷达研究之后,逐渐对其中的电磁辐射理论产生了浓厚兴趣。他创造性地把经典电动力学和量子力学进行了交叉,形成了量子电动力学这新兴交叉领域。施温格在前人基础之上提出了重正化方法,完美拟合了实验结果数据。由于此项成就,施温格与另外一位物理学家共同获得了 1965 年的诺贝尔物理学奖。

2.DNA 双螺旋结构的发现

DNA 双螺旋结构被认为是与相对论、量子力学并列的 20 世纪自然科学领域最重要的三大发现之一。阐明作为遗传物质的 DNA 具有双螺旋结构,标志着人类开始从分子水平上认识生命世界规律。人类可以更为精细地探讨生命活动过程里发生的诸如遗传、衰老、变异行为,研究生命体内部的细胞、组织、器官各个层次生命组织的结构、功能乃至行为方式。破解 DNA 双螺旋结构并由此展开的分子生物学研究,催生了一大批重要的科学成果,诸如以 RNA 转录、翻译为核心的蛋白质中心法则,基因重组和克隆技术等。上述生物学理论的发展推动了人类生物技术的快速发展,帮助人类获得了调控和干预生命活动的能力,为农林医环化等工业技术领域提供了新的发展契机。现在人们生活中必不可少的生物药、转基因食品、生物有机材料等都得益于分子生物学。

发现 DNA 双螺旋结构是来自不同学科科学共同努力的成果,是一次典范的交叉学科创新合作。为 DNA 双螺旋结构的诞生做出主要贡献的科学家是克里克(Crick F)、沃森(Watson J)、威尔金斯(Wilkins M)和富兰克林(Franklin R),其中克里克和威尔金斯毕业于物理专业,是物理学家;沃森是生物学家;富兰克林毕业于化学专业,是一位化学家。1962 年,因为富兰克林罹患癌症已经于 1958 年去世,所以当年的诺贝尔生理和医学奖只授予了克里克、沃森和威尔金斯,以表彰他们在发现 DNA 双螺旋结构中的贡献。四位背景不同的科学家几乎在同一时刻展开对人类遗传物质分子结构的研究,他们之间既有亲密无间的合作,也有激烈的相互竞争,尽管学术上各有所长,学术观点也不尽相同,但是他们在发现伟大理论过程中所展现的科学态度、科学方法和思维方式是研究交叉学科原始创新的重要资料。

DNA 双螺旋结构的研究是如何开始的,以及发现过程是怎么样的?这样的问题要回溯到人类对遗传现象的好奇与探索之初。充满生机的自然界孕育了各种各样的生命。成千上万的生物为什么千差万别且又有着某种相似的联系? 1859 年,达尔文在著名的《物种起源》中提出生物进化论,表明不同物种有着共同的祖先,不同物种是经过遗传、变异、生存、竞争、适应的过程发展演变而来的。所以,遗传在生命繁衍生息的过程中起着至关重要的作用。这一过程是如何完成的? 遗传机制的秘密究竟是什么? 一系列重要问题催促着科学家不断地探究。1865 年,遗传学家孟德尔在搞清豌豆子代性状规律后,发现了父代豌豆可以将性状代代遗传下去,并将这种载有父代特征的信息称为遗传信息。遗憾的是,孟德尔当时在修道院担任神父,其科学实验及结论并没有引起科学界的足够重视。1869 年, 科学家麦斯切(Meischer F)在鱼类的精子细胞中发现并分离了脱氧核糖核酸的物质(DNA 分子)。1882 年,弗莱明(Fleming W)在蝾螈幼体里发现染色体。1914 年,富尔根(Feulgen R)发现了 DNA 可以染色。1910 年,摩尔根(Morgan T H)研究果蝇的遗传现象时发现,遗传信息处于染色体之上。由于染色体既有蛋白质,也有 DNA,当时的人们无法分辨究竟是蛋白质还是 DNA 携带遗传密码。1920 年,科学家分析了 DNA 的分子结构,发现他们是由四种核苷酸分子组成的,分别是碱基胞嘧啶核苷酸(C)、胸腺嘧啶核苷酸(T)、腺嘌呤核苷酸(A)和鸟嘌呤核苷酸(G)。当时普遍的观念更倾向于相信蛋白质而非 DNA 是遗传物质,因为据当时的了解,蛋白质的形态已有 20 多种,结构相对复杂,明显相比于只有四种碱基构成的 DNA 具有携带更多信息的可能。

20 世纪 50 年代,发现 DNA 双螺旋结构的时机已经成熟了。1950 年,查伽夫(Chargaff E)发现 DNA 中碱基 A 和 T、C 和 G 的数目是相等的。1952 年,赫尔希(Hershey A D)和蔡斯(Chase M)用放射化学的原子示踪法最终确定了 DNA 而不是蛋白质是遗传物质的载体以后,DNA 是重要的生命遗传物质载体的结论已经非常清晰。随之而来的是,DNA 作为生物大分子,他的物理结构是什么? 螺旋结构是单螺旋、双螺旋还是三螺旋? 螺旋的方向是左手还是右手? 四种碱基如何配对携带遗传信息? 率先发现 DNA 的分子结构必将是重大的科学突破,几家科研机构的科学家团队围绕着这些问题展开了激烈的学术竞争。当时参与竞争的科学团队主要有三家:一个是英国的卡文迪许实验室,实验室主任是布拉格(Bragg W L)。布拉格该将实验室从战时的纯物理研究转至战后生物大分子结构研究, 在蛋白质晶体结构上取得了成功并获得诺贝尔奖。克里克和沃森作为实验室的研究生和博士后,也加入了蛋白质结构分析的小组。

比沃森和克里克更早投入 DNA 双螺旋结构研究的是伦敦国王学院的威尔金斯和富兰克林小组。物理学家威尔金斯在二战期间曾参加过著名的曼哈顿核武计划,战争结束后他最早开展了利用 X 射线衍射方法测定 DNA 晶体结构的研究。1951 年富兰克林加入研究小组,帮助小组获得了更加清晰的 DNA 衍射照片,但是很快富兰克林与威尔金斯交恶,这也影响了他们后来的合作。除了上述两个小组以外, 远在美国加州理工大学的鲍林(Linus Carl Pauling)也参与了 DNA 双螺旋结构的竞争。鲍林是一位著名的量子化学家,因化学键方面卓越的贡献,1954 年被授予诺贝尔化学奖。鲍林曾经对生物大分子结构的研究感兴趣,他在 1950 年发现了蛋白质的 α 螺旋结构。

在三个参与 DNA 双螺旋发现竞争的小组中,一度处于领先位置的是富兰克林和威尔金斯小组。威尔金斯是物理学家,第二次世界大战后就来到国王学院生物物理研究室。1950 年 5 月,他参加学术会议时从报告人史格那(Signer R)处得到一瓶高质量的 DNA 钠盐,随即开始对 DNA 进行光学观察。虽然威尔金斯很早开始对 DNA 晶体结构展开研究,但他并没有使用 X 射线衍射技术拍摄出 DNA 分子的照片,直到富兰克林来到实验室并在 1951 年秋天拍摄出令威尔金斯震撼的 DNA 衍射照片。

富兰克林是一位卓越的女科学家。1945 年,她毕业于剑桥大学的物理化学专业。获得博士学位后,她前往法国学习 X 射线衍射技术,并在巴黎国家中央化学实验室从事晶体结构分析。1951 年,富兰克林受到兰德尔爵士(Randall J)的邀请,前往国王学院从事 DNA 分子的 X 射线分析。富兰克林来到国王学院时,恰逢威尔金斯外出,使得富兰克林误以为 DNA 分子结构的研究任务是委派给她一个人的。当威尔金斯返回国王学院时,只好把 DNA 钠盐全部留给富兰克林单独使用。除了这个原因,威尔金斯如此行事也源于她对富兰克林的轻视,他视富兰克林为技术助手,对她并不是非常尊重。歧视女性科学家是当时英国社会普遍的情况,女性教师不允许进入高级休息室和餐厅就餐休息,所以富兰克林在皇家学院工作时被无形的排挤在教授的联系网络之外,使得她获得的信息并不是最及时和全面的。1951 年,富兰克林在国王学院内部讨论会上汇报了她的工作,并根据 X 射线衍射照片提出了螺旋结构的设想。1952 年 5 月,她拍摄到了更为清晰的 X 射线衍射照片。这张照片成为解开 DNA 双螺旋结构的重要资料。威尔金斯在未得到富兰克林允许的情况下,私下里将清晰的衍射照片送给了沃森,沃森当即明白了 DNA 是一种双螺旋结构,为他们破解 DNA 之谜提供了重要帮助。富兰克林直到去世也不知道沃森在私下看过清晰照片的事情,这是沃森 20 世纪 70

年代才公开透露的。但是,沃森和克里克并没有相同的感受,他们早期想和富兰克林合作,但是都被拒绝,以至于在 1962 年他们诺贝尔奖获奖报告中没有提及富兰克林的工作,这是非常不公正的。其实,后来人研究富兰克林的笔记发现,就在沃森和克里克发表 DNA 双螺旋结构文章的前夕,富兰克林已经独立发现了相同的结论,仅仅是碱基配对方案没有搞清楚。如果假以时日,作为成熟的化学家,富兰克林必定能够发现 DNA 双螺旋的秘密。

DNA 双螺旋结构的发现之旅充满了戏剧性的"爱恨情仇"。尽管当事人的回忆各不相同,真实的历史未必能够得到原汁原味的重现,但是当时科学家之间的关系确实左右了最终发现的结果。一度领先的威尔金斯和富兰克林没有获得最终的成功, 一方面可能是由于关系不睦,单打独斗而缺少效率,另一方面可能与生物学知识背景欠缺有关,他们不清楚 DNA 究竟在细胞中如何发挥遗传作用。但是,这些领先者缺少的正是沃森和克里克组合所擅长的。

沃森是一个智慧和运气兼备的科学家, 他的成功可以概括为在对的时间、对的地点、做了一件对的事。他年仅 22 岁就获得了动物学博士学位。1951 年,沃森被导师鲁里亚(Salvador Luria)(后因发现了噬菌体而获得诺贝尔奖)送到了欧洲哥本哈根从事病毒 DNA 研究。1951 年 5 月,沃森在意大利的一个学术会议上听到威尔金斯关于使用 X 射线衍射法研究 DNA 结构的报告,他被这些结果深深吸引。沃森敏锐地感觉到 X 射线晶体衍射技术就是能够解开 DNA 之谜的钥匙,当即决定到卡文迪许实验室投身 DNA 结构的研究。彼时的欧洲正处于生物研究的前沿,剑桥大学富兰克林和威尔金斯对 DNA 结构的研究已经非常深入, 卡文迪许实验室主任布拉格也曾因 X 射线衍射测定晶体结构而荣获诺贝尔物理学奖, 选择剑桥卡文迪许实验时作为研究的地点是再恰当不过。而且,沃森进入 DNA 分子结构研究的时机也非常适合,在几年之前 DNA 分子结构的研究还没有具备条件,研究可能难以为继,再晚几年可能富兰克林等科学家已经取得了突破。除了时机以外,沃森在剑桥卡文迪许实验室还遇到了重要的合作伙伴——生物物理学家克里克。

1937 年,克里克毕业于伦敦大学物理系。第二次世界大战中断了他的博士学习。战后他受到薛定谔《生命是什么》的影响,对生命现象分子水平的规律非常着迷,决定改学生物物理学,成了卡文迪许实验室的博士研究生。沃森来到卡文迪许实验室时, 克里克正在撰写他血红蛋白 X 射线晶体分析的博士论文。1951 年,35 岁的克里克与相差 12 岁的沃森一见如故,他们都坚定地相信 DNA 是遗传物质的主要载体,并且认为所有的生命现象最终都要归结为分子层次的变化。如果不能阐明这些就不会了解任何的生命现象。所以 DNA 分子结构是一个重大的课题。这个共同的认识使得沃森和克里克排除一些困难,密切合作,最终解开了 DNA 分子结构之谜。

沃森和克里克面对的困难有很多。当时,卡文迪许实验室与国王学院之间存在一个不成文的规定:卡文迪许实验室的研究只能涉及蛋白质的 X 射线分析,而国王学院负责 DNA 的 X 射线分析。所以,沃森和克里克没办法公开地从国王学院获得有关数据。沃森进入实验室以后, 将威尔金斯所做的 DNA 结构 X 射线分析报告转述给克里克。克里克根据他之前有关血红蛋白 X 射线结构分析的经验,立刻判断 DNA 是一种螺旋结构,但是无法确定是单螺旋、双螺旋还是三螺旋。于是,沃森和克里克从美国鲍林组研究蛋白质螺旋模型的成功经验出发, 开始运用已知的限制条件制作精确模型。很快,1951 年 12 月,他们搭建起第一个 DNA 模型:主体三螺旋,中央由核糖和磷酸组成,通过镁离子链接组成链条,碱基则位于骨架分子的外侧。沃森和克里克邀请富兰克林和威尔金斯来讨论, 但是富兰克林立即指出了模型的错误。骨架不应该成为黏结剂,并且沃森把含水量搞错了。也许是富兰克林的语气不太客气,也许是为了维持之前的君子协定。两个实验室的领导决定让沃森和克里克放弃 DNA 结构模型的研究，重归蛋白质结构的分析,DNA 分子结构的研究继续留给国王学院。

1952 年,国王学院继续围绕 DNA 进行实验,富兰克林拍摄了更为清晰的 X 射线衍射照片，但是沃森和克里克并不清楚。1952 年 7 月，查伽夫(Chargaff)访问剑桥时与沃森和克里克见过面,但是他们两个当时还不熟悉碱基结构,更无法判断碱基配对结合的方式。查伽夫的 Chargaff 定则在他们建模时还没有起到作用。1952 年,美国的鲍林逐渐对 DNA 结构产生了兴趣,他预测的模型也是三螺旋结构,碱基在周围。鲍林把这个消息写信告诉了远在英国的儿子皮特(Peter Pauling),皮特把信给沃森和克里克传阅。他们两个急于知道具体的情况,请求皮特向父亲鲍林要实验手稿,并在 1953 年 1 月底看到了鲍林的手稿。沃森发现了鲍林手稿中的错误,意识到三螺旋结构是不成立的,但是竞争意识很强的沃森并没有告诉鲍林,担心他很快改正错误而且发现正确的模型。克里克同意沃森把鲍林的手稿拿去给威尔金斯看。他们会面时,威尔金斯私自把富兰克林那张更为清晰的 DNA 颜色照片给沃森看。这张照片更加清楚地显示了 DNA 的螺旋结构,使得沃森大为震撼,沃森这才明白 DNA 由 A 型向 B 型转换时,纤维变长了 20%,螺距增加到 34,每股 10 个碱基,纤维的直径为 20。沃森在回卡文迪许的火车上,在报纸的空白处做了估算,认为螺旋的股数应该是 2,也就是双螺旋结构。在与沃森交流之后,克里克提出除非获得 DNA 纤维具有 C2 对称性,否则双螺旋结构不能成立。

幸运的事情发生了。国王学院之前在 1951 年 12 月,曾提交了一份报告给剑桥大学医学研究委员会,其中包括富兰克林的工作总结。1953 年 2 月,经过几次辗转,这份报告被克里克所在组的领导佩鲁兹(Perutz)秘密地转给了克里克。克里克看到了其中关于 DNA 晶体属于单斜晶体,具有 C2 对称性的分析。这是沃森所不懂的物理知识,因为根据空间群理论得知,螺旋结构不仅是双股的,而且是反向平行的。克里克兴奋地告诉沃森可以放心地搭建双螺旋模型了,但是碱基如何配对的问题仍然困扰着沃森。1953 年 2 月的第三周,沃森从一本生物化学书和一些文献中了解到,碱基的结构式以及氢键在碱基配对中的重要性。1953 年 2 月 20 日,他将同类嘌呤配对并以氢键结合。但是同一个办公室的同事杰瑞(Jerry Donohue)看了沃森的模型后指出,因为氢原子的位置会让碱基有诸多变异体。克里克看了这个同类嘌呤配对的模型后觉得不符合 C2 对称性。2 月 27 日,沃森在摆弄纸壳碱基模型时,突然想到如果腺嘌呤和胸腺嘧啶配对,鸟嘌呤和胞嘧啶配对,两者的形状就一样了,就不必担心两股螺旋之间距离忽长忽短不一样均匀了。克里克也认为这个新的模型不仅符合 C2 对称性,还符合了查伽夫定则。剩下的事就是构建详细的模型,并测定模型中原子间的坐标了。

　　1953 年 3 月上旬,克里克把最新的情况通报给了威尔金斯,沃森也把情况写信报给美国的导师并转告鲍林。威尔金斯认可了沃森和克里克的工作,并建议自己和富兰克林都应该各写一篇实验性的文章发表,作为沃森和克里克理论工作的佐证。4 月初,沃森、克里克和威尔金斯以及富兰克林的文章一起到达了《自然》杂志(Nature)编辑部。4 月 25 日,三篇论文同期发表。克里克感到 4 月份的文章对双螺旋结构在遗传学上的意义阐述并不透彻,于是沃森和克里克又在 5 月 30 日,在《自然》杂志上发表了一篇补充性的文章。上面这四篇文章就是划时代的历史性科学文献。1962 年,诺贝尔生理或医学奖授予威尔金斯、沃森和克里克。富兰克林因为癌症于 1958 年去世。按照诺贝尔奖的规定不颁发给去世的人。但是,人们普遍认为,富兰克林对双螺旋结构的贡献不低于三位获奖者。

　　DNA 双螺旋结构的发现对于跨学科研究有诸多启示。第一,交叉学科是原创性科研的思想源泉。将一个学科中成熟的技术、方法和知识应用到另外一个学科之中,能够产生重大的创新成果。第二,交叉学科研究过程中不同学科知识要相互交融,不可偏废。双螺旋结构的发现得益于沃森和克里克良好的科研合作,沃森生物学的知识以及克里克物理学的知识有机的结合是实现突破的关键。而威尔金斯、富兰克林和鲍林相对单一的学术背景制约了他们更快发现实验数据的意义。第三,宽松的学术环境有利于交叉学科产生原创性成果。卡文迪许实验室的主任是布拉格,在他主持之下的科研氛围宽松,他本人善于利用学科优势打破学术禁区,发现新的学科交叉切入点,支持年轻科学家开展创意选题。

3.CT 和 MRI 影像医学技术的发明

自从伦琴(Wilhelm Röntgen)1895 年发现 X 射线之后,医学影像技术就成了医疗诊断的重要手段。医学影像技术的发展帮助医生更准确地观察病灶,对于医学诊断、治疗和后续康复具有非常重大的意义。医学影像技术发展史曾历经过两次革命,一次是 X 射线计算机断层扫描(简称 CT)的出现,另一次是核磁共振成像技术(简称 MRI)的出现。两项革命性技术的发明者以及科学原理的发现者分别于 1979 年和 2003 年获诺贝尔生理学或医学奖。CT 和 MRI 科学原理的阐明以及相关技术的发明和实现是典型的物理学与医学的交叉,是将物理学原理与医学实践的特点相结合的产物。

CT 技术的发明者是南非物理学家科马克(Allan Comack)和英国工程师豪斯菲尔德(Godfrey Hounsfield)。科马克 1924 年生于南非约翰内斯堡,父亲是一位邮局的工程师,母亲是一位教师。中学时的科马克就对天文学产生了兴趣。上大学时,考虑到天文学的就业问题,所以选择了电力工程学。但是两年后转向物理学的学习。在开普敦大学完成本硕学习之后,科马克来到剑桥大学卡文迪许实验室从事核物理研究。1950 年,返回开普敦大学担任讲师。

1957 年,来到塔夫茨(Tufts)大学任助理教授,1968 年,担任该校物理系主任。这段时间他主要研究核离子物理,只是在空闲时间里研究 CT 扫描。

豪斯菲尔德 1919 年生于英国诺丁汉郡。从小生活在乡村的豪斯菲尔德,从小便任凭自己的兴趣自由自在地生活。十几岁的时候,他自己制作过电动记录装置、滑翔机式的喷水器。第二次世界大战时,他加入皇家空军预备役,在军队中学习过无线电通信知识。后来,他曾经到皇家科学院和雷达学校担任过雷达技术的讲师。第二次世界大战结束后,他进入伦敦的法拉第电机工程学院获得了学位。1951 年毕业后,豪斯菲尔德进入了电力与音乐仪器公司(EMI)工作。1958 年,他带领队伍开始筹建第一台全晶体管计算机。1967 年,他提出有关计算机控制 X 射线断层扫描技术的最初设想,并且制作完成了第一台脑扫描仪。直到 1976 年,他设计和建造了 4 台扫描仪样机和 5 台全身扫描仪。

X 射线很早就并运用在医学诊断上, 但是由于传统 X 射线无法从不同深度方向上区分人体器官,更无法区分密度差别较大的脏器。为了克服这些缺点,人们力求新的医学成像技术。其实早在 1917 年,奥地利数学家雷登(Radon J)就发现了 CT 的基本数学原理,即通过投影的方法可以重建一幅二维或三维的图像。但是可惜的是,雷登的研究发表后并没有受到学术界的重视,直到 20 世纪 70 年代才被人们所认识。1955 年,科马克在南非开普敦大学任教时,曾经受聘于当地一所医院,主要工作是监督医院使用同位素。他当时发现医院在放射治疗时,医生需要把等剂量图叠加起来,并作出剂量等高线,反复进行这一工作直到找到满意的剂量分布。科马克指导等剂量只适用于均匀物质,而人体的组织是不均匀分布。要想改进治疗方案,必须了解人体组织的衰减系数,并且在体外能够测量出来。X 射线穿过物质会产生吸收效果,但是非均匀物质中变化的吸收系数是怎么样的问题并没有解决。于是科马克通过制作多种材料、多种形状的物体以及人体模型,一边实验一边进行理论计算。8 年后的 1963 年,科马克终于解决了计算机断层扫描的理论问题,并于 1963 年首先提出用 X 射线扫描进行图像重建,并给出了精密而准确的数学计算方法。

　　1967 年,豪斯菲尔德在乡间长途旅行时产生了 CT 扫描的基本思路。他想到如果对一个物体进行不同角度的测量,就可以得到充足的信息以重现这个物体的图像。然而在实践中具体怎么去解决和实现呢?豪斯菲尔德将这个思路归纳为一个数学问题。描述图像的方程需要不断试验和修正以符合实际情况。如果使用计算机运算这一大数量计算过程,通过快速迭代计算可以找到准确的结果。豪斯菲尔德在实验室进行尝试计算时,第一次就得到了收敛的结果。于是他马上开始制作实物。开始他以水中放置的不同形状的金属、有机玻璃分别代表软组织、器官和骨骼,用 γ 射线作为光源。但是由于射线强度太低,9 天后才完成扫描,随后计算机处理数据需要两个小时。之后,豪斯菲尔德用 X 射线替代了 γ 射线,扫描时间缩短为 9 个小时。1969 年,他用人体头部标本做实验改进装置,并在伦敦某个小医院开始人体试验。1972 年,他用制作的 CT 机对一位 41 岁的女性做了扫描,结果清晰地显示出左前脑的肿瘤。1972 年,EMI 公司公布了第一个可以投入临床使用的 CT,标志着 CT 技术研发成功。

　　能够准确而又对人体无损伤地观测体内器官、组织和血管的影像,是对于医学诊断、治疗和康复特别重要的手段。2003 年的诺贝尔生理学或医学奖授予了美国科学家劳特布尔(Paul Lauterbur)和英国科学家曼斯菲尔德(Peter Mansfield)。他们发明的"磁共振成像技术"可以应用于不同结构物体的成像,尤其是对人体组织中所含氢核的共振信号进行捕捉,然后通过计算机、普仪分析处理再成像就可以获得人体任意断层的清晰信号,此项技术对于病灶的诊断和研究是一个划时代的突破。

核磁共振成像技术的最大优势在于，能够在对病患没有身体侵入的情况下，获得其身体内部的器官、血液等组织高清立体图像。它的清晰度高于X射线成像技术以及CT成像技术。而且核磁共振技术突破了原有成像技术无法诊断脑部、脊髓部位病变的局限，还可以更加准确地在手术前定位癌症，并且判断肿瘤的性质。最重要的是，核磁共振技术无须侵入病患的体内，减轻了患者的痛苦。以往的成像技术要么需要注射对比图，要么需要将探测设备植入患者体内，核磁共振技术极大地减少了并发症和感染的出现。

无论是CT技术还是MRI技术，都是实现医学诊断史突破的革命性技术。两项技术的发明既是物理学、医学和计算机科学相互融合、相互交叉的典范之作，又是科学与技术的完美合作，产生了足以影响人类发展的重要科技成果。这两个案例对跨学科研究有着重要的启示。首先，可以发现两个案例中学科理论的移植和借用是学科交叉的重要途径。CT的科学原理都是来自物理学学科，甚至MRI更为基础的原理还与数学学科相关。物理学家最早将成像技术用于化学晶体结构的研究，然后逐步转移至生命科学和医学领域。其次，学科之间的碰撞可以产生重大科学问题，宽阔的知识面可以提供更加具有创意的思维。科马克受邀去医院监督放射性物质的使用，作为物理学家的他，可以察觉到平时医生和护士的工作中亟待解决的问题，进而引发对CT技术原理的关注。

(二)跨学科研究的成功要素

对跨学科研究进行评价，就是要筛选出高质量的跨学科研究。虽然质量是一个相对性的概念，是需要考虑评价主体的目标以及评价客体对主体目标的适应情况和完成情况，进行综合考虑的结果。但是高质量的跨学科研究,作为一种多个学科参与的创新研究组织模式,也普遍具备一些基本的构成要素和规律性。尽管这种影响可能是潜在的和辅助性的,但是透过对这些基本构成要素或者可以说跨学科研究准备情况的分析,评价专家以及资助机构可以对跨学科研究的申请者有细致的了解,某些情况下可以依此标准设计相应的评价指标。

美国印第安纳州立大学菲利普·伯恩鲍姆(Philip H.birnbaum)教授在13所美国大学和加拿大大学里挑选了84个跨学科研究科研项目进行了调查。经过大量调查访问,伯恩鲍姆总结了跨学科研究组织的8项基本特征:①研究小组具备多种专业知识;②研究小组成员运用不同方法来解决问题;③小组成员在解决问题过程中发挥不同的作用;④小组成员研究一个共同的课题;⑤研究小组对最终研究结果共同负责;⑥小组成员合用共同的设备;⑦按研究课题性质决定小组人选;⑧彼此都受到个人工作方法的影响。

跨学科研究的核心是不同学科理论和方法之间的整合,而沟通恰恰是整合的基础和前提。广泛的交流、联系和联合把学术界所有新的洞见带给了几乎每一类科学家和工程师。半个世纪以前,生物学家沃森和物理学家克里克提出了DNA双螺旋结构理论。他们在与其他领域科学家的交流中获得了众多的灵感。如果没有二人与其他学者广泛的交流,并努力学习不同学科的科学语言和文化,DNA双螺旋结构的诞生可能还要晚一些。学习一个新领域的知识总是苦差事,而且必须得到正式措施和非正式措施的促进,正式的措施包括支持新计划的制度政策,非正式的措施包括促进了解和交谈的自助餐厅、合作场所以及公共教室。《促进跨学科研究》走访了一百个研究组和研究中心,总结了学术机构成功进行跨学科研究的关键条件(见表6.10)。

表 6.3　学术机构成功进行跨学科研究的关键条件

各个方面	关键条件
最初阶段： 建立联系	1.需要解决的共同问题 2.领导能力 3.激励教员／研究人员合作的环境 4.团队观念的形成 5.种子基金 6.促进统一机构学生、博士后人员、首席研究员加强联系的研讨会 7.促进不同机构的研究人员加强联系的研讨会 8.不同团队的成员之间时常见面 9.通盘考虑
支持项目	1.受过研究管理培训的科学与工程学博士 2.支持项目启动和团队建设 3.连续且灵活的资助 4.敢冒风险 5.认识到项目具有高影响的潜力 6.资助机构的参与
设施	1.研究人员在同一地方工作 2.共用的仪器设备 3.增加研究人员的见面机会,如单位的自助餐厅
机构／管理	1.矩阵式的机构 2.奖励促进跨学科研究的学术带头人 3.有利于跨学科工作的终身职位／晋升政策 4.利用知识渊博和有跨学科研究经验的专家来进行评估 5.对成功的跨学科研究人员的专业认可

相反的,跨学科研究效果不佳最常见的原因是一个团队不够团结,或者不能发挥协同作用。之所以有这种情况,原因可能多种多样:研究小组的个别成员可能会把自己工作的重要性置于团队目标之上,贬低其他成员的贡献,或者不服从领导。比预期效果差的其他原因可能是不能充分认同其他成员对团队做出的贡献、团队的高级成员参与程度低、参与者没有足够时间去建立密切的合作关系以及经费不足等。

有时候,参与其中的各领域之间的文化差异无法弥补。例如,在早期的一些机器人研究中,机械工程师和软件工程师采用的方法差异很大。对机械工程师来说,一个具备适当传感器的机器人几乎不需要什么软件;而对于软件工程师来说,机械传感器数量过多是软件不足的标志。这样的文化差异必须加以弥补,方式可以通过不断地交流并且彼此都为了解其他学科作出努力。

跨学科研究理论的形成是一项复杂的思维和实践活动,即使该研究具备了关键的成功要素,并且有效吸取了可能导致研究失败的经验教训,也不能保证跨学科研究必然成功。换句话说,跨学科研究的成功要素与跨学科研究的成功结果之间,存在着必要不充分的逻辑推证关系,这是由科学研究过程的创造性以及不可预知性决定的。但是,跨学科研究成功必要条件的研究对于构建测评跨学科研究体系,具有重要意义。很难想象,一个连相互交流的基本条件都不具备的跨学科团队,能够完成复杂的跨学科理论和方法的整合,从而解决现实的科学和社会问题。

(三)跨学科研究的评价指标

跨学科研究的复杂性决定了资助机构需要根据自身文化和评审工作的目标、任务,因时因势地构造具体和适宜的指标。但是,并非不能归纳跨学科研究的核心评价指标的构建思路和基本面向。可以从跨学科研究成功案例和成功要素中发现,构建指标维度仍然要以人才、科学知识和支撑条件作为核心。

1.人才维度指标

无论是传统的单学科研究,还是跨学科研究,人才都是完成高质量研究的根本。一般来说,跨学科研究评价指标如果涉及人,往往更多将注意力放在科学家是否具备跨学科研究的知识背景和工作经历上。跨学科研究的相关求学背景,既可以满足跨学科研究对于知识本身的需求,还可以证明科学家熟悉至少有过学习其他学科知识的精力。而从事过跨学科研究的经历更可以成为直接衡量被评价的对象是否可信的标志。上面两个指标是跨学科研究人才的基本表征,而且测量和分析指标的方法也较为简单。

但是,如前文所述,在诺贝尔奖级别的科学贡献里,科学家超强的好奇心、捕捉科学问题的能力、知识整合的能力,以及人际交往的能力都发挥了极为重要的作用。好奇心、发现问题、整合知识,以及人际交往是科学家更为基础的跨学科能力,但是难以简单察觉和测量。任何简单的量表或者履历都无法证明上述能力的存在,以及存在的程度差异有多少。笔者建议资助机构可以在会议评价中融入对所涉科学家的观察。例如,可以让评审专家关注项目负责人或者人才本身的交流表现,设置一定的环节进行考察和讨论。

2.知识维度指标

评价跨学科研究的对象,无论是人才、成果、项目还是科研机构,最终要落脚到知识的生产和社会问题的解决上。评价跨学科研究必须围绕跨学科知识是否产生新的知识,是否解决了重大的科学问题和社会问题。评价跨学科研究的科学性指标可以围绕整合进行。首先需要判断跨学科研究中不同学科之间知识交融的程度。需要从方法、认知角度去考察显性知识,从人员的交流沟通情况考察隐性知识的情况。前者可以通过考察评价对象对跨学科研究方法整合路径的陈述情况获得,而后者可以依据跨学科研究团队沟通协调机制进行评判。

具体评价过程,可以通过实地考察来多角度验证跨学科团队沟通协调的情况。跨学科研究能否解决重大的社会问题和现实问题,一方面要看科研工作直接对社会问题的影响,例如技术和直接成果,具体可以从研究成果转化和被政策制定者采纳的情况测量;另一方面还要看科研成果对社会文化和社会建制的影响,这部分可以依据成果社会影响的传播能力以及更加广泛的社会群体需要程度进行测量。

3.支撑维度指标

跨学科研究的评价指标还可以从跨学科研究团队周边的物理环境和精神环境的支撑程度中查看。跨学科研究所在物理支撑环境包括仪器设备等开展跨学科研究必备的物质环境条件,还应该包括经费、工作人员的支持情况。考察物理环境的指标可以从所在机构的支持中发现。跨学科研究涉及不同学科,而不同学科可能来自不同学系、不同学院甚至不同研究机构。跨学科研究能否成功关键在精神环境,也就是不同机构、不同部门能否提供给跨学科研究人员以足够的信任和支持,提供给充足的政策环境允许跨学科研究人员跨越边界、跨越制度进行创新的探索。精神环境支持情况可以考察团队所在机构的政策宽容程度等。

第7章
跨学科研究评价的新实践

　　建立完备的跨学科研究科研资源分配体系，除了有赖于改进微观层面跨学科研究评价方法，还要依靠中观层面资助机构形成公平、合理的资助机制，以及宏观层面国家配备以相应政策和法律、法规。国家的科研教育资助体系包括各级各类的资助机构，国家级、省厅市级或者私人基金会、企业和非营利组织。本章从分析几个国外国家级资助机构资助跨学科研究的经验出发，结合我国的实践情况，尝试从更加宏观的角度探讨如何建设跨学科研究科研资源分配体系的策略。

一、国外机构资助跨学科研究的政策

（一）美国国家科学基金会（NSF）资助跨学科研究的经验

　　从第二次世界大战起，以战事需要等重大问题为导向的跨学科研究，如雷达研制和曼哈顿工程，给美国创造了巨大的研究成果。美国国家科学基金会（National Science Foundation，NSF）意识到了跨学科研究的重要意义，逐渐重视支持跨学科研究的发展。NSF 的主任雷塔·康维尔(Rita Colwell)曾高度评价跨学科研究对于发展科学事业的意义:"学科交叉的联系对学术的发展是绝对根本的。科学各部分之间的交界是最令人兴奋的。"[①] NSF 资助跨学科研究有着明确的目的:第一,解决国家和社会需要的复杂问题;第二,促进高等学校研究机构、私营部门和公共部门之间知识的转移;第三,激发不同领域之间自然发生的对于成功至关重要的学术联系。

经过多年实践,NSF 形成了多种资助跨学科研究的机制,下面针对几种主要机制进行介绍:

1.设置跨学科研究的专门化管理部门

NSF 为了更有效地管理和支持跨学科研究重新整合和调整了一部分管理部门,他们的职能是负责专门协调、组织学部内以及学部之间的跨学科研究项目并设计跨学科研究发展规划[②]。这些职能部门包括综合活动局(Office of Integrative Activities)、多学科活动局(Office of Multidisciplinary Activities)、新兴前沿研究科学处(Emerging Frontiers Division)。隶属于 NSF 主任办公室的综合活动局, 主要任务是监管和协调跨学科基金会活动。其职权范围广泛,可以跨越组织边界,与 NSF 各科学部、局一起合作,推动对 NSF 战略规划中新兴跨学科研究方向的理解,以及资助策略的贯彻。多学科活动局归属在数学与物理科学部下,主要职责是为数理学部内部的跨学科研究提供便利,支持跨越传统单学科边界的研究机会。多学科活动局与数学与物理科学部的其他科学处合作,设法解决那些因为研究主题、范围涉及多个学科、多个学术带头人的协调等跨学科研究产生或造成与目前资助体系的申请不相适

---

① 转引自樊春良:《美国国家科学基金会对学科交叉研究的资助及启示》,《中国科学基金》,2005 年第 2 期。

② 董高峰:《美国国家科学基金创新性项目资助政策研究》,中国科学院科技政策与管理科学研究所硕士论文,2008 年,第 50 页。

应的各种问题。多学科活动局关注各学部之间跨学科伙伴关系,并且努力支持有潜力的横向联合研究。例如隶属于生物科学部的新兴前沿研究科学处,设置该部门的目的是为了分析和支持跨学科研究和学科前沿研究的网络化研究活动。新兴前沿科学处管理着生物科学部中多个资助计划,旨在针对会引发变革性研究思想的潜在项目。例如,整合生物研究的前沿计划和研究协作网络计划。其中,前者主要是鼓励研究人员通过整合各学科概念和理论,使用来自不同学科的研究工具,并创造新方法解决生物科学领域中悬而未决的问题;后者主要是创造一个生物科学家网络来解决共同的难题。

2.设立优先资助的跨学科研究领域

NSF 早就意识到跨学科研究是由复杂问题和重大任务驱动的研究。因此,资助跨学科研究最好选择一系列问题和若干优先领域,这样既解决了国家和人民的重大需求,也能有效支持科学前沿的研究。NSF 优先资助的跨学科领域也经历了从广泛到少而精的过程。1997 年 NSF 设立了十个跨越科学部的专门研究领域①,包括先进材料与加工、生物技术、民用基础设施系统、环境与全球变化、高性能计算和通讯、制造、生物系统建模、科学数学工程和技术教育、科研教学人员的早期研究经历发展、资助与工业界的科学联络。2003 年优先领域有四个:环境中的生物复杂性、信息技术研究、纳米科学与工程、面向 21 世纪的学习。2004 年的优先支持领域为五个:除了原有的环境中生物复杂性、纳米科学与工程和信息技术研究,增加了数学科学和人类与社会动力学科。2006 年 NSF 共有四大优先领域,即环境中的生物复杂性、纳米科学与工程、数学科学、人类与社会动力学。NSF 选择优先支持的多学科领域有一个突出的特点——注重自然科学和社会科学之间大尺度的跨学科

---

① 沈新尹:《美国国家科学基金会对跨学科和学科交叉研究领域的支持及启示》,《中国科学基金》,1997 年第 1 期。

研究。例如 2003 年的"面向 21 世纪的学习"和 2004 年的"人类与社会动力学"都是人文社会科学和自然科学之间相互交叉的大跨度研究。其中人类与社会动力学领域起始于"9·11"事件后,原为社会、行为与经济科学部的优先领域,后于 2004 年扩展为整个 NSF 的优先领域,通过反复研究各个层次上人类与社会系统及其环境之间复杂的动力学机制,能够更好地理解人类与社会行为变化的认知与社会结构,提高对这些变化所带来的复杂后果的预见能力①。在"信息技术研究"和"纳米科学与工程"两个优先资助领域中,都存在与技术发展的社会影响和伦理难题相关的人文社会向度的研究方向和内容。

3.资助跨学科研究中心

NSF 通过资助各种不同的跨学科研究中心来发展跨学科研究。例如 1980 年前后开始政产学合作研究中心(I/UCRC),1985 年开始设立工程研究中心(ERC),1987 年又决定设立科学技术中心(STC)②。NSF 资助跨学科研究中心的意图是希望促进科学家和工程师的学术交流,通过跨学科的研究方式将科学教育领域与产业界紧密地联系在一起,培养出熟悉工程实践活动的科学家,并且造就具有技术创新、能够领导跨学科团队并取得成功所需要的教育深度和广度的工程研究生。NSF 认为科学和技术的关系日趋紧密,正在逐渐形成聚散共生关系。未来经济和社会发展所需要的科学技术,仅仅从某一学科的视角出发难以真正解决。而且需要依靠联合基础研究和工业界的技术研究协同攻关,加强与工业部门研究活动的联络和交叉。跨学科研究

---

① National Science Foundation,2006.Budget Request to Congress 2005[EB/OL].[2011-04-23]. http://www.nsf.gov/about/budget/fy2006/pdf/fy2006.pdf.

② Committee on Facilitating Interdisciplinary Research,National Academy of Sciences,National Academy of Engineering,Institute of Medicine,*Facilitating Interdisciplinary Research*,America:National Academies Press,2004,124.

正是连接科学和技术的创新手段和桥梁。科学领域和工业界的跨学科联系，一方面使科学界了解工业部门的需求和自身的作用，从而找到了调整、更新跨学科和学科交叉研究领域的方向、目标和内容的背景依据；另一方面又为工业界的未来发展提供了理论的依据和科学引导，促进科学和技术的共同发展，为科技成果转化造福社会创造了有利的运转轨道和环境。

由国家科技委员会(NSB)批准的 NSF 设立的科学技术中心(STC)是 NSF 资助的各类跨学科研究中心中最具特色的一个。1989 年共成立了七个 STC 中心。成立 STC 的目标主要是通过三个方面的活动，即构建以大学为主要平台的跨学科研究支撑系统、激励知识向应用领域和社会其他部门转移、开发具有创造性的教育模式，从而支持不同研究机构的人员在科学研究前沿长期从事新兴学科和跨学科研究合作。1995 年美国公共管理科学院在完成对当时全部十八个 STC 的评估后发现，全部中心都不同程度地开展了多学科或跨学科合作研究，在组织研究活动的过程中，体现了科学界和工业界融合的研究模式和发展趋势。例如，华盛顿大学的分子生物技术中心在成立之初[1]，吸引了化学、物理学、工程学、生物学以及数学等学科的人员展开跨学科研究，校方基于其良好的运行趋势和巨大的发展潜力，最终决定以其为基础成立分子生物技术系。该中心研发的许多技术都转化到了应用领域。以中心成功地研发出来的分子生物学仪器和计算工具为基础还成立了商业化的公司；在加州大学圣巴巴拉分校，量子化电子结构中心是另一个 NSF 设立的 STC 中心。该中心为大学提供了一种全新的研究模式，完全打破了传统的学科壁垒，甚至超越了部门的界限。中心不仅有来自不同学科的合作，而且还

---

[1]　National Academy of Public Administration, National Science Foundation's Science and Technology Centers: Building an Interdisciplinary Research Paradigm, 1995, 2-3. [EB/OL]. [2011-04-23]. http://www.napawash.org/.

与其他国家实验室、大学、工业实验室的部门或机构合作,以及与欧洲和日本的国际合作。该中心培养的不少研究生毕业以后,到曾经合作过的企业工作,还有学生创办了自己的企业。STC通过开展跨学科研究,一方面推动了科学向前沿领域不断探索,另一方面在一定程度上满足了产业界的需求,促进了知识、信息、人员等在不同学科和部门之间的流动。

(二)美国国立卫生研究院(NIH)资助跨学科研究的经验

美国国立卫生研究院(National Institutes of Health,NIH)是美国生命科学和医药卫生领域的权威研究机构。NIH高度重视跨学科研究的发展,在其2003年公布的中长期发展规划——医学路线图计划(the NIH roadmap for medical research,简称NIH roadmap)中指出:"传统生物医学研究模式类似家庭手工业,研究者根据研究兴趣和特点分成很多独立的部门;但生命科学的发展使得揭示生命的分子奥秘成为可能, 人类生物学和行为研究是一个动态的过程, 而将生物医学研究传统的人为分割的方式一定程度上阻碍了科学发现的步伐。"[①]所以,为了减少由于学科划分带来的障碍,促进跨学科研究在创新研究中的作用,NIH在其路线图中第二个主题未来研究队伍的建设中明确提出要建立"跨学科研究队伍"。为此,NIH采取了多种鼓励和促进跨学科研究的资助措施,下面将针对几种主要的措施进行介绍:

1.跨学科研究基金

NIH资助跨学科研究采用的是建立跨学科研究中心基金的形式。这些基金包括探索基金计划(Exploratory Grant),中心基金(Center Core Grant),专

---

① NIH Roadmap for Medical Research, Interdisciplianry Research[EB/OL].[2011-04-23] http://nihroadmap.nih.gov/interdisciplinary.

门中心基金(Specialized Center)等①,在此主要以探索基金计划中与跨学科研究有关的探索中心(Exploratory Center for Interdisciplinary Research)为例进行介绍。

(1)跨学科研究探索中心基金设立的初衷

生物医药领域是跨学科研究中最为活跃的部分。所涉学科除去生命科学和医药学之外,还包括行为、伦理、工程及信息等多个学科。不同学科的构成特点不同,产生的效果使其解决问题的试验、分析方法、理论背景有所差异。然而,随着人类社会的发展,社会所产生的问题愈加复杂,需要整合多个学科的方法和思想才能解决问题,生物医学及行为研究(biomedical and behavioral research)正是其中一个领域。科学史告诉我们,通过整合不同学科的知识,可能会产生一些超越当前思维范式的科学构想,并且有可能会形成一个崭新的学科。比如,发展基因组学(development of genomics)的创建就是一个著名的例子,它汇聚了遗传学、分析化学、分子生物学、信息学等学科的理论和概念,并最终发展成一门新兴学科;另外一个相似的例子是神经系统科学(neuroscience)。因此,NIH 考虑到有必要建立一项专门资助生物医学或行为科学的探索基金, 以鼓励其通过跨学科研究的方法解决复杂的人类行为问题。该项资助的研究活动包括各种有可能的探索和设计,但必须是结合多个学科的跨学科知识。

(2)跨学科研究探索中心基金的目标

所有申请的该项基金的研究关注的目标, 要集中于那些传统方法难以解决的生命、医药研究中的关键性和复杂性问题;新的方法必须具有潜力,能够为改善人类健康提供可能性。NIH 希望申请资助的项目能够识别生物

---

① National Institutes of Health (NIH).Exploratory Center for Interdisciplinary Research(P20)[EB/OL].[2011-04-23].http://grants.nih.gov/grants/guide/rfa-files/RFA-RM-04-004.html.

医学研究的相关难题,评估传统的方法为什么失效,并证明为什么采取项目申请中提到的跨学科研究方法能有效解决该问题。

(3)跨学科研究探索中心基金申请的提交

NIH 希望所资助的项目有多个负责人,并且来自若干个学科。NIH 为了辨别不同领域科学家的学术贡献,允许那些做出突出学术贡献的科学家单独提交与跨学科研究主题相关的申请。对于那些研究相同或相似主题的项目申请书,除去描述研究计划以外,还要特别说明如何解决各学科合作的难题。团队当下跨学科交流情况以及保证跨学科交流的机制,必须在申请书中有具体、详尽的描述,采用的创新性跨学科研究方法,应该使得团队中每一个学科成员都能对这个跨学科研究项目做出贡献。当然,NIH 也允许那些采用跨学科方法的单个申请人提交申请。但同样,该申请人也须提供学习掌握所涉及学科知识的程度以及整合不同学科知识的具体计划。

另外,NIH 对申请该基金的研究机构还有一些额外的规定。NIH 设置跨学科研究探索中心基金,旨在通过该中心的资助实现跨学科研究的科学构想。但是仅凭 NIH 对跨学科研究申请人的支撑,想跨越跨学科研究的樊篱,实现创新性的研究目标还是略显不足,更重要的是需要相关研究机构与NIH 一起努力,支持、培育和包容跨学科研究。所以,NIH 要求申请人所在机构,必须结合申请人所提出的研究计划,提供描述如何给予跨学科研究相应便利的计划书。具体反映在以下三方面的内容:第一,机构如何分配所申请资金,能够清楚反映跨学科研究不同部分的直接或间接成本;第二,机构怎样鉴别研究团队成员的贡献;第三,那些对于在跨学科研究中起重要作用的边缘人员(即那些不属于特定部门),机构怎样参与或处理其职业生涯的发展。除此之外,NIH 欢迎申请机构就其他为跨学科研究提供便利的问题进行必要的描述。NIH 希望潜在的申请人在提交申请前积极与相关工作人员取得联系,并就科学研究、同行评议、财务和资金管理三个方面问题进行咨询。研究者所提交的申请书必须符合 NIH 研究基金申请的相关说明和格式规定,具体包括如下五方面内容:一是含有跨学科研究的设计、方法,以及具体时间安排;二是参加会议,所有获资助的申请人将在资助第二年,参加一个在华盛顿举行的见面会,展示其已成形的研究成果,并与 NIH 工作人员探讨在未来支持跨学科研究的计划;三是管理计划;四是处理跨学科研究制度性障碍;五是资金预算。

(4)跨学科研究探索中心基金申请的评价程序

按照要求填写并提交申请书之后,进入预审环节。对于缺少相应内容或者水平低的申请,直接淘汰。初筛之后的申请可以进入正式评审模式进行审查。首先为初始价值评议。主要由同行评议评审组对申请的科研价值进行分析和评估,评议标注主要包括五项准则,即研究环境、研究意义、研究方法、创新、申请人。第二步针对申请中的跨学科研究进行评审,主要内容有:

- 研究方法是不是跨学科研究?

- 所涉及的相关学科是否形成了解决难题统一标准的方法?

- 研究方法是否有潜力,对当前问题的研究方式能不能产生显著的改变?

- 是否有研究计划保证跨学科合作顺利? 管理计划能否保证研究团队成员之间有充足的协调和合作?

- 在时间安排上是否能满足,研究团队和 NIH 相应管理者在资助结束时,看到并能够评价期望中的跨学科方法在解决生物医学难题上产生的实际效果?

- 采取跨学科方法能否大于各个人单独工作在解决难题时所取得的成就? 即整体是否大于部分之和?

2.跨学科研究培训计划(Interdisciplinary Research Training Initiative)

NIH 在强调跨学科研究的同时,也注重跨学科研究后备人才的培养,设立了一系列跨学科研究培训活动,比如,培训新的跨学科研究人员计划(T90),跨学科研究短期培训计划(R13),跨学科健康研究培训:行为、环境和生物学(T32),跨学科研究课程开发资助(K07),等等。以培训新的跨学科研究人员(T90)为例①。该计划主要目的是使得大学生、研究生、博士后人员,在参加关于解决生物医学和健康等跨学科难题的过程,掌握跨学科研究所需的必要经验和知识,通过与其他学科人员的交流来提升跨学科研究人员的科研素质。

(三)澳大利亚研究理事会(ARC)资助跨学科研究的经验

澳大利亚研究理事会②(The Australian Research Council,ARC)主要资助艺术和科学领域的基础以及应用研究,尤其负责高等教育部门的基础研究。ARC 资助多学科、跨学科研究都通过大型研究基金计划(Large Research Grants Scheme,LRGS)来实行,但 ARC 更加喜欢支持与工业界或者公共和私人部门发生关联的跨学科研究。

1.设置优先资助顺序

优先选择某几个领域或者研究模式来鼓励跨学科研究活动,通过建立新的资助计划,改变原有资助计划的平衡来实现。现在,大型研究基金计划(LRGS)保持了一系列结构性的优先,可能会更加适用于这些计划。在大型研究基金方案的资金分配结构中建立专门的跨学科研究模块,同时建立结构性的优先模块支持年轻学者从事跨学科研究。避免跨学科研究与单学科的

---

① National Institutes of Health(NIH).Training For a New Interdisciplinary Research Workforce(T90) [EB/OL].[2011-04-23].http://grants.nih.gov/grants/guide/rfa-files/RFA-RM-04-015.html.

② Australian Research Council,Cross-Disciplinary Research,1999[EB/OL].[2011-03-13],http://www.arc.gov.au /general/arc_publications.htm.

项目进行比较,以免产生不利于跨学科研究项目的障碍。另外一个政策式优先支持看起来需要跨学科研究方法的领域和主题。过去,LRGS 在设置资助优先级时也有很不成功的例子, 曾经发生过优先设置的主体已经不再具有LRGS 的特征,比如不再具有大型项目的规模。

2.资助跨学科研究中心

然而,设定优先资助领域的问题在于,如果一个机构想鼓励研究更多的跨学科,设置优先级的问题就需要研究。跨学科合作并不是常规资助下自动发生的行为,因为跨学科研究并不是由单学科研究的经典驱动力所操控的。ARC 的做法是通过支持跨学科研究中心的方法, 克服过去设置优先发展主题时脱离了 LRGS 的基本特征。相比对跨学科研究领域的支持,可以支持更多跨学科研究中心,并且时间更长。

一个支持跨学科研究非常重要的维度就是效益, 资源和时间需要解决更多的跨学科问题。如上所述,这导致 ARC 强调对跨学科研究中心的资助,例如西澳大利亚大学的构造学特殊研究中心(Tectonics Special Research Centre)以及在阿德莱德大学的地理信息系统的社会应用重点研究中心(Key Centre for Social Applications of Geographical Information Systems)。支持更加长期的研究计划需要在资助期间有更加灵活的对个体研究人员的资助。这对那些还没准备好和传统优势学科、核心资助领域相竞争的新兴跨学科领域至关重要。

(四)芬兰科学院(AF)资助跨学科研究的经验

芬兰科学院(the Academy of Finland, AF)的职能和地位相当于许多其他国家的国立研究院和国家资助基金委员会, 类似于中国科学院与国家自然科学基金会(NSFC)。AF 在 2004 年时进行了一项针对本机构资助跨学科研究情况的调查。该调查主要是针对其一般资助类型（GRG），类似于国家自然科学基金的面上项目。主要任务是找到 GRG 项目在资助的科学研究中有多大比例是跨学科的？资助了哪种跨学科研究？相比于单一学科项目的申请书,跨学科研究项目究竟有何过人之处从而获得基金项目的青睐？基于该报告,本研究将分析跨学科研究资助的芬兰经验。

1.跨学科研究申请的评价机制

AF 怎么评价跨学科研究申请？它们比非跨学科的申请更容易还是更困难？不同的研究理事会或者不同类型的跨学科研究是否存在系统性的不同？为了回答这些问题，调查组研究了在 2004 年提交给科学院的研究申请书（GRG）。研究人员对申请书进行了初步分类,然后按照不同类型比较了获得立项资助的概率。

据 AF 工作人员称，各理事会完全按照专业的科学标准做出资助决定。然而,资助的比例和打分并不是一回事。同行专家鉴定申请书的质量,而理事会成员进行打分排名并且最终决定谁会获得资助。AF 使用三个不同的同行评议模式。这三种方法分别是"专家小组模式""外审专家模式""专家小组和外审专家相结合模式"。最常使用的是"专家小组模式"。专家小组的成员由各个研究理事会确定。每个申请都被专家组中两个或两个以上成员预先审读过,然后专家小组在此基础上进行讨论。讨论的结果用 1—5 打分的形式表示,并且要对打分进行解释和评价。如果最终不能形成一致意见,申请就会使用外部同行专家或者两种方式进行结合，最终结果全权交给研究理事会定夺。专家小组和通信评议者几乎都是国际学者,而专家小组的主席往往都是芬兰人。同行评议过程应该尽可能的客观公正:同行专家、研究理事会成员不能与申请者有任何的背景交叉。然而,假如研究者问工作人员是谁评价了他的申请书,AF 会告诉他同行的名字。

还有一些其他的标准会在两个申请书科学性质量相差无几时使用。女性或者更年轻的研究者,成名的教授,小众或者有发展潜力的研究方向,以及近些年没有获得资助的领域,上述因素会被优先考虑。尽管不会硬性分配给学科资助名额,但是研究理事会也会考虑学科之间的平衡。除了这些公认的评价标准,每个研究理事会还会根据自己近期的资助情况或者在科学院整体的位置拥有自己的学科评价原则。

2004 年 GRG 项目平均资助率是 16%~27%,每个学科会略有不同。生物环境组和文化社会组受资助的比率低于平均资助率,而自然工程组和医学组相比,会高于平均资助率。每个研究理事会都削减了资助项目的金额,其中自然工程和医学组削减得更多。在 AF 的资助类型中,GRG 是最依赖理事会的,因为每个理事会单元会单独组织评审程序。其他资助类型自然而然地跨学科,因为其评价和资助过程经常会发生在不同理事会单元之间。现在的制度和流程大概维持十年了,最初建立起来是为了应对 AF 的国际评价。AF 根据长期的发展需要已经作出改变。之前的机构设置是七个研究理事会,每个理事会包括 15 个成员。不存在外部评价专家,但是理事会会自己评价申请的项目,而且他们也会做出资助的决定。在那种结构中,每个学科都拥有自己的一个研究理事会,理事会成员会按照学科确认自己的身份,他们会认为自己代表这个学科或者是某个学科的倡导者。相比于现在的模式,之前各个研究理事彼此会更加独立,处理事情会更加不同。为了减少臃肿的机构,同时也为了创造出更好的代替学科式制度的体系,AF 开始启动组织结构的变革。

AF 整体上拥有一个共同且明确的跨学科研究概念。跨学科研究的问题是在实践中自然发生的,并非是认识论上的。举个例子,地理学就是一个困难,因为该学科的申请数量太少,没办法为他们组织一个单独的评审小组,

跨学科研究评价的理论与实践

而且他们也不适合放入任何一个现存的研究小组之中。然而,对于跨学科研究的理论学者来说,地理学出问题是因为它包括了认识论上的异质元素,而这却自然地构成了一个学科包含自己独特的传统和类似杂志之类的学科建制。除了跨学科研究,AF 的工作人员还使用"界面研究",用以代表发生在现有学科体系之间评价或决策时的边界性科研工作。工作人员需要在所谓学科界面以两种方式开展边界性工作:一是在不同的理事会之间,二是在不同的评审小组之间。所以,界面研究的概念代表了身处理事会或者评价小组的间隙之中。比如,生物学研究过程中插入一些临床医学的观点,或者一些技术的方法。工作人员会根据申请的核心概念和元素去认定项目,以便于选择归口评审学科。

每个工作人员都同意跨学科研究申请正在增加的看法,尤其是资深和年长的工作人员已经注意到了。工作人员估计的跨学科项目的比率:10%~15%在自然和工程领域,25%~33%在医学领域,甚至 40%~45%在文化社会组。所有的这些估计都比调查组所研究的实际结果要低,但是跨理事会的申请与调查组的研究差不多——跨学科申请的数量在文化社会领域最高,在自然工程领域最低。然而,当调查组公布结果时,没有一个工作人员感到惊讶。他们只是被定义为"大尺度交叉整合"的申请数量惊异到了,尤其是来自生物环境组的工作人员。只要能够说清楚如何定义,大部分工作人员都能够接受调查结果。

2.跨学科研究的资助情况

2004GRG 资助项目的调查结果显示,跨学科研究申请在基金资助中是获得成功的。跨学科研究与学科研究项目的资助率是一样的。与工作人员估计的类似,界面研究的资助成功率与其他学科式的项目并无太大区别。更重要的是,远缘跨学科研究与近缘跨学科研究的资助比率也是相差不多的。产

248

生的差异也是由于样本量太小的原因。样本的资助率符合整体上所有项目的资助率。2004GRG 接受 1132 项,资助了 218 项,资助率大约是 19%。所有资助项目中 59% 是学科类项目,41% 是跨学科类项目。尽管这样,跨学科项目和学科项目在整个项目的分布并非是精确判断。根据样本量和整体项目数量的关系推测,整体上受资助的项目中跨学科项目占 30%~52%,而学科项目在 48%~70%。

　　跨学科研究项目和学科研究项目每项获得资助金额并无差异。整体上缩减资助金额是 AF 的政策,体现在不同理事会上略有不同,但是带给跨学科和学科两类项目的影响并无二致。然而,被期待中的跨学科度并没有出现。在 2004 年提交项目的研究样本之中,单一学科、远缘跨学科和近缘跨学科的情况与 1997 年、2000 年受资助的项目情况类似。跨学科项目在两个样本中的比率都是 40%,远缘跨学科研究是 40%(总体占 15%)。所有项目和资助项目中包含跨学科研究的比率的一致性说明在评审和筛选项目阶段并没有什么显著变化。换句话说,评审阶段的工作很成功,学科、近缘跨学科和远缘跨学科项目之间没有产生偏见。

　　虽然存在不少阻碍跨学科研究成果发表的因素,使得研究者们普遍认为跨学科研究产出成果水平会比较低。然而,调查组发现,当以出版科学著作情况作为衡量时,跨学科项目比学科项目更加成功。在当前的科学评价中,我们经常把科研项目产出高水平学术论文视作科研产出。在调查中,学科项目产出论文的情况要好于跨学科研究。尽管样本量有限,结论不一定有普遍意义,但是跨学科研究不一定比学科研究的科研成果产出率要低,即使采取传统的科研评价方法。其次,使用影响因子作为科研质量评价的方法是有问题的,因为平均的影响因子在各个不同研究领域是非常不同的。

3.项目评价与同行评议的情况

成功获得 GRG 资助的项目负责人想对 AF 的评审实践提出诸多意见。最多的意见就涉及同行评议的程序。研究人员非常怀疑评审专家在进行远缘跨学科项目或者边缘交叉项目评审时的专业能力。这种怀疑既包括对同行专家个人专业性的怀疑，也包括对评审小组整体专业性的怀疑。同行专家评审过程被质疑之处在于专家过于狭隘的主流思想，因为同行专家自己往往代表已有的学科体制，受访者认为评审专家不能看到创新点以及跨学科方法的变革之处。其他受访者还谈到了专家小组的组成结构，重点谈到了更为宽广的知识背景。他们认为涉及一个以上学科的项目应该交给两个或者多个专家来评审，即使另外的学科专家可能用处不大。还有人建议评议小组应该听一听外部其他学科的说法。最激烈的建议是应该在自然科学评议小组中加入一些人文情怀，或者在人文社科小组加入科学素养。

受访者并不完全赞同现有的同行评议实践——大致流程是组织评议小组、发现可以胜任并匹配小组结构的专家，最终邀请他们来芬兰，布置评议具体工作。很多时候，主流的研究更容易找到合格的评审专家，因此他们的观点通常会占据主导。远缘交叉学科评审专家很稀少，因此会忙于各种各样的评审工作。评审跨学科项目的专家合适的专业性可能没法保障。更重要的是，假如评议小组中的专家缺少跨学科的专业性，那么他们对跨学科的兴趣也会缺乏。受访者普遍认为，一种整体性的兴趣偏好可能会出现在既有的同质性评审小组之中，尤其是那些经常在某一领域尝试申请基金的专家，比如物理学家。工作人员保留了单学科专家在评议小组工作时的记录，可以证明存在利益游戏会阻碍跨学科研究，因为没有现存的或者同质性的利益集团去支持跨学科研究。

有研究人员建议在评议小组中增加"外来者"，但是受访者对此看法不一。在适度的情况下,受访者同意这是好事,因为那样可以拓宽评议小组的专业领域范围。然而,受访者不同意之处是外来者会干扰评议小组的讨论。在自然工程组,之前类似情况没有取得很好效果,当评议小组的部分成员并不熟悉所讨论的专业研究领域时,他们并不能为讨论做出更多贡献。相反,讨论会在各位评议小组成员都很熟悉主题的时候处于最佳状态。来自文化社会组的受访者对于这个问题有着更细腻的分析。他们说有两种方式创造跨学科评议小组,两种方式事实上在 2004 年 GRG 项目中都有使用。一种是多学科小组,比如一个历史学家、法律专家、文化研究者和社会科学家组成一个小组。另外一个策略是选择具有很强跨学科背景的通才学者。两种组织评议小组的方式总的专业性都比较宽阔,但是评议小组每个成员的贡献有所不同。受访者认为两种评议小组讨论时会很不同——不同学科科学家组成的评议小组彼此之间理解起来很困难,很难找到共同的评议准则,而由通才科学家组成评议小组交流讨论是富有成效和质量的。由于主持经验丰富,第一种评议小组设法以某种总结结束, 即使更多的是一种妥协而非达成一致意见。该案例寓意是专家的选择非常重要;一位受访者提出:"如果拥有跨学科评审专家,跨学科项目的评审就没有问题。"

　　组织专家小组而不是个人同行进行评价的呼声越来越高,因为专家小组的模式看起来更加可靠、公正和高效。跨学科项目如果可以的话最好也是由评议小组进行评价。科研人员认为跨学科项目的评审存在风险,并不清楚评议小组是否有足够的专业背景知识能够理解该项目。也就是说有些评议人员可能会对那些他们不熟悉的项目视而不见, 或者拒绝给出任何强有力的推荐。然而,除非超出评议小组成员专业知识的项目太多,否则实践中不会出现不邀请他的情况。同一个领域的申请书达到 5 至 15 份,理事会才会考虑邀请一位新的该领域专家。更重要的是,评议小组成员之间应该能够进行适当的交流,这意味着专家的专业背景一致性是必要的。结果就是,跨学科类项目经常分给个体的同行专家而不是评议小组评审。小学科的申请在AF往往也是这么处理的。传统的同行评议有自己的问题,因为公平和平等的保障不及评议小组。受访者对于这个复杂问题莫衷一是,但大多都关注到了两种评议方法当中的风险和好处。

4.评审程序中整合性的视角

某个工作人员认为芬兰科学院的理事会结构仅仅反映通常的学术界情况,因此跨学科研究的问题是普遍存在的,芬兰科学院没有特殊的应对机制。这种情况是真实的,但带来两个严重问题:现行研究中学科式的组织结构发挥什么作用? 芬兰科学院是否很好地反映了现有的科学结构?

对于第一个问题,研究者可能是最好的回答者。按照他们的观点判断,科学的世界既是学科式的也是跨学科式的。学科结构存在得非常明显,当学者们面对大学工作时就可以发现。学科狭隘的定义以及大学学院系部的传统划分限制了教学研究中跨学科的方式。调研中有受访者谈到,大学不鼓励他们的雇员在不同学科领域去开展研究。"许多研究之外的事情都是按照专业划分,比如教育和职业兴趣。"

另一方面, 许多跨学科研究者强调跨学科是当今科研工作自然的组成部分,尤其是在某些诸如文化研究的科学领域之中。他们将跨学科视作解决问题的必备工具,尤其是在工程领域他是一个非常基础的解题方法。类似观点展示了工具性研究方向的清晰传统。一个受访者提出:"跨学科之类研究没有本质上的价值,仅仅是寻找一种应用工具的方法而已。"一个研究人员阐述了如下观点:"跨学科可能并不一定自然代表了高质量研究。"然而,有些学者认为跨学科研究项目的特殊评审机制还是必要的,像专门的拨款、特殊的专家程序以及特殊的评价标准。有人总结了:"跨学科有他本身的价值——

这将会弥补跨学科项目在现有学科评价标准下无法得到高排名的处境。"

　　研究人员不同的观点也清晰地出现在跨学科研究评价的程序和标准上。当问到受访者是否针对跨学科需要设置不同于单学科的评议标准时，30%的受访者认为应该，他们认为跨学科研究项目需要修改或者设置完全新的评议标准。而另外33%的受访者认为不需要，但是应该修改现存的评价标准。不到30%的受访者认为完全不需要，现在的评议标准完全够用。关于跨学科研究评价的新程序问题，有着差不多的调查结果。30%的人认为不需要设置新的，但是需要修改现有的以适应存在的问题。38%的人认为需要，需要修改或者设置新的评议程序。20%的认为不需要修改和设置新的。因此，调查的答案并没有显示出清晰的关于跨学科研究评议的一致信号。考虑到定位跨学科项目申请组成的团体，调查结果的平均化显示没有必要设置特殊的程序以应对跨学科。另一方面，所有受调查者都成功获得了资助。同样的问题对于没有获得资助的研究者可能会有不同的结论。非常值得注意的是仅有三分之一的人认为现有评价标准是不存在问题的，更少的人认为评议程序不存在问题。

　　应对跨学科申请的特殊制度安排的问题也出现在对工作人员的访谈中，尽管受访者没有明确提出来。许多受访者讨论了为跨学科项目设置专门拨款的可能性，或者设置特殊的交叉理事会来处理类似资助。然而，工作人员没有设想单独的办法去解决跨学科项目的问题。无论是否持续关注，跨学科项目都表现良好。2001GRG评审时进行了一项实验，在每个理事会对跨学科申请使用了单独经费安排，取得了良好的效果。然而，工作人员仍然对类似随机的安排感到有些疑惑，由于没有对术语进行共识性的定义，整个程序的组织仍然显得缺少秩序。

　　然而，来自工作人员和研究人员两方面的一致意见是必须进行改进。假

跨学科研究评价的理论与实践

如没有特殊的制度安排,会怎么样？人们担心将跨学科项目置于特殊的安排之下会影响整体评审的公平性。另一方面,现有的评价体系并不一定保障跨学科项目或者学科边缘地带的研究，与学科或者传统研究获得同样的资助机会,至少存在许多潜在的障碍。

跨学科研究的困难之处在于，需要使用创新的理念和方法去解决科学问题,现有的经过证明的方法并不能奏效。由于这个原因,必须接受跨学科研究比传统研究风险更高，必须让评审专家知道高风险的跨学科研究对于芬兰科学院是非常重要的。如前面所言,思维开阔的评审专家确实有能力评价跨学科项目申请,不必安排特殊的措施。然而,可能需要的来自芬兰科学院认可该领域的信号。评审者将会关注类似申请。评议小组也会想照顾年轻人和女性研究者一样考虑对跨学科项目给予类似关照。假如芬兰科学院想减少跨学科研究资助的风险，一个方法是对跨学科项目进行长期持续的跟踪和评价。另外的方法是给予跨学科项目一年期的风险资助。

研究人员也对现存的评议体系提出了很多实在的修改建议。大部分建议并不央求对跨学科项目给予特殊的关照。很多建议是要求给予跨学科项目一个合适于它的评审专家。专家的选择应该更加多元,芬兰科学院可以从两到三个最终名字中选择。工作人员回应这个建议说:一方面,这个提议受到好评,因为评议专家身份确认可以给芬兰科学院创造大量工作机会;另一方面,大部分受访者或多或少对可能丧失客观性的实践表示怀疑。怀疑更多的是证明大家关注科学院与申请者之间的直接交流,比如申请者直接通过评价程序与科学院进行交流,通过给予他们解释申请书或者丰富他们申请细节的机会。这种对话的方式不仅违反原则,而且在现有资源和时间条件下不可能实现。

申请过程中的交流并不一定增加工作量,而是可能是一种减少申请层级的方式,可以通过第一眼就排除不可能获得资助的项目。还不确定重要的候选者如何确定,但是可能要更多地依靠芬兰科学院的专家群体。至少在项目数量最高的自然工程组,工作人员和秘书已经发挥很重要作用。考虑到评审项目的需要,工作人员使用他们相同的感受和经验,一个申请无论是否获得通过都不值得花时间去寻找完美的评审专家。在其他理事会小组里,小组成员的专业知识仅仅属于理事会成员,而不是工作人员的。工作人员的高频流转可能降低他们发展专业知识的可能性,即使理事会成员的任期不一定很长。

不管是工作人员对评审系统的信心以及评审系统识别、资助跨学科研究的能力, 都不存在明确的评价标准。工作人员仅相信他们自己和评议专家;关于这类问题存在一种隐性知识。识别跨学科需要几个方面的知识而不仅仅是其中某一个方面:项目申请可以从不止一个的理事会提交;项目已经选择了超过一个的研究领域,基于芬兰科学院的分类;边界性的工作需要将申请放置于合适的理事会和评审小组之中;摘要里包含两个或更多的研究领域;研究问题和方法并不同于已有学科的脸谱化的方法;背景学科和研究者所在机构有着非典型的链接;或者申请者本人与大的研究共同体有关联。

组合式的识别方法可以形成更好的认识跨学科申请的方法, 考虑到申请项目时就可以获得类似信息。通过实证研究,我们非常好地证明了该识别方法可以有效地发现不同程度的跨学科研究。除了可靠的识别方法,恰当透明的跨学科评审方法需要申请者明确解释为什么跨学科研究方法是必须的以及整合研究怎么进行。除非这些在申请书里明确阐释清楚,否则跨学科研究的优长很难评价。

如我们假设的,仅仅有少量申请提到了大部分重要的跨学科事宜。学科或者整合性的研究方法在大约一半的跨学科项目中被提到过。其余申请里,跨学科事宜都隐含在方法论描述和研究意义的描述中了。主要是因为跨学科研究数量较少或者仅仅是一种解决现存问题的工具。明确学科传统是特别重要的尤其当涉及的研究领域彼此之间差异较大时。然而,和其他普通跨学科项目一样,远缘跨学科项目里也不存在类似讨论。

整合的方法可能是跨学科研究所有问题中最具争议的,而且跨学科申请中三分之二会缺失或者仅仅在一般性的方法论隐含的描述一下整合的方法。不同的方法确实需要描述一下在绝大多数项目里,但是很少有项目会从跨学科的角度去反映整合方法。令人惊讶的是,多学科和跨学科项目申请对于该问题存在一样程度的缺失。

跨学科项目信息中最重要的是申请人或者申请团队之前拥有整合不同学科知识的经历。但是仅仅 15%的项目提到了这个信息。通常研究者的经历都很广泛而且还会涉及到团队合作。但是,很少有申请书会描述申请人以及团队有跨学科研究的能力,或者领导跨学科研究项目的能力。项目领导经历并不一定说明申请者整合不同学科知识的能力。两个研究者提到了这个问题,他们指出评审时考虑跨学科研究的特点是非常重要的。他们中的一个提到了他在两个学科工作过的背景是获得资助的决定性因素。在跨学科研究的合作中,了解研究合作如何组织是非常重要的。但是仅仅很少项目申请书提到或者极为简略的描述了一下。

大部分跨学科研究申请普遍提及的内容是跨学科研究方法的目标以及证明,四分之三的跨学科项目都有该内容。然而,这个问题明确程度的标准更加宽松;我们不要求跨学科研究给予任何特别的论证,只要在这个部分给予部分解释即可。相比之下,一个受访者要求从跨学科研究中增加额外的价值。这些价值可以在申请书以及芬兰科学院的申请说明中予以强调。

清单中另外还需要简单找寻一段文字,陈述项目将会是跨学科、多学科还是横断性学科。显然超过一半的跨学科项目并没有注意到此。原因可能是概念的定义存在混淆。多学科的概念使用比较频繁。我们观察到横断性学科会在涉及设想非常广大、预期在相距较远的学科之间开展合作的项目中出现。

考虑到在芬兰科学院工作人员和申请人员中都缺少必要的明确性,双方增加明确性就显得非常重要。大约71%的研究人员认为涉及跨学科研究的部分在项目申请中非常重要,22%的人认为是十分必要,而仅有5%的人认为不必要。大部分申请人员愿意将来申请时详细描述该部分。然而,超过半数的研究人员认为芬兰科学院应该给出充足的建议和说明,以引导申请者在10页的申请书范围内进行必要的阐释。

从申请者的角度看,明确性的问题与研究人员如何认识芬兰科学院以及评审专家看待跨学科研究的态度有关。一位科学家谈到跨学科的明确性降低了获得资助的可能性,因此没有合适的表达只有尽可能少的表达。还有其他研究人员有类似看法,他们认为跨学科并不是评议专家知识或者利益的核心所以经常进入无计划的资助状态。即使科学实践中明明会采用跨学科研究,但是在提出申请时也会严格按照某一个特定讨论框架进行。因为大家觉得跨学科的表达方式并不能取信评审专家。

(五)英国国家科研与创新署(UKRI)资助跨学科研究的经验

2018年,英国重新改革国家基础研究资助体系,将英国国家研究理事会(Research Counicls)、英国国家创新署(IUK)、英格兰研究署(Research England)重新整合,成立了国家科研与创新署(UKRI),目的是加强基础研究与应用创新研究的整合,形成更加高效完整的国家创新资助体系。UKRI重视跨学科研究,其对跨学科研究的资助经验可以为我国提供借鉴。

跨学科研究评价的理论与实践

1.UKRI 的组织结构

UKRI 的 9 个下属研究资助机构在合并之后仍旧可以独立开展研究资助活动。根据英国法律,原有的科学及技术设施理事会、自然环境研究理事会、医学研究理事会、经济与社会科学研究理事会、工程与自然科学研究理事会、生物技术与生物科学研究理事会、艺术及人文科学研究理事会、英国创新署、英格兰研究署可以分别就自己所涉及的学科领域进行资助和项目管理工作。每个独立的资助机构依靠 UKRI 董事会和执行委员会实现连接和协调。

董事会由一名主席、一名首席执行官、一名首席财务官和十余名董事组成。董事会包含两个具体的监督执行机构,即审计委员会与人事委员会,负责具体的财务审计以及人事监督工作。执行委员会负责具体的政策执行和日常运行管理,直接对董事会负责并提出政策建议。首席执行官具体主持执行委员会的日常工作,他直接领导首席财务官以及 9 个分设下属机构的执行主席。执行委员会也下属若干行政机构,包括人力财务和运营委员会、战略委员会和投资委员会。执行委员会是起到承上启下作用的关键机构,他向上负责联系董事会,向下联系 9 个下属资助机构。

2.跨学科研究资助体系

(1)跨学科项目

跨学科项目是英国长期形成的跨学科资助项目,一般是由某个下属研究理事会牵头,多个研究理事会参与,并联合国家职能部门、地方政府和私人基金共同实施支持。目前正在开展并长期进行的跨学科项目是数字经济、能源、食品安全、生命科学、动植物健康等。

(2)战略优先项目

战略优先项目是 2018 年开始的。最初设立它的原因是在 2015 年,诺贝尔奖得主、英国皇家学会前主席保罗纳斯爵士提出了倡议——建立一个独立于各个研究理事会之外的项目，用以支持那些传统资助门类下无法获得资助的多学科或者跨学科研究。战略优先项目的总投入达到 8.3 亿英镑，是英国国家投入最大的跨学科研究资助项目。

战略优先项目采取"优中选优"的方式选择立项支持的对象。UKRI 各下属机构以及英国国家实验室、英国原子能管理局等几家机构可以向评审委员会提交项目申请。评审委员会由 UKRI 首席执行官、首席财务官、董事会成员、英国政府首席科学顾问、大学代表等 10 人组成。自成立以后，战略优先项目已经进行了两轮的立项评审，支持了 34 个跨学科研究项目。其侧重资助的方向主要包括产业核心竞争力、国家安全以及涉及民生诉求的关键科学问题，很多问题与政府施政策略有着密切关系。诸如，公民网络个人隐私保护、英国人口实验室、人工智能与数据科学等。

（3）全球挑战研究项目

全球挑战研究项目是英国政府面向发展中国家面临问题的国际合作跨学科研究支持计划。全球挑战项目的主旨是促进英国研究人员同发展中国家研究人员开展合作，同时支持与发展中国家的资助机构共同开展联合资助活动。全球挑战项目包含三个主要资助板块：第一是公平的可持续发展机会，涉及食品、健康、公平教育等方向；第二是可持续经济与社会发展，涉及生活方式、环境变化等方向；第三是人权、治理与正义，涉及难民危机、地区冲突、贫困问题等方向。

3.国家科研与创新署跨学科研究的管理

（1）立项申请

UKRI 涉及跨学科研究资助的立项需要经历如下步骤：首先，跨学科研究申请的关联机构和合作部门共同成立一个跨学科、跨部门的小组，联合对项目进行论证,并撰写立项申请书。其次,联合小组向 UKRI 提交立项申请报告以及项目预算。预算可以是各个资助机构联合资助,也可以是单独设立的特殊预算。预算得到批准之后,UKRI 要研究制定项目指南,期间会组织下属机构和外部合作机构进行深入的研讨。研讨会所邀请的人员包括不同学科的专家、政府部门人员、企业家代表以及社会人员代表。

(2)项目评审

UKRI 意识到了跨学科研究在挑选同行评议专家时的困难。UKRI 针对跨学科研究采取了通讯评议和会议评审两种方式,并且更加侧重于使用会议评审。UKRI 的跨学科研究项目会议评审会为每个项目设置至少两个来自不同学科的主审专家。主审专家负责主持会议。具体工作流程是主审专家向评审委员会成员介绍项目基本情况和大致问题,包括通信评议情况以及申请人回复通信专家的情况,并给出初始分数。主审专家发言后,其他会议成员开始参与讨论,形成共识后确定申请书最终得分。除此以外,UKRI 还会专门设置一位评审会议主席。具有管理经验的主席并不参与主导,而是负责监督和把控评审进程,引导不同学科专家发表意见并形成共识。

(3)协调机制

UKRI 跨学科项目的管理通常要与三个部门发生关联,即"项目协调小组""战略咨询委员会"和"科学顾问小组"。项目协调小组包含每个所涉机构的联系人,具体负责协调项目的联络,推进项目实施。战略咨询委员会负责提供建议,以确保项目能够与政府政策相协调,其组成人员背景涵盖政府、科研机构和企业界。科学顾问小组包括知名专家,负责保障资助项目的学术质量。

除了针对规模较大的跨学科研究,UKRI 也注意到自由申请的相对规模较小的跨学科研究。为了保障更灵活、更具探索精神的跨学科自由申请,UKRI

联合各个专门理事会签署了《跨研究理事会资助协议》，以保证跨学科研究在申请时得到相对公平公正的对待。具体的跨学科自由申请流程包括判断项目申请是否为跨学科申请，评价标准是涉及另外研究理事会的内容是否超过了 10%。如果项目被认定为跨学科研究，应该由所涉及的理事会协商出资比例。牵头负责受理和评审的理事会负责日常管理，其出资比例不低于51%，其余参与的研究理事会出资比例不得低于 10%。

二、我国主要资助机构资助跨学科研究方略

(一)国家自然科学基金对跨学科研究的资助

国家自然科学基金委员会(NSFC)是我国资助基础科学研究的主要机构之一，近年来其资助政策中也体现了对跨学科研究的关注，并且通过实施重大研究项目和优先资助领域的方法，尝试对与国家社会经济重大需求相关的跨学科研究进行资助。与国外资助机构资助跨学科研究的多种机制相比，NSFC 的资助仍然以资助项目为主，在以学科设置为主线的纵向基本资助格局基础上，对资助跨学科研究进行了有益的探索。下面就针对这两大举措具体加以介绍：

1.对重大、重点跨学科研究项目的资助

NSFC 在成立伊始就提出了要有计划、有步骤地组织面向经济建设和社会生活需要的重大项目，而这些重大项目的特点不仅是资助金额高于面上项目，而且研究所涉及的单位是"跨学科"和"跨部门"的。由于重大项目在"立项、评审、管理、成果验收"等方面与面上项目存在差异。1986 年 7 月，基金委成立了专门负责组织重大项目的组织管理工作的 "重大项目领导小

组"。1986 年 10 月,NSFC 发布了《国家自然科学基金委员会重大项目评审管理方法》,明确表示重大项目应属于"发挥跨学科、跨部门优势的合作研究",对每个项目的评议要组织相关领域专家组成"重大项目评审组",评价其研究的意义与方案的同时,也要评议研究团队的组成结构(包括学科构成与年龄结构)[①]。可以看出,重大项目从设立之初,就涉及学科交叉项目,其申请、评审和结题管理等环节上,均考虑了项目的跨学科研究特性。1986—1988年,NSFC 批准的重大项目有 56 项,每个重大项目的承担单位都超过 3 个,最多达到 34 个单位。重大项目的资助金额也高于面上项目约 50 倍。"综合交叉性强"和"重视为生产技术发展导向"是重大项目的共同特征之一。也许是因为观察到重大项目过于关注研究的应用价值,在一定程度上忽视了科学自身发展对跨学科研究的需求。因此,从"八五"开始,NSFC 开始设立了新的项目类型——重点项目,其资助强度高于面上项目但小于重大项目,"主要针对我国科学发展与布局中的关键科学问题和学科新生长点,开展系统深入的研究"[②]。"八五"期间最早的一些科学前沿领域的重点项目,如低温化学研究、从原子水平上研究材料的表面与界面、药物分子涉及研究等,体现了不同学科的研究人员开展的合作研究。

不难看出,重大项目和重点项目是 NSFC 支持学科交叉研究的主要途径,但他们所涉及知识的学科尺度和范围有所不同。重点项目主要针对隶属于同一个科学部的不同学科所进行的跨学科研究,比如说在数理科学部内部数学与物理学的交叉;而重大项目的立项则主要面向两个及两个以上科

---

① 国家自然科学基金委员会:《国家自然科学基金委员会关于重大项目评审管理暂行办法》,[EB/OL].[2011—04—23].http://www.nsfc.gov.cn/Portal0/default121.htm。

② 国家自然科学基金委员会:《1995 年国家自然科学基金委员会年度报告》,中国科学技术出版社,1996 年,第 29 页。

学部联合之间的跨学科研究,以鼓励更大跨度的跨学科研究。以"十五"期间数理科学部中,与物理学领域有关的项目为例,具体考察跨学科重点和重大项目的研究。该学科部共资助重点项目 69 项,其中涉及数理科学部内部学科交叉的项目为 37 项,资助经费超过 6000 万元,研究方向包括了物理学与数学、天文学、力学等领域的跨学科研究;涉及与其他科学部共同支持的重大项目共 5 项,其中有 4 项属于跨学科研究,资助经费 3000 万元,研究领域涉及核科学技术和生命科学、量子纳米科学研究方向、强激光核物理和理论生物物理及生物信息学等[①]。其中取得较大成绩的、比较具有代表性的研究是由重大项目"核分析技术研究若干典型环境问题"、重点项目"微分析技术在分子水平上研究若干典型环境污染物的分子毒理"的连续资助,其成果不仅获得了该分析领域的国际最高奖项,而且在环境保护的实际工作中得到很好的应用。

2.资助跨学科研究的优先领域和重大研究计划

NSFC 是我国资助学科范围最广、资助科学家最多的资助机构,且具有相对独立的管理体系,与其他科技管理部门并不构成隶属关系。因此,NSFC 就具有了组织跨部门的研究者开展跨学科研究的独特优势。"九五"到"十一五"期间,NSFC 针对不同时期科学技术研究的前沿问题,并结合国家经济社会发展中的深层次科学问题, 遴选涉及多个科学部的大跨度跨学科研究的优先资助领域(如生命体系中的化学过程、网络计算与信息安全、能源利用及相关环境问题的基础研究等),分别在各类不同的项目类型,尤其是在重大项目和中线项目中予以优先安排。优先资助领域的选定是通过组织不同

① 龚旭:《科学政策与同行评议——中美科学制度与政策比较研究》,浙江大学出版社,2009 年,第 263~265 页。

跨学科研究评价的理论与实践

学科的专家就科学前沿或国家需求的科学问题经过反复的研讨，最终确定下来的。比如，在选定"九五"期间优先资助领域的过程中，NSFC 先后组织了6 次学科交叉研讨会，广泛讨论了包括"面向 21 世纪新材料的科学问题""生命科学中的跨学科前沿""重大工程中的关键力学问题"等议题；在遴选"十五"优先领域的过程中，NSFC 反复举办了 26 次跨学科领域的研讨会。与"九五"优先领域研讨会相比，"十五"期间学科交叉的广度和深度都有所进步。随着国家需求导向的日益迫切，加之对跨学科研究资助理解的加深，NSFC 所确定的优先资助领域数量程逐渐减少、质量不断提高的趋势。NSFC 遴选的"九五"优先资助领域为 50 个，"十五"减少为 26 个，"十一五"凝练为 13个。"九五"期间落实对优先领域的资助主要依靠重点项目和重大项目；"十五"期间又推出了重大研究计划的方式；"十一五"期间提出结合项目板块和人才板块的特点，共同资助跨学科研究。

　　"十一五"期间，NSFC 开始实施一种新型资助模式——重大研究计划。该计划从国家重大战略需求和需要解决的重大科学前沿问题出发，充分考虑我国具有基础和优势的领域进行重点部署，凝聚全国的优势科研力量，"通过相对稳定和较高强度的支持，积极促进学科交叉，培养创新人才，实现若干重点领域或重要方向的跨越发展，提升我国基础研究创新能力，为国民经济和社会发展提供科学支撑"[①]。重大研究计划实施的具体做法是，针对优先资助领域所涉及的核心科学问题，"整合与集成不同学科背景、不同学术思路和不同层次的项目(包括面上、重点和重大项目)，形成具有统一目标的项目群，实施相对长期(6—8 年)的支持，以促进学科交叉和学术争鸣，激励

---

　　① 国家自然科学基金委员会:《国家自然科学基金委员会关于发布 2007 年重大研究计划项目指南与申请注意事项的通告》[EB/OL].[2011-03-16].http://www.nsfc.gov.cn/nsfc/cen/yjjh/2007/20070124_tg.htm。

创新"①。NSFC 规定对每个重大研究计划要定期检查,2—3 年一次组织专家对其总体情况进行评估。评估的内容应当包括跨学科研究的实质性与广泛性。自 2001 年启动以来,共实施 12 个重大研究计划,包括以网络为基础的科学活动环境研究、西部能源利用以及其环境保护的若干关键问题、真核生物重要生命活动的信息基础、空天飞行器在内的若干重大基础问题。其资助总额超过 6.6 亿元,每个计划的经费额度为 5500 万左右。

3.国家自然科学基金成立交叉科学部

为进一步落实党中央、国务院加强基础研究的战略部署,探索和建立资助跨学科研究的长效机制, 国家自然科学基金委员会在 2020 年 11 月正式成立交叉科学部。交叉科学部的整体定位是面向国家重大战略需求,全面部署我国交叉科学领域。交叉科学部是探索中国科研改革的重要阵地,在跨学科研究的筛选、评审、人才培养方面建立新的模式和机制,并通过跨学科研究解决重大共性基础科学难题。

截至 2022 年,交叉科学部下设物质科学、智能科学、生命健康、融合科学四个处室。融合科学处是其余三个处室的补充,在三个处室的资助范围都不能涵盖之时,项目申请可以在融合科学处得到资助。除了四个业务处室,交叉科学部还设置了综合与战略规划处,用来作为研究交叉科学变化趋势,开展各交叉科学处室以及传统学科处室之间的协调工作。

交叉科学部尝试探索与传统基金资助不同的预申请和长周期资助模式。对于自由申请类的交叉科学研究项目,交叉科学部要求申请人所提出的基础科学问题要满足交叉科学的属性, 可以划入交叉科学部所对应的各个处室,然后由申请人的交叉团队进行预申请制度。(2021 年,交叉科学部在成

---

① 国家自然科学基金委员会:《国家自然科学基金重大研究计划(试点)实施方案》[EB/OL].[2011-03-16].http://www.nsfc.gov.cn/nsfc/cen/yjjh/2002/008_zn_01.htm。

立后第一年的申请中,并没有设置自由申请类项目,预申请制度还在探索之中。)针对国家需要的重大战略性跨学科研究,交叉科学部采用的改革策略是延长资助年限,减少申请、考核和结题等工作对项目的干扰。交叉科学部仍旧不定期发布重大项目指南,加大单个项目的资助力度,延长单个项目资助周期,并开展滚动资助。工作人员在资助过程中对项目进行无干扰的监督和追踪。以上措施充分减少跨学科项目负责人因申请、考核等行政工作而分神,可以在更长周期内长时间聚焦于跨学科的研究,针对性地考虑到了跨学科研究申请时面临的困难。

2021 年,交叉科学部设置的资助类型包括优秀青年科学基金项目、国家杰出青年科学基金项目、创新研究群体项目、基础科学中心项目、国家重大科研仪器研制项目和重大项目六类[1]。交叉科学部打破了四个处室之间的学科界限,不设置学科代码。另外,创新性探索了共同申请制项目,即申请人可以设置为两人,且对项目负有共同的责任和义务,以鼓励学科之间开展实质性的交叉与合作,共同探索复杂性的科学问题。2021 年,交叉科学部基础科学中心项目收到共同申请制项目 4 项,占该项目申请总量的 17%,其中1 项进入会议评审。

交叉科学部的项目评审一方面尊重国家自然科学基金的整体制度和评审文化,另一方面试图针对跨学科研究的特点进行尝试和适度的变革[2]。目前受理的跨学科研究项目普遍采用通信评审和会议评审相结合的方式进行。针对跨学科研究不容易找到准确同行专家的情况,交叉科学部实施了改革措施,即增加评审专家数量、提高评审专家门槛、增强评审过程中专家与

---

[1] 戴亚飞、宋欣、赵宋焘、杜全生、潘庆、陈拥军:《2021 年度交叉科学部基金项目评审工作综述》,《中国科学基金》,2022 年第 1 期。

[2] 戴亚飞、杜全生、潘庆、陈拥军:《探索中前行的交叉科学发展之路》,《大学与学科》,2021 年第 12 期。

申请人的交流。由于跨学科研究的特性是交叉融合而非学科知识的堆砌,交叉科学部对跨学科研究申请书进行了重新设计, 提出要求申请人重点阐述跨学科研究的经历以及所申请项目中跨学科研究的特征。交叉科学部并不受理多学科研究, 其区分标准是跨学科研究有两个以上学科知识和方法的融合,必须产生出新的知识和认识,而不是简单地将一个学科方法和工具移植到另外一个学科中。

(二)教育部社科司对跨学科研究的资助

作为我国人文社会科学研究领域的重要支持机构, 教育部社会科学司承担着对相关学术探索进行统筹规划和资金扶持的关键职能。自 2004 年中心发布了《关于推进社会科学哲学进一步发展的观点》以来,教育部强化了对人文科学研究的扶持强度,“十五”期间高等教育研究项目到达了新的高度,各种立项课题大约 3500 个,其中重点项目约 1000 项,资助金额约 2.4 亿元[①]。截至目前,社会科学管理部门已逐步建立起涵盖人文社科重点课题研究、主要研究基地资助、后期资金支持以及一般性研究项目等范畴的全面研究资助体系, 同时设有已成功举办五届的国家级奖项——中国高等学校人文社科优秀成果奖,以此作为激励和表彰。

在过去, 一直没有设置针对人文与社会科学领域内跨学科探索的教育部资助项目类别。自 2009 年以来,教育部门针对人文社会科学领域的常规项目进行了扩展,新增了一类综合性研究项目,旨在支持跨学科的探索,涵盖规划、青年学者、自筹资金、西部发展及边疆研究等。值得注意的是,这一项目类别特别强调以人文社会科学为核心, 而那些主要以自然科学为重点

---

① 曾天山:《我国现行教育科研资助体系的比较分析(下)》,《教育理论与实践》,2007 年第 5 期。

的研究申请则不在考虑范围之内①。在 2009 和 2010 年,人文社会科学的规划研究项目(通称常规项目)所获得的资助类别,与《中华人民共和国学科分类与代码国家标准(GB/T 13745-2009)》所列出的人文社科领域的主要类别存在差异,除了扩展了交叉学科和综合研究的范畴。大部分项目摒弃了军事学(学科代码 830)与体育学科(890),却新增了管理学(630)和心理学(190)这两个重要的学科领域,同时还加入了港澳台问题研究、国际问题研究两个新的学科分类。此外,文学(750)被细分为中国文学和外国文学两部分,哲学(720)也被划分成了哲学和逻辑学两个学科,最终形成了 24 个不同的资助学科领域。在 2009 年度,常规基金(包括青年人才、规划型以及自筹资金类别)总共赞助了 2944 个研究课题。其中,特别针对跨学科及综合性的研究课题,单独给予了 235 项资助。各类型的资助分布及所占比重,详见图 7.1 所示。在 2010 年度,普遍性的科研资助计划(涵盖青年科研人员、规划性以及自筹资金的科研项目)共计赞助了 4833 个独立的研究案例。其中,特别针对交叉学科和综合性研究的资助数量达到了 421 项。各类型的交叉学科/综合性研究与各个不同的资助门类的比重,在图 7.2 中有所体现。

表 7.1　教育部人文社科一般项目(青年、规划和自筹经费)
各门类项目个数及分配比例统计②

资助门类	2009 年		2010 年	
	个数	比例%	个数	比例%
法学	233	7.92	330	6.83
港澳台问题研究	5	0.17	3	0.06
管理学	411	13.96	758	15.69
国际问题研究	34	1.15	47	0.97
交叉学科/综合研究	235	7.98	421	8.71

---

①　2011 年度教育部一般项目申报常见问题释疑[EB/OL].[2011-03-16].http://www.sinoss.net/2011/0308/31187.html。

②　根据 2009 年、2010 年教育部人文社科一般项目立项一览表整理[EB/OL].[2011-03-19].http://www.sinoss.net/guanli/xmgl/lnzl/1.html。

续表

资助门类	2009 年		2010 年	
	个数	比例%	个数	比例%
教育学	245	8.32	402	8.31
经济学	492	16.71	768	15.89
考古学	9	0.31	16	0.33
历史学	138	4.69	209	4.32
逻辑学	5	0.17	6	0.12
马克思主义理论/思想政治教育	113	3.84	187	3.87
民族学	39	1.32	92	1.91
社会学	95	3.23	173	3.58
统计学	16	0.54	30	0.62
图书情报文献学	60	2.04	94	1.94
外国文学	46	1.57	99	2.05
心理学	57	1.94	94	1.94
新闻学与传播学	74	2.51	102	2.11
艺术学	114	3.87	197	4.08
语言学	182	6.18	283	5.87
哲学	73	2.48	119	2.46
政治学	76	2.58	104	2.15
中国文学	173	5.87	265	5.48
宗教学	19	0.65	34	0.71
总计	2944	100%	4833	100%

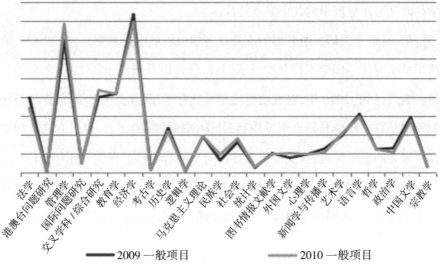

图 7.1 2009 和 2010 年一般项目各资助门类比例统计图①

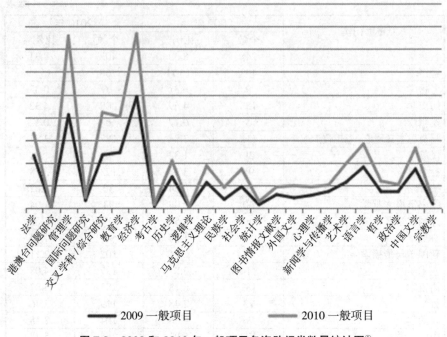

图 7.2　2009 和 2010 年一般项目各资助门类数量统计图①

纵览图 7.1 和 7.2，我们可以观察到教育部人文社会科学项目在资助跨学科研究方面呈现出的几个显著特征。

第一，跨学科研究所获得的支持在各学科领域中排名靠前。在 2009 年，跨学科研究在全国学术排名中位于财经、管理以及教育学科之后，名列第四位。随后，到了 2010 年，它成功地超越了教育学，跃升至第三位，仅次于经济和管理学科。跨学科研究资助项目，作为创新领域的代表，自设立之始便获得了显著的资助排名，这反映出教育部对于融合学科的深度关注和支持。

第二，资源分配比例稳定，数量增长迅速。图 7.1 显示，两个图形变化走势几乎相同，这表明两年内标准项目资源的分配比例保持恒定。若持续此等

---

① 根据 2009 年、2010 年教育部人文社科一般项目立项一览表整理[EB/OL].[2011-03-19].
http://www.sinoss.net/guanli/xmgl/lnzl/1.html。

资助势头,将有益于跨学科研究领域的深远发展和进步。观察图 7.2,我们可以明显发现,不同学科的项目数量正快速增加,并且这些学科的增长速度彼此相近。

第三,以问题为驱动的研究方法日益获得重视,它符合跨学科的研究问题导向思路。对于香港、澳门和台湾的相关问题以及全球事务的研究,显然具备跨越多个学科的显著特点, 这使得它们能够从各种不同的学术视角进行深入探讨。对跨国事务的分析探索触及了跨学科的知识范畴,包括但不限于法学、财务学、民族以及宗教学。依照国家级学术分类,与之紧密相连的二级学科有国际法(82040)、全球政治学(81040)、全球经济学(79029)、民族与世界研究(85060)等。

三、中外资助机构资助跨学科研究政策之比较

国内外国家级的资助机构对跨学科研究都给予了相当的重视。但是,国外资助机构不仅在战略层面上非常重视对跨学科研究的支持, 而且具体体现在各个层次上都具有相应的可操作性措施。从其整个资助框架来看,NSF、NIH 和 ARC 对跨学科研究的资助,大到优先领域、重大项目和计划,小到一般项目、会议和研究中心,外加多层次的协调管理跨学科研究的职能部门,已经形成较为完善的资助体系。例如,NSF 在资助跨学科研究时,调整了管理部门(如在数学与物理科学部中建立多学科活动局),设立了专门负责跨学科研究的方向,设置多个优先资助的跨学科领域,资助跨学科研究中心,资助跨学科研究团队,资助会议等。NSF 等国外的资助机构不仅资助基础研究领域的跨学科研究, 而且注重对基础科研和产业界的技术研究相结合研究,并且在所有的资助过程中,体现对后备人才的关注也就资助跨学科研究

教育和培训。这些不仅反映了 NSF 资助学科交叉活动的多样性和灵活性,更显示出 NSF 对学科交叉活动的理解越来越深入。国外资助机构对资助跨学科研究问题的理解,主要体现在对阻碍资助跨学科研究的障碍理解深入。比如NIH 认识到,组织结构上的人为阻碍,是妨碍跨学科研究的一个重要原因。如何保持不同学术背景的研究人员在资助期间能始终在一起工作,真正贯彻始终如一的跨学科研究模式,是跨学科研究管理部门面临的最大困难。

NSFC 与 NSF 的跨学科研究资助模式相比,最显著的区别是没有类似于 ERC 或 STC 式的对跨学科研究中心资助机制。这可能是由于跨学科研究中心,既是一种新生的正式组织制度,也需要得到非正式制度的认可与支持,中心需要跨越的不单是学科的界限,更重要的是要跨越机构、人员和保护观念等各种管理制度、文化约束下形成的局限。因此,重要的不是由 NSFC 这样的国家资助机构成立几个研究中心,而是要摸索出一套跨越各种有形和无形的边界且真正有利于促进跨学科研究的有效组织形式①。要做到这一点,至少需要具备以下三个条件:第一,此类中心极具弹性的组织方式对其管理提出了很高的要求,需要在研究的组织管理章程和管理人员观念上进行改革;第二,跨学科研究中心的负责人既要在某一学科领域拥有很高的学术声望,还要拥有跨学科研究视野和经验,应当是通才式的科学家;第三,跨学科研究中心的科研主体关注的一般是社会和学术界热点问题,具有非常强的应用背景和实践价值。所以,从研究方向的确立到研究内容的界定,从研究过程到成果利用,都是在产学研体系中互动进行的,而中心应当成为科学家、工程师和企业家密切合作与交流的场所。而目前这些条件、特别是非正式制度所构成的条件在中国都还很不成熟。所以,由 NSFC 来展开研究中心

---

① 刘仲林主编:《跨学科研究体系及平台建设研讨会综述》,《中国交叉科学》,2011 年第 3 期。

类的自主活动还难以实现。然而,不仅从美国 NSF 的情况看,而且从澳大利亚 ARC 的经验看,以研究中心的方式支持跨学科研究应当是十分有效的方式。在条件成熟的时候,NSFC 也可以探索适合本国情况的中心资助模式。

　　总体来说,我国国家级的资助机构对跨学科研究的支持起步较晚,且多停留在国家任务、重大领域和计划层面上,一般面上项目的资助缺乏广度和跨度,缺少有明确职能的跨学科研究资助协调管理部门。如文理交叉就没有相应的资助机构,上文列举的教育部一般项目明确说明不资助以自然科学为主的跨学科研究。可以说,虽然我国政府及下属资助机构对跨学科研究有一定的支持力度,但完备的跨学科研究资助体系尚未形成仍需进一步探索。

第 8 章
完善我国跨学科研究评价体系的建议

一、建立并完善专门的跨学科研究管理和评价部门

(一)设立独立的跨学科研究协调部门

由各个学科领域的专家构成的研究评价小组，他们拥有各自独特的研究偏好和文化传统。在一段较为宽泛的评估时间内，各类观点的差异与思维的碰撞和冲突是不可避免的。国外不少发达国家诸如英联邦的几个，其国家级的科研资助单位都建设有专门负责承接交叉学科研究申请的部门。独立化运作的方式不仅能有效聚集一批有能力、有意愿从事跨学科研究的专门人才，而且极大地减少跨学科与其他单一学科在不公平的赛道上竞争的机会。建立一个可以担当跨学科研究评价的专门性整合机构，总体上去管理项目申请评价、挑选合适专家、把控评审流程和质量，并在事后发布跨学科研究成果。如果可以参考国家自然科学基金成立的交叉科学部，在其他资助机构也成立一个类似的负责跨学科研究的部门，如图 8.1 所示。此种类似机构

可以设置三个不同子机构,分别处理相应的跨学科研究项目申请。主要的两个部门负责协调和处置与其他平行机构发生的协调问题，另外一个负责与其他大型资助机构进行协调合作,比如国自然基金与国社科基金之间。在我国,科学研究的管理与资助呈现出明显的文科与理科相分离的格局,体现在中国科学院与中国社会科学院的独立运作，以及国家自然科学基金委员会和国家社会科学研究项目规划办公室各自为政。这种分治模式导致了缺乏一个统一的平台，难以支持那些横跨自然科学和人文社会科学领域的大型研究项目。

　　跨学科研究协调组织的任务是面对资助机构内部无法独立解决的跨学科研究项目申请,可以交由该组织处理。该组织联同各个学科和学部共同商议,提出应对的支持策略,协作处理这些跨学科项目。跨学科研究协调机构的职权级别等同于各个独立学科的级别。跨学科项目评审中,各学科领域应服从协调机构的领导和调停。协调机构需向资助组织高层呈报其在项目评审中的指导原则及协调策略，尤其是针对那些具有广泛适用性并使用了创新方法与策略的项目。同时,该部门应主动收集来自各学术部门的建议,以此不断丰富和完善其工作经验。

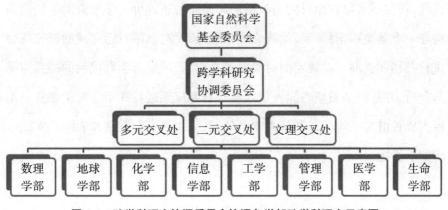

图 8.1　跨学科研究协调委员会协调各学部跨学科研究示意图

此外,构建综合管理跨学科研究组织的构思,现已超越理论层面。在浙江大学举办的《2009 年学科交叉研究框架及平台发展暨第四次年教育科技发展策略大会》上,时任哈尔滨工业大学的副校长韩杰才先生①,以"对多领域融合及重点科研项目管理之思考与经验分享"为题,分享了哈尔滨工业大学在管理学科交叉项目上的宝贵经验。他提出了观点:在管理多学科研究框架时,存在一些难题。在更细致的层面上,资源分配是一个核心问题。在更广泛的层面上,评价准则构成挑战。而在最宏观的层面,科研管理体制则是最主要的障碍。哈尔滨工业大学针对在承担国家级重点科研项目过程中,遭遇的涉及多个学科的复杂性和相互交叉的实践挑战,实施了以增强横向联系、缩减垂直结构为特点的"扁平化"管理策略。通过依托科学与技术研究院这一具有更高决策权的机构,来协调院属各单位的行动,有效地促进了跨学科合作与融合,调和了因学科差异及背景多样性引发的冲突和难题,展现了卓越的协调效能。

(二)建立跨学科研究档案库

跨学科研究所取得的众多成就,例如新学科的创立与实验方法的更新迭代,往往不可以在短时间内被精确解读与公正评价。学术资助组织应当构建一个涵盖跨学科领域的研究成果追踪系统,以便对已完成的研究项目进行归档和查询。在规定的时间要求之内,开展对跨学科成就的持续监测与分析,并且按期召集资深评议人员对研究成果进行评审。对于那些显示巨大成长潜力的跨学科及新兴学术领域,应提供资金支持和表彰。实施步骤如下所述:

---

① 龚旭:《科学政策与同行评议——中美科学制度与政策比较研究》,浙江大学出版社,2009 年。

第8章 完善我国跨学科研究评价体系的建议

首先,推动跨学科研究的思想生根发芽。在管理科研成果时,需展现出对跨学科研究失误的包容。国家自然科学基金委员会不仅应分享科研成功的案例,还应提炼出跨学科探索中的创新性失败案例。对这些具有探索精神的项目要予以认可,同时对导致失败的原因进行剖析,以此为后续的交叉学科研究提供指导。

其次,促进跨学科研究的创造性和创新性发展。学术管理机构与资金提供方需打造一个综合性的研究项目信息共享系统,该系统应定期更新包含现行研究项目及申请信息的内容,并利用该平台促进科研人员之间的日常学术互动,以此方式激励更多学者参与跨学科研究。此外,这些机构应定期举办学术研讨会,促进跨学科研究领域的专家间的持续对话;在这样的交流中,专家们将提出更多的跨学科研究议题和方向,供资金提供方在挑选跨学科研究课题时参考。同时,资金提供方还应定期举办研究成果展示会,对在跨学科项目中取得显著成就的学者给予表彰。

最后,促进跨领域项目成果的实施与应用。学术资助机构深入探究各学科融合的重大项目和关键规划,细致搜集关于跨学科研究项目的学术成果、荣誉授予以及人才培育的数据,并在此基础上进行梳理总结归纳,旨在为未来的科研管理人员提供参考;同时,这些机构还需对跨学科成果在社会中的实际应用进行深入调研,持续观察其经济和社会的回报,并设立持续的反馈系统,接收来自企业、行业以及社会机构的关于成果社会效益的反馈,国家自然科学基金委员会将及时公布所收集的信息,为国家自然科学基金管理机构和科研工作者提供决策支持。

二、建立更加广泛的跨学科科研支撑体系

跨学科研究资助机制构成了科研支持系统中的关键部分。跨学科研究资助架构与其他科研辅助系统之间需要建立紧密的互动联系。打造一个全方位支持跨学科研究资助架构和体系。让跨学科研究良好发展，不仅依赖评价机制和资助机构的策略，还须构建一套系统化的支持平台，涵盖跨学科领域及专业的确立、行业协会、学术期刊，以及为跨学科研究设立奖项。跨学科探究往往在科研申请过程中难以找到适宜的容身之所，这是由于现有的学科分类框架基于单一学科的视野构建，并未预留空间给跨学科领域。相应学科和专业设置的缺位，导致跨学科研究难以获得与其他学科相似的常规资源配置渠道。因此，为了促进交叉学科的发展，我们需要对现行的课题申请、奖项申报、学科建立、文献分类等目录档案体系进行改革，以确保交叉学科能够获得必要的成长空间。

(一)设置并完善"交叉学科"门类

学科和专业设置构成了学科发展过程中的基础，为资源分配提供了根本的保障和常规依靠的平台。在我国的学术体系中，找不到一个特定的学科分类来准确囊括那些跨越传统学科界限的研究活动。既未在顶级学科范畴中设立跨学科类别，也未在顶级的或次级的学科体系内及它们之间为新兴的跨学科领域留出成长的空间。并且，在为某些新涌现的跨学科领域指定学科位置时，做法显得过于随性和武断。例如，在92版的学科标准中，安全技术与工程技术学科被分类为矿业工程学科的子学科[①]。在我国现行的教育和

---

① 程妍:《跨学科研究与研究性大学建设》,中国科技大学博士论文,2009年,第92~95页。

科研体系架构下,学科目录已成为获取各类教育和科研资源及资格的"法定"根据,如科研项目、课题等科研经费的申请,人才培养学位的申请,职称晋升,奖励获取等。若缺乏"合法"的学科地位,跨学科研究便只能依赖课题和基金的申请来维持,这使得其易于被边缘化和业余化。

跨学科分类准则通常涵盖那些其他学科类型未能囊括的领域,它们是跨越常规学科界限的集成研究范畴。刘仲林[①]倡导构建跨学科分类的思想,并阐述了两个主要的思考角度:首先,对于跨学科或学科互动的研究,应赋予其学科类别中的恰当位置,从而确保学科交融领域的研究能获得独立的发展轨迹和一般性的探讨空间。横断学科领域构成了一个复合学科的根基性探讨,它为不同学科间的融合研究提供了坚实的理论与实践支持,从而提升了这种研究进展的科学性和预见性。其次,为了促进更多新兴交叉学科领域的诞生,有必要在现有的学科体系中开辟出更多具体且周详的研究路径,为新兴交叉学科研究方向的生长提供空间。谨慎设置准入标准,既要避免由于门槛过低导致的一窝蜂现象,同时也要避免门槛过高引发的限制过严,助力有前景的跨学科领域融入该领域。

(二)创建专业跨学科研究学术期刊

学术期刊不仅是学术交流的关键场域,而且是衡量学者专业能力的核心尺度。在我国,目前尚未出现一个专门的出版物,专注于发布跨学科知识融合的研究成果。这一现状导致从事跨学科探索的学者在职业发展和项目申请时面临不利的局面。创立一份涵盖跨学科领域的学术刊物,其特色应为只刊登那些涉及至少两个学术领域融合的研究成果,以及关于这些交叉领域综合性与抽象性问题的探讨,即专注于"跨学科研究"和"跨学科学"的文

---

① 　刘仲林:《"交叉学科"学科门类设置研究》,《学位与研究生教育》,2008 年第 6 期。

章。跨学科研究的发展离不开专业学术期刊的推动,它们为跨学科研究的项目申请提供了坚实的支撑。近期,国际上新兴的一些涵盖多学科的研究期刊包括:《考古天文学杂志》(由德克萨斯大学出版社的考古天文学研究所携手国际考古天文学及文化天文学协会共同发行)、《地球化学、地球物理、地球系统学刊》(由美国地球物理学协会出版)、《机械电子工程学报》(由美国电气电子工程师协会和美国机械工程师协会共同发行)。新兴的跨学科研究领域则诞生了《生物经济学杂志》。该杂志成立于 1999 年,其核心理念在于提倡多元化的研究手段,并倡导经济学与生物学领域的学者之间深入交流。经过经济学与生物学生态系统知识的交融,促进了理念、学说的交流,以及研究方法和资料库在两个领域之间的互通有无。该期刊在发刊宗旨上采取跨学科融合的策略,同时对各类思维流派与研究方法学派持包容态度。

另外,某些杂志会定期专门向读者介绍其他学科的研究和资讯。《细胞》期刊辟有特设版块,专注于分享关于信号传递路径的最新研究成果,收录了来自《免疫学》《神经科学细胞》《分子细胞》以及《现代生物学》等刊物的论文摘要。《细胞》期刊中设有一栏关注癌症生物学领域的最新研究成果,摘录了《癌细胞》《当代生物学》《免疫》以及《化学与生物》出版物中的研究概述。《科学》这份综合性的出版物定期推出名为"编辑精选"的专栏,着重展示最新的跨学科科研成果。

举例来说,通常情况下,数学领域的期刊会回绝那些涉及多个学科的研究文章,同样的情况也常见于化学领域的期刊。然而,某些期刊的编委会跳出常规,连载了一些后来被视为对崭新领域至关重要的学术文章。在 1983 年,早期弦论领域的理论物理学者爱德华·维特尔所公布的学术论文,成为了此类研究的典范。该篇文章发表于《数学物理学通讯》期刊,由阿瑟·加菲担任编辑一职。该杂志主要是数学领域的定期出版物,而所述学术论文的发布遭遇了众多批评。在十年的光阴流逝之后,维特尔赢得了数学领域的至高荣誉——菲尔兹奖。同时,弦论——这一数学与物理学交汇的研究领域,现今在跨学科合作中对两个学科领域都显得至关重要。

(三)颁发跨学科研究最高奖

在本国跨学科研究范畴内,尚未设立一个顶尖的荣誉奖项。颁发顶级荣誉将构筑起跨学科研究资助机制中的最高荣誉,对于那些在跨学科领域取得革新性成果的学者以及为推进多学科探索作出杰出贡献的各界精英给予表彰,将为跨学科发展提供极大助力。一方面,科学殊荣将鼓舞更多有抱负的人士加入跨学科研究领域;另一方面,设立这一最高荣誉也提高了整个跨学科研究的资助级别,让资助奖励系统不仅具备整体性,还具有层次性和针对性。国际上存在一些表彰跨学科研究的奖项,例如美国社会学学会颁发的学科进步基金[1]。这项资助旨在向那些有能力挑战学科现状的学者提供资金支持,激发他们开展创新性研究,并助力构建全新的科学合作平台。该奖项投入了众多的资金,这为实质性的、方法论上的创新铺平了道路,促进了科学知识的普及,并为寻求额外研究经费提供了基石。近期,查尔斯·库兹曼(Charles Kurzman)荣获此奖项,他是北卡罗来纳大学教堂山分校的学者。他的获奖成就是策划了多个专注于特定议题的研讨会,这些议题涉及三个相互关联的研究领域(即伊斯兰教的运动、社会活动研究以及社会网络分析)。库兹曼通过举办这两类研讨会,成功地将这些领域的专家聚集一堂,旨在增进他们之间的学术交流。近期该荣誉的获得者还包括了雪城大学(Syracuse)

---

[1]　Committee on Facilitating Interdisciplinary Research, National Academy of Sciences, National Academy of Engineering, Institute of Medicine, *Facilitating Interdisciplinary Research*, America: National Academies Press, 2004, 156.

的玛乔丽·德沃尔特(Marjorie L.Devault)。她因策划一场盛会而获此殊荣,该盛会集结了杰出的资深专家、中坚力量的研究者以及求知若渴的研究生,共同研究并商讨应用"制度人类学"来解析经济结构重塑过程中的策略。在国际领域,另一项声望卓著的大奖是美国颁发的博尔丁奖章①(the Boulding Medal)。为了表彰在交叉学科领域作出卓越贡献的学者,美国整合研究学会(AIS)在1990年设立了以该学会早期赞助者博尔丁命名的奖项。评选博尔丁奖项考量的是:首先,构建了不同学科与领域之间新颖且关键的桥梁;其次,推进了跨领域的理解深度,促成了关键性体制或社会转型;最后,创新性地提出了关于跨领域的全新见解或解读。

在两院院士选拔过程中,应该拓宽至跨学科领域。中国科学院和中国工程院院士是中国大陆科技领域里最为杰出的智囊团和资深学者的典范。院士的称谓象征着我国科研界的巅峰荣誉。但是,在当前的院士选拔过程中,那些进行跨学科交叉研究的学者却面临着一种窘迫的局面。在2009年的中国工程院院士选拔过程中,两位在跨学科领域处于前沿地位的学者,因他们申报的学科方向被认定为"不匹配",导致他们在评选的第二阶段被淘汰。李最雄先生,是中国首位致力于文物保护科学的博士学位获得者。他投身于跨越众多领域的交叉学科研究。在担当敦煌研究院副院长之职时,他以其在文化遗产保护领域的深厚造诣,为土质文物的防护工作带来了突出的创新成果。这次的院士选拔中,他在能源与矿业工程学科的申请未被选中的原因是,评选的专业方向和他的申请方向不一致。李最雄曾表示:"别人不理解,我也不会抱怨。毕竟,从事我们这个行业的人,在各个领域申请都会遇到这种难题。因为这是一个涉及多个学科的应用科学,无法归入现行的任何学科

① 教育部社会科学委员会秘书处:《国外高校人文社会科学发展报告2010》,高等教育出版社,2021年,第931~932页。

体系。此外,这个领域从未有过院士的产生。"①李最雄的经历并非个例,在当前体制下,众多投身于跨学科交叉的前沿科学家,并非因其工作和成就不卓越,而是由于难以融入现有体制而未能被评为院士。因此,对于在两院院士的增选过程中,拓展跨学科的学部范围,以便接纳进行跨学科研究的学者,显得尤为迫切。在 2009 年的院士选拔中,担任我国宇航员培养重任的科研训练中心负责人陈善广,虽然是宇航员生理训练和医学保障的顶尖学者,培养出了杨利伟、翟志刚等众多宇航英雄,却因类似缘由未能加入院士行列。陈善广博士专注于航天领域中宇航员的生理学研究,他在申请工程院院士时,也因专业不对口而未能成功。航天医学工程是一门融合了航天医学和航天环境控制与生命保障的学科,主要研究医学与工程学的交叉领域。需要指出的是,当前基于老院士的推荐和过于精细分类的评选机制,亟需进行改进,以便更好地适应跨学科等创新研究的发展动向。

三、完善跨学科评价实践工具

在当前的学术评价机制中,跨学科探究面临许多障碍。资助实体应当有的放矢地修正和完善评价跨学科研究的手段、流程及方针,涉及课题定义、申请书内容布局、同行评议专家挑选、评审会议规程等方面,旨在消除跨学科研究课题评审的难题和阻碍。

(一)跨学科研究项目的界定

既然跨学科研究有别于仅限于单一学科的探究,那么立项单位在制定

---

①　游雪晴:《新增院士名单公布 交叉学科发展处境尴尬》,《科技日报》,2009 年 12 月 6 日。

针对性的策略调整时，首先应当考虑的是对这些跨学科项目的特点进行识别与明确界定。然而，本书并不提倡资助机构对所有项目统一地进行筛选。其一，这样做会导致评审开销激增，毕竟众多项目只是触及了其他领域的知识，并未实现新知识的深度融合；其二，根据芬兰科学院①的调研报告，部分申请者对被归类为跨学科项目持反对态度，他们认为跨学科研究常常被视为非主流，可能会失去评审专家的信赖。资助机构依然能够基于学科范畴审慎考虑研究者们自发提交的涉及跨学科的研究项目申请，并且将依据这些项目中综合不同学科知识深度的实际情况来决定其是否属于跨学科性质的研究。

(二)跨学科研究项目申请书的格式

申请跨学科研究项目者，必须提交关于其跨学科内容的更完备的信息与内容阐述。研究表明，跨学科探索要求对若干关键问题给出解释：为何采纳跨学科手段是必要的？哪一领域的内容需要融合？涵盖了哪些学科范畴、探索流程与手段？如何实现知识和组织架构的融合？申请者之前在项目准备方面的基础怎样，具有哪些跨学科研究的经历？在现有的人力和物资资源允许的界限内，能否实现资源的融合与协同？面对跨学科项目申请书的时候，评价人员最为关心涉及跨学科研究的部分。立项单位完全可以在现有项目申请书结构基础之上，额外再增加一个专门论文或者介绍跨学科内容的模块。譬如，在投送向国家社会科学基金的申请书中，在介绍研究基础和过往经历的部分，可以增加一项小条目，即跨学科研究的必要性和重要性。在此模块中，申请者应该着重阐述进行跨学科研究的必要性，从宏观到微观逐一

---

① Henrik B.，Janne H.，Katri H.，Julie T.K.，Promoting Interdisciplinary Research：The Case of the Academy of Finland，Publications of the Academy of Finland，2005，148–149.

阐述理念、理论、方法、技术为什么要跨学科以及怎么"跨"学科。其中可以阐述个人过往的跨学科教育以及科研工作经历，尤其从知识层面提供给评审员以新颖不拘一格的其他学科视角和整合性观点。

(三)跨学科研究项目同行专家的选择

过往,评审专家对单一学科领域的精通程度构成了选拔的关键因素。然而,评估跨学科研究项目时,挑选同行评议专家应同时顾及其知识领域的广度和过往研究经验的深度。学术资助机构应当审视研究人员在晋级为资深学者的早期学术轨迹,包括他们的教育背景和研究兴趣的演变。大量研究人员在攻读高级学位期间体验过跨学科学习,而且在构建其学术生涯的过程中经常调整他们的研究领域。具备上述经验,同时拥有跨学科研究或与其他学科协作背景的资深学者,将被优先考虑选任为跨学科研究评审组的专家成员。立项单位应更注重借鉴申请人所擅长的学术领域。在我国,科学研究资助机构允许项目申请书上选择多个专业代码,然而在挑选评审专家时,通常还是以首个专业代码为主要依据。本书提出针对特定的跨学科申请,在挑选一组评审专家时,不妨将视野拓展至主要学科代码之外,吸纳部分来自次要领域的专家参与,旨在为最终的决策过程贡献多元化的知识视角。

(四)跨学科研究项目的会议评审方式

周建中[①]在研究中指出,对于跨学科研究的评价更宜采用集体讨论的评审模式。在评审会议的过程中,诸多学者具备更为广泛的知识领域,这使得他们对于解读涉及多个学科的交叉研究内容更具优势。通过互动对话的手

[①]　周建中、李晓轩:《国外科研资助机构学科交叉项目的评议机制研究》,《科学学与科学技术管理》,2008 年第 2 期。

段,经验丰富的专家们在评估或参与多学科探究中发挥领导作用,从而协助那些跨学科背景较少的同仁,更深刻地把握多学科研究的运作模式及其创新亮点。在评估团队中,应当吸纳那些专注于跨学科理论探究的策略性科学家或政策分析者的参与。"跨学科学"研究者通过融合纯理论探索与跨国治理实务,洞悉交叉学科研究的关键,这同样助力于增进学科专家对交叉学科探索的领会。本书提出,在举行学术交流研讨会时,应当鼓励来自不同领域的专家学者参与评审过程。在条件允许的情况下,我们应当尽可能多地推行答辩的机制。同时,为了促进多元化的评议风格,应当定期更替评审团队成员。这样的措施可以避免评议观点的单一化,避免形成对那些跨越学科界限研究的不利的偏见。

主要参考文献

一、中文图书

[1]董光璧:《当代新道家》,华夏出版社,1991年。

[2]龚旭:《科学政策与同行评议——中美科学制度与政策比较研究》,浙江大学出版社,2009年。

[3]卡普拉:《物理学之道》,朱润生译,北京出版社,1999年。

[4]李光、任定成:《交叉科学导论》,湖北人民出版社,1989年。

[5]李友梅等:《中国社会生活的变迁》,中国大百科全书出版社。

[6]刘仲林:《现代交叉科学》,浙江教育出版社,1998年。

[7]米歇尔·福柯:《规训与惩罚》,刘北成、杨远婴译,生活·读书·新知三联出版社,2003年。

[8]王续琨:《交叉科学结构论》,大连理工大学出版社,2003年。

[9]吴述尧:《同行评议方法论》,科学出版社,1996年。

[10]叶茂林:《科技评价理论与方法》,社会科学文献出版社,2007年。

二、中文论文

[1]戴亚飞、杜全生、潘庆、陈拥军:《探索中前行的交叉科学发展之路》,《大学与学科》,2021(12):1-13。

[2]戴亚飞、宋欣、赵宋焘、杜全生、潘庆、陈拥军:《2021年度交叉科学部基金项目评审工作综述》,《中国科学基金》,2022(1):54-56。

[3]龚旭:《同行评议公正性的影响因素分析》,《科学学研究》,2004,22(6):613-618。

[4]郭碧坚:《科技管理中的同行评议:本质、作用、局限、替代》,《科技管理研究》,1995,4:8。

[5]刘辉锋:《h指数与科研评价的新视野》,《中国科技论坛》,2008(5):24-28。

[6]刘仲林:《"交叉学科"学科门类设置研究》,《学位与研究生教育》,2008,6。

[7]马永霞、仇笛熙:《"不唯"≠"不评":论人文社会科学成果评价方式的改进》,《重庆大学学报》(社会科学版),2021(3):54-66。

[8]邱均平、王菲菲:《社会科学研究成果综合评价方法研究》,《重庆大学学报》(社会科学版),2010(1):110-114。

[9]王璐、马峥、潘云涛:《基于论文产出的学科交叉测度方法》,《情报科学》,2019(4):17-21。

[10]徐璐、李长玲、荣国阳:《期刊的跨学科引用对跨学科知识输出的影响研究——以图书情报领域为例》,《情报杂志》,2021(7):182-188。

[11]张培、阮选敏、吕冬晴、成颖、柯青:《人文社会科学学者的跨学科性

对被引的影响研究》,《情报学报》,2019(7):675–687。

三、外文图书

[1]Committee on Facilitating Interdisciplinary Research,National Academy of Sciences,National Academy of Engineering,Institute of Medicine,*Facilitating Interdisciplinary Research*[R]. America:National Academies Press,2004, 151.

[2]Onsager,L. *The Collected Works of Lars Onsager*(*with Commentary*) [M]. Hemmer,P.,Holden,H.,Rakje,S. Singapore:Publishing Company,1996.

四、外文论文

[1]Laudel G.,Conclave in the Tower of Babel:How Peers Review Interdisciplinary Research Proposals[J]. *Research Evaluation*,2006,15(1).

[2]Longuet–higgins,C.,Fisher,M. 'Lars Onsager. Biographical Memoirs of Fellows of the Royal Society'[J].*Royal Society*. 1978,24(11).

[3]Mansilla V.B.,Feller I,Gardner H.,Quality assessment in interdisciplinary research and education[J]. *Research Evaluation*,2006,15(1).

[4]Peter Galison,*Image and Logic*:*A Material Culture of Microphysics*[M]. Chicago University of Chicago Press,1997,9.

[5]Rosenfield P.R.,The Potential of Transdisciplinary Research for Sustaining and Extending Linkages between the Health and Social Sciences[J]. *Soc Sci Med*,1992,(35).

［6］Shimada K.，Akagi M.，Kazamaki T.，et. al.，Designing a Proposal Review Process to Facilitate Interdisciplinary Research［J］. *Research Evaluation*，2007，16(1).

政治文化与政治文明书系书目

● 多元文化与国家建设系列（执行主编：常士闾）

1. 常士闾、高春芽、吕建明主编：《多元文化与国家建设》

2. 张鑫：《混和选举制度对政党体系之影响：基于德国和日本的比较研究》

3. 王坚：《美国印第安人政策史论》

4. 常士闾：《合族之道的反思——当代多民族国家政治整合研究》

5. 常士闾：《族际合作治理：多民族发展中国家政治整合研究》

6. 王向贤：《为父之道：父职的社会构建》

7. 崔金海：《中韩跨国婚姻家庭关系建构及发展的扎根理论研究》

8. 郝炜：《美国公民不服从理论研究》

● 行政文化与政府治理系列（执行主编：吴春华）

9. 史瑞杰等：《当代中国政府正义问题研究》

10. 曹海军、李筠：《社会管理的理论与实践》

11. 韩志明：《让权利运用起来——公民问责的理论与实践研究》

12. 温志强、郝雅立：《快速城镇化背景下的群体性突发事件预警与
    阻断机制研究》

13. 曹海军：《国外城市治理理论研究》

14. 宋林霖：《中国公共政策制定的时间成本管理研究》

15. 宋林霖：《中国共产党执政能力建设研究》

16. 孙宏伟：《英国地方自治体制研究》

17. 宋林霖、朱光磊主编：《贵州贵安新区行政审批制度改革创新研究》

18. 袁小波：《老龄社会的照料危机——成年子女照料者的角色经历与
    社会支持研究》

19. 刘琳：《空间资本、居住隔离与外来人口的社会融合——以上海市为例》

20. 于莉：《城乡农民的身份转型与社会流动研究》

21. 崔伟：《财政分权体制下地方政府间环境规制竞争及其影响因素研究》

22. 魏巍:《跨学科研究评价的理论与实践》

● 政治思想与政治理论译丛(执行主编:刘训练)

23. 郭台辉、余慧元编译:《历史中的公民概念》

24. [英]加里·布朗宁等著,黎汉基、黄佩璇译:《对话当代政治理论家》

● 政治思想与比较政治文化系列(执行主编:高建)

25. 刘学斌:《应为何臣 臣应何为——春秋战国时期的臣道思想》

26. 王乐理:《美德与国家——西方传统政治思想专题研究》

27. 张师伟:《中国传统政治哲学的逻辑演绎》(上下)

28. 刘学斌:《中国传统政治思想中的公共观念研究》

● 民主的理论与实践系列(执行主编:佟德志)

29. 李璐:《社会转型期城市社区组织管理创新研究》

30. 田改伟:《党内民主与人民民主》

31. 佟德志:《民主的否定之否定——近代西方政治思想的历史与逻辑》

32. 郭瑞雁:《当代西方生态民主的兴起及其对传统民主的超越》

● 政治思潮与政治哲学系列(执行主编:马德普)

33. 高景柱:《当代政治哲学视域中的平等理论》

34. 许超:《在理想与现实之间——正义实现研究》

35. 马德普主编:《当代中国政治思潮(改革开放以来)》

● 社会主义政治文明建设系列(执行主编:余金成)

36. 余金成:《马克思主义从原创形态向现代形态的发展——关于中国特色社会主义基础理论的探索》

37. 冯宏良:《国家意识形态安全与马克思主义大众化——基于社会政治稳定的研究视野》

● 国际政治系列

38. 杨卫东:《国际秩序与美国对外战略调整》